DIE GRUNDLEHREN DER MATHEMATISCHEN
WISSENSCHAFTEN IN EINZELDARSTELLUNGEN

BAND XXVII

D. HILBERT † UND W. ACKERMANN

GRUNDZÜGE DER THEORETISCHEN LOGIK

VIERTE AUFLAGE

SPRINGER-VERLAG / BERLIN · GÖTTINGEN · HEIDELBERG

DIE GRUNDLEHREN DER
MATHEMATISCHEN WISSENSCHAFTEN

IN EINZELDARSTELLUNGEN MIT BESONDERER
BERÜCKSICHTIGUNG DER ANWENDUNGSGEBIETE

HERAUSGEGEBEN VON

R. GRAMMEL · E. HOPF · H. HOPF · W. MAGNUS
F. K. SCHMIDT · B. L. VAN DER WAERDEN

BAND XXVII

GRUNDZÜGE
DER THEORETISCHEN LOGIK

VON

D. HILBERT † UND W. ACKERMANN

VIERTE AUFLAGE

SPRINGER-VERLAG
BERLIN · GÖTTINGEN · HEIDELBERG
1959

GRUNDZÜGE DER THEORETISCHEN LOGIK

VON

D. HILBERT †

UND

W. ACKERMANN
LÜDENSCHEID

VIERTE AUFLAGE

SPRINGER-VERLAG
BERLIN · GÖTTINGEN · HEIDELBERG
1959

ALLE RECHTE, INSBESONDERE DAS DER ÜBERSETZUNG
IN FREMDE SPRACHEN, VORBEHALTEN

OHNE AUSDRÜCKLICHE GENEHMIGUNG DES VERLAGES IST ES AUCH NICHT
GESTATTET, DIESES BUCH ODER TEILE DARAUS AUF PHOTOMECHANISCHEM
WEGE (PHOTOKOPIE, MIKROKOPIE) ZU VERVIELFÄLTIGEN

COPYRIGHT 1928, 1938 AND 1949
SOFTCOVER REPRINT OF THE HARDCOVER 6TH EDITION 1949

ISBN-13:978-3-642-65401-5   e-ISBN-13:978-3-642-65400-8
DOI: 10.1007/978-3-642-65400-8

BY SPRINGER-VERLAG OHG. IN BERLIN · GÖTTINGEN · HEIDELBERG

© BY SPRINGER-VERLAG OHG.
BERLIN · GÖTTINGEN · HEIDELBERG 1959

BRÜHLSCHE UNIVERSITÄTSDRUCKEREI GIESSEN

Vorwort zur vierten Auflage

Für die vorliegende vierte Auflage ist der gesamte Text gründlich durchgearbeitet worden. Von kleinen Verbesserungen, Umstellungen usw. abgesehen, sind folgende Veränderungen eingetreten. Beim Aussagenkalkül ist die Begründung der Theorie der allgemeingültigen Ausdrücke durch die Bewertungstabellen, die in den vorhergehenden Auflagen nur am Rande erwähnt war, zur Grundlage des Aufbaus genommen. Als Axiomensystem für die allgemeingültigen Ausdrücke ist jetzt ein moderneres vom Gentzenschen Typ genommen, das gleichzeitig die Entscheidung über die Allgemeingültigkeit ermöglicht. Ein Abschnitt über den intuitionistischen Aussagenkalkül ist hinzugefügt, ferner ein Abschnitt über eine „strenge Implikation", letzteres hauptsächlich mit Rücksicht auf philosophische Leser. Für den Klassenkalkül ist das Entscheidungsverfahren ausführlicher dargestellt worden. Als Symbole für die Klassenverknüpfungen werden jetzt die auch in der Mathematik üblichen genommen.

Beim engeren Prädikatenkalkül ist ein Axiomensystem genommen, das die Erweiterung des für den Aussagenkalkül gebrauchten darstellt. Die axiomatische Begründung des Prädikatenkalküls mit Identität ist hinzugekommen, desgl. ein Abschnitt über die Einführung des „derjenige, welcher" und von Funktionen. Bei dem erweiterten Prädikatenkalkül ist darauf gesehen worden, daß die Axiomatik sich als konsequente Anwendung der schon beim engeren Prädikatenkalkül vorhandenen Ansätze darstellt, die sich z. B. auf die Axiomatik mehrsortiger Theorien und die Einführung des „derjenige, welcher" beziehen. Für den nur durch Prädikatenquantoren erweiterten Prädikatenkalkül wurden neuere Ergebnisse mitgeteilt.

Im ganzen Buch wird jetzt, im Gegensatz zu den früheren Auflagen, streng zwischen den eigentlichen Variablen des Kalküls, den semantischen Variablen und den syntaktischen Variablen unterschieden, obwohl diese termini technici nur an einer Stelle vorkommen. Entsprechend dem Wunsch aus Leserkreisen habe ich beim engeren Prädikatenkalkül die Anzahl der Beispiele, die dazu anleiten, Sätze der Umgangssprache in der Formelsprache wiederzugeben, vermehrt. Dem I. bis III. Kapitel sind ferner Übungsbeispiele beigegeben worden, an denen der Leser den Stand seiner Kenntnisse prüfen kann.

Lesern der früheren Auflagen wird es vielleicht nicht so angenehm sein, daß ich die Symbolik für die Aussageverknüpfungen und für die Quantoren geändert habe. Ich habe mich dazu nach reiflicher Überlegung entschlossen, da die bisher benutzte Hilbertsche Symbolik verschiedene Nachteile hatte. Das Zeichen „$\sim$" für die Gleichwertigkeit von Aussagen wird in der englisch-amerikanischen Literatur meist als Zeichen für die Negation gebraucht. Der Negationsstrich ist zwar an und für sich instruktiv, macht aber typographische Schwierigkeiten, wenn längere Formelbestandteile evtl. mehrfach zu überstreichen sind. Das Allzeichen „(x)", das auch bei WHITEHEAD und RUSSELL auftritt, könnte auch das Argument eines Prädikates bedeuten, ebenso wie „(Ex)" als das Zutreffen eines Prädikates „E" auf x aufgefaßt werden könnte. Es sind daher die früheren Zeichen „—", „&", „$\sim$", „(x)", „(Ex)" durch „$\neg$", „$\wedge$", „$\leftrightarrow$", „$\forall x$", „$\exists x$" ersetzt worden, wobei das Zeichen „$\neg$" im Gegensatz zu „—" links von dem zu negierenden Ausdruck steht. „$\vee$" und „$\rightarrow$" haben ihre Bedeutung behalten. Ich habe mich damit einer Symbolik angeschlossen, die in gleicher oder wenig veränderter Form in deutschen Publikationen über die mathematische Logik vielfach gebraucht wird.

Für die Bearbeitung dieser Auflage habe ich eine Reihe von Anregungen aus Leserkreisen verwerten können. Allen denen, die mich in dieser Weise unterstützt haben und deren Namen ich hier nicht einzeln aufzählen kann, sage ich meinen herzlichen Dank, ebenso wie dem Springer-Verlag, der wieder die gute Ausstattung des Buches ermöglichte.

Lüdenscheid, im September 1958.

Wilhelm Ackermann

Inhaltsverzeichnis

Seite

Einleitung 1

Erstes Kapitel
Der Aussagenkalkül

§ 1. Einführung der logischen Grundverknüpfungen 3
§ 2. Die Aussagenverknüpfungen als Wahrheitsfunktionen 6
§ 3. Einführung von Variablen; allgemeingültige Aussageformen 9
§ 4. Äquivalenzen; Entbehrlichkeit von Grundverknüpfungen 11
§ 5. Die konjunktive und die disjunktive Normalform für Ausdrücke . . . 15
§ 6. Das Prinzip der Dualität 19
§ 7. Mannigfaltigkeit der Aussageformen, die mit gegebenen Aussagevariablen gebildet werden können 20
§ 8. Erfüllbarkeit einer Aussageform; Folgerungen aus gegebenen Axiomen 22
§ 9. Axiomatik des Aussagenkalküls 24
*§ 10. Der intuitionistische Aussagenkalkül 30
*§ 11. Der Begriff einer strengen Implikation 36

Übungen zum ersten Kapitel 40

Zweites Kapitel
Der Klassenkalkül

§ 1. Klassenverknüpfungen und die Beziehungen zwischen Klassen 43
§ 2. Die allgemeingültigen Ausdrücke des Klassenkalküls 47
§ 3. Systematische Ableitung der traditionellen Aristotelischen Schlüsse . 57

Übungen zum zweiten Kapitel 63

Drittes Kapitel
Der engere Prädikatenkalkül

§ 1. Unzulänglichkeit des bisherigen Kalküls 65
§ 2. Methodische Grundgedanken des Prädikatenkalküls 67
§ 3. Ausdrücke und ihre Allgemeingültigkeit 73
§ 4. Ein Axiomensystem für die allgemeingültigen Ausdrücke 77
§ 5. Sätze über das Axiomensystem 84
§ 6. Die Ersetzungsregel; Bildung des Gegenteils eines Ausdrucks; das Dualitätsprinzip 91
§ 7. Die pränexe Normalform; die Skolemsche Normalform 94
§ 8. Die Widerspruchsfreiheit, Unabhängigkeit und Vollständigkeit des Axiomensystems 98
§ 9. Der Prädikatenkalkül mit Identität 104

---

* Die Paragraphen 10 und 11 können bei einer fortlaufenden Lektüre des Buches zunächst fortgelassen werden.

Inhaltsverzeichnis

§ 10. Axiomatik wissenschaftlicher Theorien; mehrsortiger Prädikatenkalkül; Axiomensysteme der ersten und der zweiten Stufe 111
§ 11. Das Entscheidungsproblem 119
§ 12. Der Begriff „derjenige, welcher"; Einführung von Funktionen . . . 131

Übungen zum dritten Kapitel 137

Viertes Kapitel
Der erweiterte Prädikatenkalkül

§ 1. Erweiterung des Prädikatenkalküls durch Hinzunahme der Quantoren für Prädikatenvariable 141
§ 2. Einführung von Prädikatenprädikaten; logische Behandlung des Anzahlbegriffs 149
§ 3. Darstellung der Grundbegriffe der Mengenlehre im erweiterten Kalkül 153
§ 4. Die logischen Paradoxien 156
§ 5. Der Stufenkalkül 163
§ 6. Anwendung des Stufenkalküls 174

Literaturverzeichnis 183

Namen- und Sachverzeichnis 186

Einleitung

Die *theoretische Logik*, auch *mathematische* oder *symbolische Logik* genannt, ist eine Ausdehnung der formalen Methode der Mathematik auf das Gebiet der Logik. Sie wendet für die Logik eine ähnliche Formelsprache an, wie sie zum Ausdruck mathematischer Beziehungen schon seit langem gebräuchlich ist. In der Mathematik würde es heute als eine Utopie gelten, wollte man beim Aufbau einer mathematischen Disziplin sich nur der gewöhnlichen Sprache bedienen. Die großen Fortschritte, die in der Mathematik seit der Antike gemacht worden sind, sind zum wesentlichen Teil mit dadurch bedingt, daß es gelang, einen brauchbaren und leistungsfähigen Formalismus zu finden. — Was durch die Formelsprache in der Mathematik erreicht wird, das soll auch in der theoretischen Logik durch diese erzielt werden, nämlich eine exakte, wissenschaftliche Behandlung ihres Gegenstandes. Die logischen Sachverhalte, die zwischen Urteilen, Begriffen usw. bestehen, finden ihre Darstellung durch Formeln, deren Interpretation frei ist von den Unklarheiten, die beim sprachlichen Ausdruck leicht auftreten können. Der Übergang zu logischen Folgerungen, wie er durch das Schließen geschieht, wird in seine letzten Elemente zerlegt und erscheint als formale Umgestaltung der Ausgangsformeln nach gewissen Regeln, die den Rechenregeln in der Algebra analog sind; das logische Denken findet sein Abbild in einem *Logikkalkül*. Dieser Kalkül macht die erfolgreiche Inangriffnahme von Problemen möglich, bei denen das rein inhaltliche Denken prinzipiell versagt. Zu diesen gehört z. B. die Frage, wie man die Sätze charakterisieren kann, die aus gegebenen Voraussetzungen überhaupt gefolgert werden können, oder die Frage, wie man überhaupt und ob man immer feststellen kann, ob ein Satz aus rein logischen Gründen richtig ist. — Eine besondere Bedeutung hat der Logikkalkül dadurch bekommen, daß er sich zu einem unentbehrlichen Hilfsmittel der mathematischen Grundlagenforschung entwickelt hat. Doch ist die Anwendung der formalisierten Logik nicht auf die Mathematik beschränkt; sie kann überall da mit Vorteil gebraucht werden, wo axiomatisch begründete Disziplinen vorliegen oder solche Disziplinen oder Teildisziplinen, die einer axiomatischen Begründung fähig sind.

Die Idee einer mathematischen Logik wurde zuerst von LEIBNIZ in klarer Form gefaßt. Die ersten Ergebnisse erzielten A. DE MORGAN (1806 bis 1876) und G. BOOLE (1815—1864). Auf BOOLE geht die gesamte spätere Entwicklung zurück. Unter seinen Nachfolgern bereicherten

W. S. Jevons (1835—1882) und vor allem C. S. Peirce (1839—1914) die junge Wissenschaft. Die verschiedenen Resultate seiner Vorgänger wurden systematisch ausgebaut und vervollständigt von E. Schröder in seinen Vorlesungen über die „Algebra der Logik" (1890—1895), die einen gewissen Abschluß der von Boole ausgehenden Entwicklungsreihe darstellen.

Teilweise unabhängig von der Entwicklung der Boole-Schröderschen Algebra erfuhr die logische Symbolik neue Anregung durch die Bedürfnisse der Mathematik nach exakter Grundlegung und strenger axiomatischer Behandlung. G. Frege veröffentlichte seine „Begriffsschrift" (1879) und seine „Grundgesetze der Arithmetik" (1893—1903). G. Peano und seine Mitarbeiter begannen 1894 mit der Herausgabe des »Formulaire de Mathématiques«, in dem alle mathematischen Disziplinen im Logikkalkül dargestellt werden sollten. Das Erscheinen der „Principia Mathematica" (1910—1913) von A. N. Whitehead und B. Russell bildet einen Höhepunkt dieser Entwicklung. — Seit den zwanziger Jahren hat D. Hilbert in einer Reihe von Abhandlungen und Vorlesungen den Logikkalkül dazu verwendet, um auf einem neuen Wege zu einem Aufbau der Mathematik zu gelangen, der die Widerspruchsfreiheit der zugrunde gelegten Annahmen erkennen läßt. Einen zusammenfassenden Bericht über diese Untersuchungen bei dem damaligen Stande gibt das Buch: D. Hilbert und P. Bernays, Grundlagen der Mathematik, I. Bd. (1934), II. Bd. (1939). Seitdem sind eine Reihe von weiteren, z. T. sehr bedeutsamen Ergebnissen auf dem Gebiete der mathematischen Logik erzielt worden, die an verschiedene Namen geknüpft sind. Einige dieser Ergebnisse werden im Rahmen unserer Einführung besprochen.

Erstes Kapitel

Der Aussagenkalkül

Einen ersten unentbehrlichen Bestandteil der mathematischen Logik bildet der sog. Aussagenkalkül. Unter einer Aussage ist jeder Satz zu verstehen, von dem es sinnvoll ist zu behaupten, daß sein Inhalt richtig oder falsch ist. Aussagen sind z. B. „die Mathematik ist eine Wissenschaft", „der Schnee ist schwarz", „9 ist eine Primzahl". In dem Aussagenkalkül wird auf die feinere logische Struktur der Aussagen, die etwa in der Beziehung zwischen Prädikat und Subjekt zum Ausdruck kommt, nicht eingegangen, sondern die Aussagen werden als Ganzes in ihrer logischen Verknüpfung mit anderen Aussagen betrachtet.

§ 1. Einführung der logischen Grundverknüpfungen

Aussagen können in bestimmter Weise zu neuen Aussagen verknüpft werden. Zum Beispiel kann man aus den beiden Aussagen „2 ist kleiner als 3" und „der Schnee ist schwarz" die neuen Aussagen bilden: „2 ist kleiner als 3 *und* der Schnee ist schwarz", „2 ist kleiner als 3 *oder* der Schnee ist schwarz", „*wenn* 2 kleiner ist als 3, *so* ist der Schnee schwarz". Endlich kann man aus „2 ist kleiner als 3" die neue Aussage bilden „2 ist *nicht* kleiner als 3", die das logische Gegenteil der ersten Aussage ausdrückt.

Diese Verknüpfungen von Aussagen sind sprachlich durch die Worte „und", „oder", „nicht", „wenn — so" gegeben.

Wir wollen nun diese Grundverknüpfungen von Aussagen durch eine geeignete Symbolik darstellen. Im folgenden mögen „Φ", „Ψ", „Θ" und andere große griechische Buchstaben stellvertretenderweise irgendwelche bestimmte Aussagen bezeichnen, wie z. B. „der Schnee ist schwarz", „2 ist kleiner als 3" und andere. Zur Wiedergabe der erwähnten Aussageverknüpfungen führen wir die folgenden Zeichen ein:

1. „$\overline{\Phi}$" (lies „Φ nicht") bezeichnet das kontradiktorische Gegenteil von „Φ". Wenn „Φ" eine richtige Aussage ist, so ist „$\overline{\Phi}$" eine falsche Aussage; ist „Φ" eine falsche Aussage, so ist „$\overline{\Phi}$" eine richtige Aussage. — Es empfiehlt sich, bei komplizierteren Aussagen „Φ" für „$\overline{\Phi}$", „$\overline{(\Phi)}$" zu schreiben, damit klar zu erkennen ist, welcher Satzteil verneint ist. Beispielsweise ist „$\overline{\text{(der Schnee ist weiß)}}$" eine falsche und „$\overline{\text{(der Schnee ist schwarz)}}$" eine richtige Aussage. Wir nennen „$\overline{\Phi}$" die *Negation* von „Φ".

2. Mit „$\Phi \wedge \Psi$" (lies „Φ und Ψ") bezeichnen wir eine Aussage, die wir die *Konjunktion* von „Φ" und „Ψ" nennen. „$\Phi \wedge \Psi$" ist dann und nur dann richtig, wenn „Φ" und „Ψ" beide richtig sind. Auch hier setzen wir in der Regel „Φ" und „Ψ" in Klammern. Eine richtige Aussage wäre z. B. „(der Schnee ist weiß) $\wedge$ (7 ist eine Primzahl)". Falsche Aussagen wären „(der Schnee ist schwarz) $\wedge$ (7 ist eine Primzahl)", „(der Schnee ist weiß) $\wedge$ (9 ist eine Primzahl)" und „(der Schnee ist schwarz) $\wedge$ (9 ist eine Primzahl)". In der gewöhnlichen Sprache wird die Konjunktion z. B. auch durch „sowohl — als auch" und auf manche andere Weise ausgedrückt.

3. Mit „$\Phi \vee \Psi$" (lies „Φ oder Ψ") bezeichnen wir eine Aussage, die wir die *Disjunktion* von „Φ" und „Ψ" nennen. Auch der Name *Alternation* ist dafür gebräuchlich. Zur Interpretation haben wir zu beachten, daß das „oder" in der gewöhnlichen Sprache in zwiefacher Bedeutung vorkommt. Wenn wir sagen: „Ein Kandidat der Mathematik und Physik muß in Mathematik besonders gründlich Bescheid wissen, oder er muß in Physik besonders gründlich Bescheid wissen", so meinen wir damit nicht, daß wir besonders gründliche Kenntnisse gleichzeitig in beiden Fächern ausschließen wollen. Das „oder" wird hier im Sinne des lateinischen „vel" („oder auch") gebraucht. Wenn wir aber sagen: „Du mußt für das Examen arbeiten, oder du wirst es nicht bestehen", so meinen wir, daß die beiden Fälle sich ausschließen. Das „oder" wird hier im Sinne des lateinischen „aut-aut" („entweder-oder") gebraucht. Das „$\vee$" soll nun die Bedeutung von „vel" haben. „$\Phi \vee \Psi$" soll dann und nur dann richtig sein, wenn mindestens eine der beiden Aussagen „Φ" und „Ψ" richtig ist, auch dann natürlich, wenn alle beiden Aussagen richtig sind. Bezüglich des Gebrauchs von Klammern gilt das Entsprechende wie bei „$\wedge$". Richtig wären also die folgenden Aussagen: „(2 ist kleiner als 3) $\vee$ (7 ist eine Primzahl)", „(2 ist kleiner als 3) $\vee$ (9 ist eine Primzahl)" und „(4 ist kleiner als 3) $\vee$ (7 ist eine Primzahl)". Falsch wäre dagegen die Aussage: „(4 ist kleiner als 3) $\vee$ (9 ist eine Primzahl)".

Weiter unten werden wir zeigen, daß wir auch das „entweder-oder" durch unsere Zeichen ausdrücken können.

4. Mit „$\Phi \rightarrow \Psi$" (lies „wenn Φ, so Ψ" oder auch „aus Φ folgt Ψ") bezeichnen wir eine Aussage, die wir die aus „Φ" und „Ψ" (in dieser Reihenfolge) gebildete *Implikation* nennen. „$\Phi \rightarrow \Psi$" wird folgendermaßen definiert: es ist richtig, wenn „Φ" falsch ist, und ebenso, wenn „Ψ" richtig ist. Es ist nur dann falsch, wenn „Φ" richtig und „Ψ" falsch ist. Damit ist der Sinn von „$\rightarrow$" eindeutig festgelegt. Es haben also die folgenden Sätze als richtig zu gelten:

„(2 mal 2 gleich 4) $\rightarrow$ (der Schnee ist weiß)",
„(2 mal 2 gleich 5) $\rightarrow$ (der Schnee ist weiß)" und
„(2 mal 2 gleich 5) $\rightarrow$ (der Schnee ist schwarz)".

§ 1. Einführung der logischen Grundverknüpfungen

Falsch ist dagegen der Satz: „(2 mal 2 gleich 4) → (der Schnee ist schwarz)".

Einwände von philosophischer Seite betreffen den Umstand, daß „$\Phi \to \Psi$" in der Sprache gewöhnlich durch „Aus Φ folgt Ψ" oder auch durch „wenn Φ, so Ψ" wiedergegeben wird. Dieser Einwand hat einen berechtigten Kern. Denn man würde in der gewöhnlichen Sprache weder den Satz „Aus ,2 mal 2 gleich 4' folgt ,der Schnee ist weiß'", noch auch den Satz „wenn 2 mal 2 gleich 5, so ist der Schnee schwarz" als vernünftig ansehen, da zwischen den beiden Aussagen kein logischer Zusammenhang besteht. Das „folgt" oder auch das „wenn-so" der gewöhnlichen Sprache hat einen schwierig zu erfassenden und kaum eindeutigen Sinn. Sagen wir doch z. B. auch rhetorisch, allerdings unter Gebrauch des Konjunktivs, „wenn 2 mal 2 gleich 5 wäre, so wäre der Schnee schwarz". Mit der Problematik, die hier liegt, brauchen wir uns aber an dieser Stelle nicht zu befassen, da „$\Phi \to \Psi$" einen genau definierten Sinn hat, und nur diesen meinen wir, wenn wir in diesem Zusammenhang das „wenn-so" gebrauchen. Wir kommen übrigens in § 11 dieses Kapitels auf das Problem zurück.

Natürlich hat aber die Beziehung „$\Phi \to \Psi$" etwas mit dem „aus Φ folgt Ψ" oder „wenn Φ, so Ψ" in einem philosophischen Sinne, ganz gleich wie dieser auch sei, zu tun. Wir können sogar sagen, daß diese zweite Beziehung im Rahmen unserer Aussagenlogik, bei der wir es nur mit richtigen oder falschen Sätzen zu tun haben, überflüssig wird. Denn wir stellen doch Sätze wie „aus Φ folgt Ψ" deswegen auf, um auf die Richtigkeit von „Ψ" schließen zu können, falls die Richtigkeit von „Φ" bekannt wird. Ist nun „aus Φ folgt Ψ" richtig, so ist es jedenfalls, wie auch das „folgt" definiert sei, nicht möglich, daß „Φ" richtig und „Ψ" falsch ist; wenn wir also daran festhalten, daß „Φ" und „Ψ" beide entweder richtig oder falsch sind, so muß auch „$\Phi \to \Psi$" richtig sein. Die Beziehung „$\Phi \to \Psi$" hat aber auch mit „aus Φ folgt Ψ" das gemein, daß beim Zutreffen einer der beiden Beziehungen sich aus der Richtigkeit von „Φ" die Richtigkeit von „Ψ" ergibt.

5. Mit „$\Phi \leftrightarrow \Psi$" (lies „$\Phi$ gleichwertig mit Ψ") bezeichnen wir eine Aussage, die man wohl auch die *Koimplikation* von „Φ" und „Ψ" nennt. „$\Phi \leftrightarrow \Psi$" ist dann und nur dann richtig, wenn „Φ" und „Ψ" gleichen Wahrheitswert haben, d. h. wenn „Φ" und „Ψ" beide richtig oder beide falsch sind. Es sind also die folgenden beiden Aussagen richtig: „(2 ist kleiner als 3) ↔ (7 ist Primzahl)" und „(4 ist kleiner als 3) ↔ (9 ist Primzahl)". Falsch sind dagegen die beiden Aussagen „(2 ist kleiner als 3) ↔ (9 ist Primzahl)" und „(4 ist kleiner als 3) ↔ (7 ist Primzahl)".

Die große Mannigfaltigkeit von Aussageverknüpfungen entsteht nun erst dadurch, daß die geschilderten einfachen Verknüpfungen mehrmals hintereinander angewandt werden. Dabei ist darauf zu achten, daß der Bereich der einzelnen Verknüpfungen durch Klammern abgegrenzt wird. Sonst würden wir von „$\Phi \wedge \Psi \vee \Theta$" nicht wissen, ob es „$\Phi \wedge (\Psi \vee \Theta)$" oder „$(\Phi \wedge \Psi) \vee \Theta$" bedeuten soll. Um nicht zu viel Klammern schreiben zu müssen, empfiehlt es sich, gewisse Konventionen einzuführen. Wir wollen festsetzen, daß „$\wedge$" und „$\vee$" beide enger binden als „$\rightarrow$" und „$\leftrightarrow$", so daß z. B. „$\Phi \vee \Psi \rightarrow \Theta$" dasselbe ist wie „$(\Phi \vee \Psi) \rightarrow \Theta$" und nicht wie „$\Phi \vee (\Psi \rightarrow \Theta)$". Die Klammern um einen einzelnen Buchstaben lassen wir fort. Falls hinter „$\neg$" keine Klammer steht, soll es sich nur auf die unmittelbar folgende Aussage beziehen.

Durch Kombination von Grundverknüpfungen können wir auch das ausschließende „*entweder-oder*" zum Ausdruck bringen. „Entweder Φ oder Ψ" können wir durch „$\neg(\Phi \leftrightarrow \Psi)$" darstellen. „$\neg(\Phi \leftrightarrow \Psi)$" ist nämlich dann und nur dann richtig, wenn „$\Phi \leftrightarrow \Psi$" falsch ist. Das ist dann und nur dann der Fall, wenn von den beiden Aussagen „Φ" und „Ψ" die eine richtig und die andere falsch ist.

Zur formalen Kennzeichnung der eingeführten Operationen bemerken wir, daß „$\neg$" eingliedrig ist, während „$\vee$", „$\wedge$", „$\rightarrow$", „$\leftrightarrow$" alle zweigliedrig sind. Durch Kombination der Grundverknüpfungen werden auch mehrgliedrige Operationen dargestellt wie z. B. dreigliedrige durch „$(\Phi \wedge \Psi) \wedge \Theta$" und „$\Phi \wedge (\Psi \leftrightarrow \Theta)$".

§ 2. Die Aussagenverknüpfungen als Wahrheitsfunktionen

Aus der Definition unserer Grundverknüpfungen geht hervor, daß die Richtigkeit oder Falschheit einer verknüpften Aussage nur von der Richtigkeit oder Falschheit der Grundaussagen, nicht aber im übrigen von ihrem Inhalt abhängig ist. So ist „$\neg \Phi$" dann richtig, wenn „Φ" falsch und falsch, wenn „Φ" richtig ist. Ebenso ist „$\Phi \wedge \Psi$" nur dann richtig, wenn „Φ" und „Ψ" beide richtig sind, in allen anderen Fällen aber falsch. Der entsprechende Sachverhalt liegt bei den anderen Grundverknüpfungen und auch bei den durch Kombination der Grundverknüpfungen entstehenden Aussagenverknüpfungen vor. Wir können daher die Aussageverknüpfungen als Funktionen auffassen, die den Werten „richtig" oder „falsch" der verknüpften Aussagen einen der Werte „richtig" oder „falsch" zuordnen. Wir nennen sie deshalb auch *Wahrheitsfunktionen*.

Wir können diesen Sachverhalt noch deutlicher und für die Anwendungen bequemer in der folgenden Weise zum Ausdruck bringen. Es möge im folgenden das Zeichen „$\vee$" (verum!) stellvertretenderweise für eine (beliebige) richtige Aussage, das auf dem Kopf stehende Zeichen „$\wedge$" für eine (beliebige) falsche Aussage gebraucht werden. Unsere

§ 2. Die Aussagenverknüpfungen als Wahrheitsfunktionen

Grundverknüpfungen werden dann als Wahrheitsfunktionen durch die folgenden Schemata charakterisiert.

Φ	$\neg\Phi$
Y	⋏
⋏	Y

Φ	Ψ	$\Phi \wedge \Psi$
Y	Y	Y
Y	⋏	⋏
⋏	Y	⋏
⋏	⋏	⋏

Φ	Ψ	$\Phi \vee \Psi$
Y	Y	Y
Y	⋏	Y
⋏	Y	Y
⋏	⋏	⋏

Φ	Ψ	$\Phi \rightarrow \Psi$
Y	Y	Y
Y	⋏	⋏
⋏	Y	Y
⋏	⋏	Y

Φ	Ψ	$\Phi \leftrightarrow \Psi$
Y	Y	Y
Y	⋏	⋏
⋏	Y	⋏
⋏	⋏	Y

Durch Kombination dieser Schemata erhalten wir auch ein Schema für jede andere Aussagenverknüpfung, die sich aus den Grundverknüpfungen zusammensetzt. Wir schreiben im folgenden ein derartiges Schema oder eine Bewertungstafel für die durch „$((\Phi \rightarrow \Psi) \wedge (\Psi \rightarrow \Theta)) \wedge (\Psi \vee \Theta)$" dargestellte Aussagenfunktion auf. Man gewinnt sie aus den vorstehenden Schemata, indem man für eine Bewertung der Aussagen „Φ", „Ψ" und „Θ" der Reihe nach die Werte der Aussagen „$\Phi \rightarrow \Psi$", „$\Psi \rightarrow \Theta$", „$(\Phi \rightarrow \Psi) \wedge (\Psi \rightarrow \Theta)$", „$\Psi \vee \Theta$" und schließlich von „$((\Phi \rightarrow \Psi) \wedge (\Psi \rightarrow \Theta)) \wedge (\Psi \vee \Theta)$" berechnet.

Φ	Ψ	Θ	$\Phi \rightarrow \Psi$	$\Psi \rightarrow \Theta$	$(\Phi \rightarrow \Psi) \wedge (\Psi \rightarrow \Theta)$	$\Psi \vee \Theta$	$((\Phi \rightarrow \Psi) \wedge (\Psi \rightarrow \Theta)) \wedge (\Psi \vee \Theta)$
Y	Y	Y	Y	Y	Y	Y	Y
Y	Y	⋏	Y	⋏	⋏	Y	⋏
Y	⋏	Y	⋏	Y	⋏	Y	⋏
Y	⋏	⋏	⋏	Y	⋏	⋏	⋏
⋏	Y	Y	Y	Y	Y	Y	Y
⋏	Y	⋏	Y	⋏	⋏	Y	⋏
⋏	⋏	Y	Y	Y	Y	Y	Y
⋏	⋏	⋏	Y	Y	Y	⋏	⋏

Die Aussage „$((\Phi \rightarrow \Psi) \wedge (\Psi \rightarrow \Theta)) \wedge (\Psi \vee \Theta)$" ist also dann und nur dann richtig, wenn für Φ, Ψ, Θ eine der Verteilungen Y, Y, Y; ⋏, Y, Y; ⋏, ⋏, Y vorliegt.

Für den praktischen Gebrauch kann man bei dieser Auswertung statt „Y" und „⋏" ebensogut irgendwelche anderen Zeichen wählen, z. B. „0" und „1", oder „+" und „—".

Es kommt vor, daß wir eine Aussagenverbindung haben, die die Aussagen $\Phi_1, \ldots, \Phi_n$ beliebigen oder unbestimmten Charakters mit gewissen Aussagen, deren Richtigkeit oder Falschheit bekannt ist, für die wir also „Y" oder „⋏" setzen können, miteinander verknüpft. Es läßt sich in diesem Falle eine einfachere, nur mit den $\Phi_1, \ldots, \Phi_n$ gebildete Aussage angeben, die bei jeder Wertung der $\Phi_1, \ldots, \Phi_n$ den gleichen Wahrheitswert erhält wie die frühere Aussage. Derartige Aussagen werden wir im folgenden Paragraphen in den $\Phi_1, \ldots, \Phi_n$ äquivalent nennen. Zum Beispiel ist „$\curlyvee \to \Phi$" mit „Φ" äquivalent. Denn hat „Φ" den Wert „$\curlyvee$", so erhält „$\curlyvee \to \Phi$" ebenso wie „Φ" den Wert „$\curlyvee$"; hat aber „Φ" den Wert „$\curlywedge$", so hat „$\curlyvee \to \Phi$" ebenso wie „Φ" den Wert „$\curlywedge$". In jeder Aussagenverbindung darf ich also den Teil „$\curlyvee \to \Phi$" durch „Φ" ersetzen, ohne daß sich an der Wertung der gesamten Aussage irgend etwas ändert. Ähnliche Beziehungen liegen, wie im folgenden angegeben, bei den übrigen Verknüpfungen vor. Durch wiederholte Anwendung der folgenden Tabelle kann man also Aussagen, in denen als Bestandteile solche mit bekanntem Wahrheitswert vorkommen, durch einfachere ersetzen. Die Tabelle dieser Äquivalenzen sieht folgendermaßen aus:

$\Phi \wedge \curlyvee$	Φ		$\curlyvee \to \Phi$	Φ
$\curlyvee \wedge \Phi$	Φ		$\curlywedge \to \Phi$	$\curlyvee$
$\Phi \wedge \curlywedge$	$\curlywedge$		$\Phi \to \curlyvee$	$\curlyvee$
$\curlywedge \wedge \Phi$	$\curlywedge$		$\Phi \to \curlywedge$	$\neg \Phi$
$\Phi \vee \curlyvee$	$\curlyvee$		$\Phi \leftrightarrow \curlyvee$	Φ
$\curlyvee \vee \Phi$	$\curlyvee$		$\curlyvee \leftrightarrow \Phi$	Φ
$\Phi \vee \curlywedge$	Φ		$\Phi \leftrightarrow \curlywedge$	$\neg \Phi$
$\curlywedge \vee \Phi$	Φ		$\curlywedge \leftrightarrow \Phi$	$\neg \Phi$

Nimmt man übrigens zu dieser Tabelle die Wertungstabelle für „$\neg$" hinzu, so kann diese Tabelle auch dasselbe leisten wie die früheren Bewertungstabellen. Wir zeigen das an Hand der Bewertung für die vorher behandelte Aussagenverknüpfung „$((\Phi \to \Psi) \wedge (\Psi \to \Theta)) \wedge (\Psi \vee \Theta)$".

a) Es werde Θ durch $\curlywedge$ ersetzt. „$((\Phi \to \Psi) \wedge (\Psi \to \curlywedge)) \wedge (\Psi \vee \curlywedge)$" reduziert sich mit Hilfe der Tabelle auf „$((\Phi \to \Psi) \wedge \neg \Psi) \wedge \Psi$".

aa) Ersetzen wir Ψ durch $\curlywedge$, so reduziert sich „$((\Phi \to \curlywedge) \wedge \neg \curlywedge) \wedge \curlywedge$" auf „$\curlywedge$". ab) Ersetzen wir Ψ durch $\curlyvee$, so reduziert sich „$((\Phi \to \curlyvee) \wedge \neg \curlyvee) \wedge \curlyvee$" auf „$\curlywedge$". b) Es werde Θ durch $\curlyvee$ ersetzt. „$((\Phi \to \Psi) \wedge (\Psi \to \curlyvee)) \wedge (\Psi \vee \curlyvee)$" reduziert sich auf „$\Phi \to \Psi$". ba) Es werde Ψ durch $\curlyvee$ ersetzt. „$\Phi \to \curlyvee$" reduziert sich auf „$\curlyvee$". bb) Es werde Ψ durch $\curlywedge$ ersetzt. „$\Phi \to \curlywedge$" reduziert sich auf „$\neg \Phi$", das nur den Wert „$\curlyvee$" hat, wenn Φ den Wert „$\curlywedge$" hat.

Demnach reduziert sich die Aussagenverbindung nur dann auf „$\curlyvee$", wenn Ψ und Θ (bei beliebiger Wertung von Φ) beide die Werte „$\curlyvee$" erhalten, oder aber, wenn Θ, Ψ, Φ die Werte „$\curlyvee$", „$\curlywedge$", „$\curlywedge$" erhalten, was mit dem vorigen Ergebnis übereinstimmt.

§ 3. Einführung von Variablen; allgemeingültige Aussagenformen

Wir gehen nun daran, unsere Formelsprache dadurch zu erweitern, daß wir *Variable für Aussagen* einführen. Zwar haben wir $\varPhi$, $\varPsi$ usw. in manchen textlichen Mitteilungen schon im ähnlichen Sinne gebraucht, doch war der Gedanke dabei immer, daß $\varPhi$, $\varPsi$, $\varTheta$, ... Abkürzungen für irgendwelche sprachlichen Sätze waren, auch wenn deren konkrete Inhalte im einzelnen Falle unbestimmt gelassen wurden.

Als *Aussagenvariable* nehmen wir *große lateinische Buchstaben* wie A, B, C usw., evtl. auch solche mit Zahlenindex wie A_1, B_2 usw. Wir definieren ferner den Begriff „*Ausdruck*" oder „*Aussagenform*" durch die folgenden Regeln:

1) Aussagenvariable sind Ausdrücke.

2) Ist „$\mathfrak{A}$" ein Ausdruck, so ist „$\neg \mathfrak{A}$" ein Ausdruck.

3) Sind „$\mathfrak{A}$" und „$\mathfrak{B}$" Ausdrücke, so sind auch „$\mathfrak{A} \wedge \mathfrak{B}$", „$\mathfrak{A} \vee \mathfrak{B}$", „$\mathfrak{A} \to \mathfrak{B}$", „$\mathfrak{A} \leftrightarrow \mathfrak{B}$" Ausdrücke.

Der Gebrauch der Klammern zur Abgrenzung des Bereichs der einzelnen Aussageverknüpfungen ist der gleiche, wie wir ihn schon bei den aus $\varPhi$, $\varPsi$, ... gebildeten Aussageverknüpfungen kannten; auch die Festsetzungen zur Klammerersparnis sollen die gleichen sein. — Die Regeln sind so gemeint, daß nur das ein Ausdruck ist, was sich durch eine endliche Anwendung der Regeln als solcher ergibt. Zum Beispiel ist „$\neg((A \to B) \wedge C)$" ein Ausdruck. Denn nach 1) sind A und B Ausdrücke, nach 3) ist $A \to B$ Ausdruck, nach 1) C, nach 3) $(A \to B) \wedge C$ und nach 2) $\neg((A \to B) \wedge C)$. Mit den *deutschen großen Buchstaben* $\mathfrak{A}$, $\mathfrak{B}$, $\mathfrak{C}$, ... usw. bezeichnen wir irgendwelche beliebigen Ausdrücke; sie dienen uns als Mitteilungszeichen bei unserer Sprache über die Ausdrücke.

Ein Ausdruck, wie etwa „$A \to A$" stellt nun an und für sich keine Behauptung dar, die richtig oder falsch sein könnte, sondern nur eine Aussagenform. Genau wie in der Mathematik eine Gleichung zwischen Variablen erst dann einen Sinn bekommt, wenn wir zusätzliche Festsetzungen über die Bedeutung der Gleichung hinzunehmen, die übrigens von Fall zu Fall verschieden sein können, so ist es auch hier. In den meisten Fällen wird eine Gleichung in der Mathematik als identische Gleichung aufgefaßt, d. h. die angegebene Gleichheit soll für alle eingesetzten Zahlen stimmen. Indem wir den Begriff der identischen Gleichung sinngemäß übertragen, kommen wir zum Begriff des „*allgemeingültigen Ausdrucks*" oder der „*allgemeingültigen Aussageform*".

Wir sagen, *eine mit den Aussagen $\varPhi$, $\varPsi$, $\varTheta$, ... gebildete Aussagenverbindung entsteht aus einer gewissen Aussageform durch Einsetzung*, wenn folgendes der Fall ist: Die Aussagenverbindung geht aus der Aussageform dadurch hervor, daß jede Aussagenvariable durch eine der obigen Aussagen ersetzt wird, aber so, daß die gleiche Aussagenvariable an verschiedenen Stellen immer in gleicher Weise ersetzt wird. — So entstehen z. B. aus der Aussageform „$(A \to B) \wedge A$" die Aussageverbindungen „$(\Phi \to \Psi) \wedge \Phi$" und „$(\Phi \to \Phi) \wedge \Phi$" durch Einsetzung. Ein Ausdruck soll nun *allgemeingültig* heißen, wenn jede daraus durch Einsetzung entstehende Aussagenverbindung richtig ist. Nach dem, was wir in § 2 sagten, genügt es zur Feststellung der Allgemeingültigkeit eines Ausdrucks, wenn wir alle Fälle berücksichtigen, in denen die Aussagevariablen durch „$\vee$" oder „$\wedge$" ersetzt sind. Für jeden einzelnen Fall kann dann die Auswertung mit Hilfe der in § 2 gegebenen Bewertungstafeln geschehen.

Beispiele:

1) „$A \to A$" ist allgemeingültig.
Die folgende Bewertungstafel ergibt für jeden Wert von A „$\vee$".

A	$A \to A$
$\vee$	$\vee$
$\wedge$	$\vee$

2) „$A \wedge B \to (\neg A \to B)$" ist allgemeingültig.
Die Bewertungstafel sieht so aus:

A	B	$A \wedge B$	$\neg A$	$\neg A \to B$	$A \wedge B \to (\neg A \to B)$
$\vee$	$\vee$	$\vee$	$\wedge$	$\vee$	$\vee$
$\vee$	$\wedge$	$\wedge$	$\wedge$	$\vee$	$\vee$
$\wedge$	$\vee$	$\wedge$	$\vee$	$\vee$	$\vee$
$\wedge$	$\wedge$	$\wedge$	$\vee$	$\wedge$	$\vee$

3) $(A \to B) \vee \neg A$" ist nicht allgemeingültig.
Die Bewertungstafel ergibt:

A	B	$A \to B$	$\neg A$	$(A \to B) \vee \neg A$
$\vee$	$\vee$	$\vee$	$\wedge$	$\vee$
$\vee$	$\wedge$	$\wedge$	$\wedge$	$\wedge$
$\wedge$	$\vee$	$\vee$	$\vee$	$\vee$
$\wedge$	$\wedge$	$\vee$	$\vee$	$\vee$

Da wir für eine Wertzuteilung für A und B den Wert „$\wedge$" für den ganzen Ausdruck erhalten haben, ist keine Allgemeingültigkeit vorhanden.

Im Anschluß hieran können wir die folgende Frage beantworten: Wann werden wir von irgendeinem Satz sagen, er ist aus rein logischen Gründen richtig, genauer gesagt hier, aus rein aussagelogischen Gründen?

Offenbar ist das dann der Fall, wenn der Satz durch Aussagenverknüpfung aus gewissen Grundaussagen $\Phi_1, \ldots, \Phi_n$ entsteht und die Richtigkeit des Satzes sich unabhängig von dem speziellen Inhalt von $\Phi_1, \ldots, \Phi_n$ ergibt. Das können wir auch so formulieren: Der Satz entsteht aus einem allgemeingültigen Ausdruck durch Einsetzung. Wir nennen einen Satz, dessen Richtigkeit sich aus rein aussagelogischen Gründen ergibt, eine *Tautologie*. Tautologien sind also z. B. alle Sätze „$\Phi \to \Phi$", „$\Phi \vee \neg \Phi$" und „$\Phi \wedge (\Phi \to \Psi) \to \Psi$", da die Ausdrücke „$A \to A$", „$A \vee \neg A$", „$A \wedge (A \to B) \to B$" allgemeingültig sind. — Es gibt auch Sätze, deren Falschheit sich aus rein aussagelogischen Gründen ergibt. Wir wollen einen derartigen Satz eine *Kontradiktion* nennen. Da die Negation einer Kontradiktion eine Tautologie ist, so entsteht eine Kontradiktion durch Einsetzung aus einem Ausdruck, dessen Negation allgemeingültig ist. So sind z. B. Sätze der Form „$\Phi \wedge \neg \Phi$", „$(\Phi \wedge (\Phi \to \Psi)) \wedge \neg \Psi$" Kontradiktionen, weil die Ausdrücke „$\neg (A \wedge \neg A)$", „$\neg ((A \wedge (A \to B)) \wedge \neg B)$" allgemeingültig sind. Übrigens werden die Worte „Tautologie" und „Kontradiktion" auch für die entsprechenden Aussageformen gebraucht, so daß z. B. „$A \to A$" als Tautologie und „$A \wedge \neg A$" als Kontradiktion gelten würde.

Aus der Art, wie wir die Allgemeingültigkeit einer Aussageform durch Bewertung feststellten, ergibt sich unmittelbar der folgende Satz: Es sei $\mathfrak{A}$ ein allgemeingültiger Ausdruck. Wir ersetzen in $\mathfrak{A}$ irgendeine Aussagenvariable an allen vorkommenden Stellen durch einen beliebigen Ausdruck $\mathfrak{B}$, z. B. „$\neg A$" oder „$A \to A$" oder „$A \wedge C$". Die dadurch aus $\mathfrak{A}$ entstehende neue Aussageform $\mathfrak{C}$ ist dann wieder allgemeingültig. Zum Beispiel entsteht aus der allgemeingültigen Aussageform „$A \to A$" die neue „$(B \to C) \to (B \to C)$".

Wir haben bisher Buchstaben in dreierlei verschiedenem Sinne gebraucht. Die Aussagevariablen $A, B, C, \ldots$ treten nur als Bestandteile von formalen Gebilden, den Aussageformen, auf; mit $\Phi, \Psi, \Theta, \ldots$ bezeichneten wir irgendwelche wirkliche Aussagen und mit $\mathfrak{A}, \mathfrak{B}, \mathfrak{C}, \ldots$ irgendwelche Aussageformen. Wir bemerken nur, daß man $\Phi, \Psi, \Theta, \ldots$ auch *semantische* und $\mathfrak{A}, \mathfrak{B}, \mathfrak{C}, \ldots$ auch *syntaktische* Variable nennt.

§ 4. Äquivalenzen; Entbehrlichkeit von Grundverknüpfungen

Zwei Aussageformen „$\mathfrak{A}$" und „$\mathfrak{B}$" sollen *äquivalent* heißen, wenn „$\mathfrak{A} \leftrightarrow \mathfrak{B}$" allgemeingültig ist. Kommen in $\mathfrak{A}$ und $\mathfrak{B}$[1] die Aussagenvariablen $A_1, \ldots, A_n$ vor, so bedeutet dies, daß bei jeder Wertung für die $A_1, \ldots, A_n$ $\mathfrak{A}$ und $\mathfrak{B}$ den gleichen Wahrheitswert erhalten. Sind $\mathfrak{A}$ und $\mathfrak{B}$ äquivalent und ersetzt man innerhalb einer Aussageform $\mathfrak{C}$, in der

---

[1] Im folgenden lassen wir vielfach die Anführungsstriche bei Ausdrücken fort.

𝔄 als Teil vorkommt, diesen Teil durch 𝔅, so geht ℭ in eine zu ℭ äquivalente Aussageform ℭ₁ über. Eine zu einer allgemeingültigen Aussageform 𝔄 äquivalente Aussageform 𝔅 ist selbst allgemeingültig. — Zwei Aussageverbindungen „Ψ" und „Ψ_1" heißen äquivalent, wenn „$\Psi \leftrightarrow \Psi_1$" durch Einsetzung aus einer allgemeingültigen Aussageform entsteht. Für die Äquivalenz von Aussageverbindungen gelten die entsprechenden Sätze wie oben über Aussageformen.

Statt „𝔄 ist äquivalent mit 𝔅" wollen wir übrigens zur Abkürzung „𝔄 äq 𝔅" schreiben, ohne daß wir mit dieser Schriftabkürzung ein neues logisches Symbol einführen wollen. Der Begriff der Äquivalenz hat die Eigenschaften der Reflexivität, Symmetrie und Transitivität, wie sich aus seiner Definition unmittelbar ergibt. Das heißt, es ist immer 𝔄 äq 𝔄; mit „𝔄 äq 𝔅" ist „𝔅 äq 𝔄" der Fall, und mit „𝔄 äq 𝔅" und „𝔅 äq ℭ" ist auch „𝔄 äq ℭ" der Fall.

Im folgenden geben wir eine Reihe von Äquivalenzen, deren Nachprüfung wir dem Leser überlassen.

$$\text{„}A\text{" äq „}\overline{\overline{A}}\text{"} \tag{1}$$

$$\text{„}A \wedge B\text{" äq „}B \wedge A\text{"} \tag{2}$$

$$\text{„}A \wedge (B \wedge C)\text{" äq „}(A \wedge B) \wedge C\text{"} \tag{3}$$

$$\text{„}A \vee B\text{" äq „}B \vee A\text{"} \tag{4}$$

$$\text{„}A \vee (B \vee C)\text{" äq „}(A \vee B) \vee C\text{"} \tag{5}$$

$$\text{„}A \vee (B \wedge C)\text{" äq „}(A \vee B) \wedge (A \vee C)\text{"} \tag{6}$$

Aus der Definition der Äquivalenz mit Hilfe der Allgemeingültigkeit geht hervor (vgl. den vorletzten Absatz von § 3), daß die obigen Äquivalenzen und alle anderen bestehen bleiben, wenn man die darin auftretenden Aussagevariablen durch beliebige Aussageformen ersetzt. Sind z. B. 𝔄 und 𝔅 irgendwelche Aussageformen, so ist mit (2) auch „𝔄 ∧ 𝔅" äq „𝔅 ∧ 𝔄".

(1) sagt aus, daß die doppelte Verneinung dasselbe ist wie die Bejahung. Aus (2)—(6) ergibt sich ein *kommutatives* und *assoziatives Gesetz* für die *Konjunktion* und die *Disjunktion* und ein *distributives Gesetz*. Dadurch erkennt man, daß man in dieser Beziehung mit den Zeichen „∧" und „∨" so rechnen kann wie mit den Zeichen „+" und „·" in der Algebra. Man kann bei Klammerausdrücken „ausmultiplizieren" oder auch umgekehrt einen Faktor „ausklammern".

Im Unterschied zur Algebra gibt es aber noch ein zweites distributives Gesetz, nämlich:

$$\text{„}A \wedge (B \vee C)\text{" äq „}(A \wedge B) \vee (A \wedge C)\text{"} \tag{7}$$

Man kann also auch mit den Zeichen „∨" und „∧" so rechnen wie mit „+" und „·" in der Algebra.

§ 4. Äquivalenzen; Entbehrlichkeit von Grundverknüpfungen

Wegen des assoziativen Gesetzes können mehrgliedrige Konjunktionen oder Disjunktionen ohne Klammern geschrieben werden. Für die Vereinfachung von Konjunktionen und Disjunktionen sind die folgenden Äquivalenzen wesentlich:

„$A \wedge A$" äq „A" (8)

„$A \vee A$" äq „A" (9)

Diese Gesetze, die auch die der *Idempotenz* für Konjunktion und Disjunktion heißen, besagen, daß man in einer Konjunktion oder Disjunktion, in der ein Glied mehrfach vorkommt, dieses nur einmal zu schreiben braucht.

Bei der Verbindung der Negation mit der Konjunktion und der Disjunktion sind die folgenden Beziehungen wesentlich:

„$\neg(A \wedge B)$" äq „$\neg A \vee \neg B$", (10)

„$\neg(A \vee B)$" äq „$\neg A \wedge \neg B$" (11)

Weitere Äquivalenzen ergeben sich, wenn wir die Zeichen „$\rightarrow$" und „$\leftrightarrow$" heranziehen.

„$A \rightarrow B$" äq „$\neg(A \wedge \neg B)$" (12)

„$A \rightarrow B$" äq „$\neg A \vee B$" (13)

„$A \vee B$" äq „$\neg A \rightarrow B$" (14)

„$A \rightarrow B$" äq „$\neg B \rightarrow \neg A$" (15)

„$A \leftrightarrow B$" äq „$(A \rightarrow B) \wedge (B \rightarrow A)$" (16)

„$A \leftrightarrow B$" äq „$B \leftrightarrow A$" (17)

„$A \leftrightarrow B$" äq „$\neg A \leftrightarrow \neg B$" (18)

Für die Beziehung zwischen Negation, Konjunktion und Disjunktion sind schließlich noch die folgenden beiden Äquivalenzen wesentlich:

„$A \vee B$" äq „$\neg(\neg A \wedge \neg B)$", (19)

„$A \wedge B$" äq „$\neg(\neg A \vee \neg B)$" (20)

An diesen Äquivalenzen zeigt sich eine Vielfachheit in der Darstellung von Aussageverknüpfungen durch die eingeführten Zeichen. Es wird so die Frage nahegelegt, ob nicht einige von den logischen Grundverknüpfungen entbehrlich sind. Das ist tatsächlich der Fall. Aus (16) ergibt sich zunächst, daß man das Zeichen „$\leftrightarrow$" entbehren kann, da sich „$\leftrightarrow$" durch „$\wedge$" und „$\rightarrow$" wiedergeben läßt. Aus (12) und (19) folgt weiter, daß auch „$\rightarrow$" und „$\vee$" entbehrlich sind, daß man also mit „$\wedge$" und „$\neg$" auskommen kann. Ebenso ergibt sich aus (13) und (20), daß auch „$\vee$" und „$\neg$" genügen. Desgleichen sind „$\rightarrow$" und „$\neg$" ausreichend; denn nach (20) läßt sich zunächst „$\wedge$" durch „$\vee$" und „$\neg$", und nach (14) „$\vee$" durch „$\rightarrow$" und „$\neg$" ausdrücken.

Die Darstellung mit „→" und „¬" hat FREGE [4][1], die mit „∨" und „¬" haben WHITEHEAD und RUSSELL [20] zugrunde gelegt (d. h. unter Benutzung anderer Symbole). Am natürlichsten ist es wohl, von der Darstellung durch „∧" und „¬" auszugehen, wie es in BRENTANOs Urteilslehre geschieht. Besonders zweckmäßig ist der Gebrauch der drei Zeichen „∧", „∨" und „¬", da sich infolge der Äquivalenzen (2) bis (6) dann eine besonders einfache rechnerische Behandlung der logischen Ausdrücke ergibt.

Mit „↔" und „¬" können nicht alle Verknüpfungen dargestellt werden. So ist schon „$A \wedge B$" nicht mit diesen Zeichen darstellbar. Mit Hilfe der Aussagevariablen A und B können wir zunächst die 8 Aussageformen A; B; $\neg A$; $\neg B$; $A \leftrightarrow A$; $A \leftrightarrow \neg A$; $A \leftrightarrow B$; $A \leftrightarrow \neg B$ aufstellen. Bildet man die Negation dieser Aussageformen oder setzt man zwei dieser Aussageformen durch „↔" zusammen, so stellt man fest, daß man nur wieder solche Aussageformen erhält, die einer dieser acht äquivalent sind. Da „A" und „B" selbst unter den acht Aussageformen vorkommen, so ist also jede aus A und B nur durch Anwendung von „↔" und „¬" gebildete Aussageform einer dieser acht Aussageformen äquivalent. Man stellt aber sofort fest, daß „$A \wedge B$" keiner dieser Aussageformen äquivalent ist. — Man könnte noch an die Möglichkeit denken, daß man nur mit „↔" und „¬" eine zu „$A \wedge B$" äquivalente Aussageform erhält, wenn man neben A und B noch andere Aussagenvariable zum Aufbau benutzt. Gäbe es eine derartige Aussagenform, so müßte die Äquivalenz mit „$A \wedge B$" auch dann bestehen bleiben, falls man die von A verschiedenen Aussagevariablen alle durch A ersetzt. Damit kommen wir aber auf den früheren Fall zurück.

Die Negation ist bei der Darstellung der Aussageverknüpfungen unentbehrlich. Zum Beispiel kann man ohne „¬" keine zu „$\neg A$" äquivalente Aussageform aufbauen. Alle mit Hilfe von A durch Anwendung von „∧", „∨", „→", „↔" gebildeten Aussageformen erhalten nämlich den Wert „∨", wenn A den Wert „∨" erhält, während „$\neg A$" dann den Wert „∧" erhält.

Bemerkenswert ist, daß die Verknüpfung „∨" durch „→" allein, ohne Anwendung der Negation ausgedrückt werden kann. Es gilt nämlich

„$A \vee B$" äq „$(A \to B) \to B$" (21)

Für „$A \wedge B$" ist eine derartige Darstellung nicht möglich. Als Kuriosität sei erwähnt, daß man auch mit einer einzigen logischen Grundverknüpfung auskommt, die allerdings neu eingeführt werden muß, wie es H. M. SHEFFER [19] gezeigt hat. Dieser benutzt als einzige Grundverknüpfung „/". „Φ/Ψ" hat die Bedeutung „Φ und Ψ sind nicht beide

---
[1] Die in eckigen Klammern stehenden Zahlen verweisen auf das Literaturverzeichnis zu den einzelnen Kapiteln.

§ 5. Die konjunktive und die disjunktive Normalform für Ausdrücke

richtig", hat also die gleiche Bedeutung wie „$\neg \Phi \lor \neg \Psi$". Die Bewertungstafel für die Strichfunktion sieht so aus:

Φ	Ψ	Φ/Ψ
Y	Y	$\curlywedge$
Y	$\curlywedge$	Y
$\curlywedge$	Y	Y
$\curlywedge$	$\curlywedge$	Y

Es ist dann „$\neg A$" äq „A/A". Ferner gilt „$A \lor B$" äq „$(A/A)/(B/B)$". Da man „$\lor$" und „$\neg$" durch den Shefferschen Strich ausdrücken kann, gilt das auch für die übrigen Aussageverknüpfungen. Statt wie oben die durch „$\neg A \lor \neg B$" bestimmte Aussagenfunktion durch ein besonderes Symbol wiederzugeben, kann man übrigens auch zu dem gleichen Zweck die durch „$\neg A \land \neg B$" dargestellte Aussagenfunktion nehmen, und kann damit ebenfalls alle anderen Grundverknüpfungen ausdrücken.

Als wichtig für die Darstellung der Gleichwertigkeitsbeziehung seien noch die folgenden Äquivalenzen erwähnt:

„$A \leftrightarrow B$" äq „$(\neg A \lor B) \land (\neg B \lor A)$" (22)

„$A \leftrightarrow B$" äq „$(A \land B) \lor (\neg A \land \neg B)$" (23)

§ 5. Die konjunktive und die disjunktive Normalform für Ausdrücke

Die in § 4 aufgestellten Äquivalenzen lehrten uns, daß es für inhaltlich gleichbedeutende Verbindungen von Aussagen eine Vielfachheit der Darstellung gibt. Es ist nun bemerkenswert, daß jede Aussageform durch äquivalente Umformung auf gewisse Normalformen gebracht werden kann. Es gibt zwei verschiedene Normalformen, nämlich die *konjunktive* und die *disjunktive Normalform*. Ein Ausdruck ist in der konjunktiven Normalform, wenn er nur die Verknüpfungszeichen „$\lor$", „$\land$" und „$\neg$" enthält, wenn ferner in dem Klammerbereich eines Negationszeichens weder „$\neg$" noch „$\lor$" noch „$\land$" vorkommt und wenn endlich im Klammerbereich von „$\lor$" nicht das Zeichen „$\land$" vorkommt. Ein Ausdruck ist in der disjunktiven Normalform, wenn er nur die Verknüpfungszeichen „$\lor$", „$\land$" und „$\neg$" enthält, wenn im Klammerbereich eines Negationszeichens weder „$\neg$" noch „$\lor$" noch „$\land$" vorkommt und wenn im Klammerbereich von „$\land$" nicht das Zeichen „$\lor$" vorkommt.

Um einen Ausdruck $\mathfrak{A}$ auf eine äquivalente konjunktive Normalform zu bringen, nehmen wir mit ihm der Reihe nach die folgenden Veränderungen vor:

a1) Die etwa in $\mathfrak{A}$ vorkommenden Zeichen „$\to$" und „$\leftrightarrow$" werden daraus entfernt, indem jeder Teilausdruck „$\mathfrak{B} \to \mathfrak{C}$" von $\mathfrak{A}$ durch

„¬𝔅 ∨ ℭ" und jeder Teilausdruck „𝔅 ↔ ℭ" durch „(¬𝔅 ∨ ℭ) ∧ ∧ (¬ℭ ∨ 𝔅)" ersetzt wird (vgl. die Äquivalenzen (13) und (22) von § 4]. Das Verfahren wird in irgendeiner Reihenfolge durchgeführt und so lange fortgesetzt, bis die Zeichen „→" und „↔" nicht mehr vorkommen.

a2) Den Negationszeichen wird eine besondere Stellung gegeben, indem man sie möglichst weit nach innen rückt. Wir verändern nämlich den Ausdruck immer wieder, solange noch das Zeichen „¬" sich auf eine Konjunktion oder eine Disjunktion bezieht, indem wir jeden Teilausdruck „¬(𝔅 ∧ ℭ)" durch „¬𝔅 ∨ ¬ℭ" und jeden Teilausdruck „¬(𝔅 ∨ ℭ)" durch „¬𝔅 ∧ ¬ℭ" ersetzen [vgl. die Äquivalenzen (10) und (11) von § 4].

a3) Nach der Veränderung a2) steht das Negationszeichen, evtl. in mehrfacher Weise, nur noch vor den Aussagevariablen. Wir entfernen nun eine zwei- und mehrfache Negation der Aussagevariablen, indem wir eine mit einer geraden Zahl von Negationszeichen versehene Aussagenvariable durch die Aussagenvariable allein, eine mit einer ungeraden Zahl von Negationszeichen versehene Aussagenvariable durch die einfach negierte Aussagenvariable ersetzen, indem wir also die Äquivalenz von „¬¬𝔅" und „𝔅" evtl. mehrmals benutzen [vgl. die Äquivalenz (1) von § 4].

a4) Nach der Veränderung a3) erhalten wir einen Ausdruck, der sich aus negierten und unnegierten Aussagevariablen nur mit Hilfe von „∧" und „∨" aufbaut. Wir wollen nun dafür sorgen, daß das Zeichen „∨" in seinem Klammerbereich nicht mehr das Zeichen „∧" enthält. Zu diesem Zweck ersetzen wir immer wieder einen Teilausdruck „𝔅 ∨ (ℭ ∧ 𝔇)" durch „(𝔅 ∨ ℭ) ∧ (𝔅 ∨ 𝔇)" und einen Teilausdruck „(ℭ ∧ 𝔇) ∨ 𝔅" durch „(ℭ ∨ 𝔅) ∧ (𝔇 ∨ 𝔅)" [vgl. die Äquivalenz (6) von § 4]. Nach Abschluß dieser Transformation haben wir dann eine konjunktive Normalform des Ausdrucks 𝔄 erhalten.

Eine konjunktive Normalform besteht aus einer Konjunktion „$ℭ_1 ∧ ℭ_2 ∧ \cdots ∧ ℭ_n$" (der Fall $n = 1$ eingeschlossen), und jedes Konjunktionsglied $ℭ_i$ besteht aus einer (evtl. mehrgliedrigen) Disjunktion von negierten oder unnegierten Aussagevariablen. Der Fall, daß $ℭ_i$ dabei nur aus einer Aussagenvariable oder einer negierten Aussagenvariable besteht, ist dabei eingeschlossen.

Geben wir einige Beispiele.

1) Es soll eine konjunktive Normalform für
„¬(((A ∨ B) ∨ ¬B) ∨ (C ∧ B))" angegeben werden.

a2) ¬((A ∨ B) ∧ ¬B) ∧ ¬(C ∧ B);
(¬(A ∨ B) ∨ ¬¬B) ∧ (¬C ∨ ¬B);
((¬A ∧ ¬B) ∨ ¬¬B) ∧ (¬C ∨ ¬B).

§ 5. Die konjunktive und die disjunktive Normalform für Ausdrücke

a3) $((\neg A \land \neg B) \lor B) \land (\neg C \lor \neg B)$.
a4) $(\neg A \lor B) \land (\neg B \lor B) \land (\neg C \lor \neg B)$.
Das letzte ist eine konjunktive Normalform.

2) Eine konjunktive Normalform für „$(A \to B) \leftrightarrow (\neg B \to \neg A)$".
 a1) $(\neg A \lor B) \leftrightarrow (\neg \neg B \lor \neg A)$;
$((\neg(\neg A \lor B)) \lor (\neg\neg B \lor \neg A)) \land ((\neg(\neg\neg B \lor \neg A)) \lor (\neg A \lor B))$.
 a2) $((\neg\neg A \land \neg B) \lor (\neg\neg B \lor \neg A)) \land$
 $\land ((\neg\neg\neg B \land \neg\neg A) \lor (\neg A \lor B))$.
 a3) $((A \land \neg B) \lor (B \lor \neg A)) \land ((\neg B \land A) \lor (\neg A \lor B))$.
 a4) $(A \lor B \lor \neg A) \land (\neg B \lor B \lor \neg A) \land (\neg B \lor \neg A \lor B) \land$
$\land (A \lor \neg A \lor B)$.

Es sei bemerkt, daß die zu einer Aussageform äquivalente Aussageform in der konjunktiven Normalform nicht eindeutig bestimmt ist, da es mehrere derartige Aussageformen gibt. Zum Beispiel ist zu dem in Beispiel 1) angegebenen Ausdruck nicht nur die genannte Aussageform, sondern auch „$(\neg A \lor B) \land (\neg C \lor \neg B)$" eine konjunktive Normalform.

An einer konjunktiven Normalform eines Ausdrucks läßt sich feststellen, ob der Ausdruck allgemeingültig ist. *Ein Ausdruck in der konjunktiven Normalform ist dann und nur dann allgemeingültig, wenn in jeder der darin vorhandenen (evtl. mehrgliedrigen) Disjunktionen eine Aussagenvariable zugleich mit ihrer Negation als Disjunktionsglied vorkommt.*

So ist der in Beispiel 2) angegebene Ausdruck an der Normalform als allgemeingültig zu erkennen, da die erste Disjunktion A und $\neg A$, die zweite B und $\neg B$, die dritte B und $\neg B$, die vierte A und $\neg A$ enthält. Der Ausdruck des Beispiels 1) ist dagegen nicht allgemeingültig, da nur die zweite Disjunktion B und $\neg B$ enthält.

Zum Beweis des Kriteriums bemerken wir, daß eine Konjunktion von Ausdrücken offenbar dann und nur dann allgemeingültig ist, wenn jeder einzelne Ausdruck allgemeingültig ist, da sonst bei einer Wertung einer dieser Ausdrücke und damit die ganze Konjunktion den Wert „$\land$" erhält. Nun bekommt eine Disjunktion, in der die gleiche Aussagenvariable negiert und unnegiert als Disjunktionsglied vorkommt, bei jeder Wertung den Wert „$\lor$", da bei jeder Wertung entweder die Aussagenvariable selbst oder ihre Negation den Wert „$\lor$" erhält. Andererseits gibt es zu einer Disjunktion von negierten und unnegierten Aussagevariablen, in der nicht die gleiche Aussagenvariable negiert und unnegiert vorkommt, immer eine Wertung, bei der die Disjunktion den Wert „$\land$" erhält; man braucht nur die unnegierten Aussagevariablen durch „$\land$" und die negierten durch „$\lor$" zu ersetzen.

Bei der Herstellung der *disjunktiven Normalform* eines Ausdrucks $\mathfrak{A}$ können wir zunächst die Veränderungen a 1)—a 3) in derselben Weise ausführen wie bei der Herstellung der konjunktiven Normalform. Statt weiter a 4) zu benutzen, machen wir die folgende Transformation a 5).

a 5) Wir wollen dafür sorgen, daß das Zeichen „∧" in seinem Wirkungsbereich nicht mehr das Zeichen „∨" enthält. Zu diesem Zweck ersetzen wir immer wieder einen Teilausdruck „$\mathfrak{B} \wedge (\mathfrak{C} \vee \mathfrak{D})$" durch „$(\mathfrak{B} \wedge \mathfrak{C}) \vee (\mathfrak{B} \wedge \mathfrak{D})$" und einen Teilausdruck „$(\mathfrak{C} \vee \mathfrak{D}) \wedge \mathfrak{B}$" durch „$(\mathfrak{C} \wedge \mathfrak{B}) \vee (\mathfrak{D} \wedge \mathfrak{B})$" [vgl. die Äquivalenz (7) von § 4] und erhalten dadurch die disjunktive Normalform.

Eine disjunktive Normalform besteht aus einer Disjunktion „$\mathfrak{C}_1 \vee \mathfrak{C}_2 \vee \cdots \vee \mathfrak{C}_n$" (der Fall $n = 1$ eingeschlossen), und jedes Disjunktionsglied $\mathfrak{C}_i$ besteht aus einer Konjunktion von negierten und unnegierten Aussagevariablen. Der Fall ist eingeschlossen, daß $\mathfrak{C}_i$ nur aus einer negierten oder unnegierten Aussagenvariable besteht.

Als Beispiel wollen wir den gleichen Ausdruck nehmen, den wir vorher in Beispiel 1) auf die konjunktive Normalform brachten, wobei wir dann die angegebenen Veränderungen nach a 1)—a 3) benutzen können.

Für „$\neg(((A \vee B) \wedge \neg B) \vee (C \wedge B))$" erhielten wir als äquivalenten Ausdruck nach a 1)—a 3) „$((\neg A \wedge \neg B) \vee B) \wedge (\neg C \vee \neg B)$".

a 5) $(((\neg A \wedge \neg B) \vee B) \wedge \neg C) \vee (((\neg A \wedge \neg B) \vee B) \wedge \neg B)$; $(\neg A \wedge \neg B \wedge \neg C) \vee (B \wedge \neg C) \vee (\neg A \wedge \neg B \wedge \neg B) \vee (B \wedge \neg B)$. Die disjunktive Normalform ist ebenfalls nicht eindeutig. Zum Beispiel ist auch „$(\neg A \wedge \neg B \wedge \neg C) \vee (B \wedge \neg C) \vee (\neg A \wedge \neg B)$" eine disjunktive Normalform des zuletzt genannten Ausdrucks.

Aus der disjunktiven Normalform kann man ersehen, ob ein Ausdruck eine Kontradiktion ist. Das ist dann und nur dann der Fall, wenn jedes Disjunktionsglied eine Aussagenvariable sowohl negiert wie auch unnegiert enthält.

Zum Beweise dieses Kriteriums überlegen wir, daß jede Konjunktion, die zwei Glieder A und $\neg A$, oder B und $\neg B$, oder usw. enthält, bei jeder Wertung den Wert „∧" erhält. Im Falle des Zutreffens des Kriteriums erhalten also alle Disjunktionsglieder und damit auch der ganze Ausdruck bei jeder Bewertung den Wert „∧". Kommt aber auch nur ein Disjunktionsglied vor, in dem jede Variable höchstens einmal, d. h. entweder nur unnegiert oder nur negiert vorkommt, so können wir eine Wertung angeben, bei der dieses Disjunktionsglied und damit der ganze Ausdruck den Wert „∨" erhält. Wir brauchen nur die Aussagevariablen, die unnegiert vorkommen, durch „∨", und die Aussagevariablen, die negiert vorkommen, durch „∧" zu ersetzen.

§ 6. Das Prinzip der Dualität

Es sei eine Aussageform $\mathfrak{A}$ gegeben, in der an Verknüpfungszeichen nur „$\neg$", „$\wedge$" und „$\vee$" auftreten. Unter der zu $\mathfrak{A}$ *dualen Aussageform* verstehen wir diejenige, die aus $\mathfrak{A}$ dadurch entsteht, daß wir die Zeichen „$\wedge$" und „$\vee$" gegeneinander auswechseln und „$\neg$" stehen lassen. Zum Beispiel gehört zu „$\neg((A \wedge B) \vee \neg C)$" die duale Form „$\neg((A \vee B) \wedge \neg C)$". Wir beweisen nun den folgenden Satz:

Ist $\mathfrak{A}$ eine Aussageform, die sich nur mit Hilfe von „$\neg$", „$\vee$" und „$\wedge$" aufbaut, so erhalten wir eine zu „$\neg \mathfrak{A}$" äquivalente Aussageform, indem wir von $\mathfrak{A}$ zur dualen Aussageform übergehen, und darin jede Aussagenvariable, die nicht unmittelbar negiert vorkommt, durch die negierte Aussagevariable und jede negierte Aussagevariable durch die einfache ersetzt.

Zum Beispiel gehört zu „$\neg((A \wedge B) \vee \neg C)$" der duale Ausdruck „$\neg((A \vee B) \wedge \neg C)$". Daher gilt die Äquivalenz von „$\neg\neg((A \wedge B) \vee \neg C)$" und „$\neg((\neg A \vee \neg B) \wedge C)$".

Es sei $\mathfrak{A}_1$ der in obiger Weise aus $\mathfrak{A}$ entstehende Ausdruck. Dann haben wir also zu beweisen „$\neg \mathfrak{A}$" äq „$\mathfrak{A}_1$".

Den Beweis führen wir durch Induktion nach der Anzahl der in $\mathfrak{A}$ auftretenden Verknüpfungszeichen, indem wir den Fall mit mehr Verknüpfungszeichen auf den mit weniger Verknüpfungszeichen zurückführen.

Ist diese Anzahl 0, so hat $\mathfrak{A}$ die Form „A" (wo statt A auch irgendeine andere Aussagenvariable stehen kann). Die Behauptung heißt dann, daß „$\neg A$" äq „$\neg A$".

Die Behauptung sei schon gezeigt, falls $\mathfrak{A}$ n oder weniger Zeichen enthält. Jetzt beweisen wir daraus die Behauptung für $n+1$ Zeichen.

a) $\mathfrak{A}$ habe die Form $\mathfrak{B} \wedge \mathfrak{C}$. Dann ist „$\neg(\mathfrak{B} \wedge \mathfrak{C})$" äq „$\neg \mathfrak{B} \vee \neg \mathfrak{C}$". Sind nun $\mathfrak{B}_1$ und $\mathfrak{C}_1$ die Ausdrücke, die $\mathfrak{B}$ und $\mathfrak{C}$ in der gleichen Weise entsprechen wie $\mathfrak{A}_1$ dem $\mathfrak{A}$, so ist nach Voraussetzung „$\neg \mathfrak{B}$" äq „$\mathfrak{B}_1$" und „$\neg \mathfrak{C}$" äq „$\mathfrak{C}_1$". Daher ist „$\neg \mathfrak{B} \vee \neg \mathfrak{C}$" äq „$\mathfrak{B}_1 \vee \mathfrak{C}_1$", also auch „$\neg \mathfrak{A}$" äq „$\mathfrak{B}_1 \vee \mathfrak{C}_1$". $\mathfrak{B}_1 \vee \mathfrak{C}_1$ ist aber $\mathfrak{A}_1$.

b) $\mathfrak{A}$ habe die Form $\mathfrak{B} \vee \mathfrak{C}$. Es ist „$\neg(\mathfrak{B} \vee \mathfrak{C})$" äq „$\neg \mathfrak{B} \wedge \neg \mathfrak{C}$", also nach Voraussetzung „$\neg(\mathfrak{B} \vee \mathfrak{C})$" äq „$\mathfrak{B}_1 \wedge \mathfrak{C}_1$", d. h. „$\neg \mathfrak{A}$" äq „$\mathfrak{A}_1$"

c) $\mathfrak{A}$ habe die Form $\neg \mathfrak{B}$. Es ist „$\neg \mathfrak{B}$" äq „$\mathfrak{B}_1$", also auch „$\neg\neg \mathfrak{B}$" äq „$\neg \mathfrak{B}_1$". $\neg \mathfrak{B}_1$ ist aber $\mathfrak{A}_1$.

Es ergibt sich nun weiter das folgende *Dualitätsprinzip. Es sei „$\mathfrak{A}$" äq „$\mathfrak{B}$", wobei $\mathfrak{A}$ und $\mathfrak{B}$ nur die Verknüpfungszeichen „$\neg$", „$\wedge$" und „$\vee$" enthalten. $\mathfrak{A}_2$ und $\mathfrak{B}_2$ seien die zu $\mathfrak{A}$ und $\mathfrak{B}$ dualen Ausdrücke. Dann gilt auch „$\mathfrak{A}_2$" äq „$\mathfrak{B}_2$".* Beweis: Aus „$\mathfrak{A}$" äq „$\mathfrak{B}$" ergibt sich „$\neg \mathfrak{A}$" äq „$\neg \mathfrak{B}$". Haben nun $\mathfrak{A}_1$ und $\mathfrak{B}_1$ die gleiche Bedeutung wie beim vorigen Satz, so ergibt sich nach diesem „$\mathfrak{A}_1$" äq „$\mathfrak{B}_1$". In dieser Äquivalenz dürfen wir auf beiden Seiten die Aussagevariablen durch ihre

Negationen ersetzen, und dann die doppelt negierten Aussagevariablen durch die einfachen ersetzen. Das führt uns aber gerade zu „$\mathfrak{A}_2$" äq „$\mathfrak{B}_2$".

Als Beispiel erwähnen wir die Äquivalenz (6) von § 4: „$A \vee (B \wedge C)$" äq „$(A \vee B) \wedge (A \vee C)$". Wir nannten sie das erste distributive Gesetz. Nach dem Dualitätsprinzip erhalten wir „$A \wedge (B \vee C)$ äq $(A \wedge B) \vee (A \wedge C)$". Das ist die Äquivalenz (7) von § 4, die wir das zweite distributive Gesetz nannten. Ebenso erhält man aus „$(A \wedge \neg A) \vee B$" äq „B" die neue Äquivalenz: „$(A \vee \neg A) \wedge B$" äq „B".

§ 7. Mannigfaltigkeit der Aussageformen, die mit gegebenen Aussagevariablen gebildet werden können

Eine weitere wichtige Bemerkung bezieht sich auf die Mannigfaltigkeit der Aussageformen, die mit Hilfe gegebener Aussagenvariablen gebildet werden können. Es sollen dabei nur diejenigen Aussageformen als verschieden betrachtet werden, die nicht äquivalent sind. Unter dieser Voraussetzung besteht die Mannigfaltigkeit aus endlich vielen Aussageformen.

Zwei Aussageformen, die mit den Aussagevariablen $A_1, \ldots, A_n$ gebildet werden, sind dann und nur dann äquivalent, wenn beide für eine beliebige Bewertung der $A_1, \ldots, A_n$ den gleichen Wahrheitswert ergeben. Für die Verteilung von „$\vee$" und „$\wedge$" auf $A_1, \ldots, A_n$ kommen zunächst 2^n Möglichkeiten in Betracht. Für jede dieser 2^n Möglichkeiten kann nun die Aussageform wieder den Wert „$\vee$" oder „$\wedge$" ergeben. Es gibt demnach genau $2^{(2^n)}$ nicht äquivalente Aussageformen, die mit $A_1, \ldots, A_n$ gebildet werden können.

Die 4 nichtäquivalenten mit A allein gebildeten Aussageformen sind $A; \neg A; A \vee \neg A; A \wedge \neg A$, von denen natürlich auch jede in anderer äquivalenter Form gegeben werden kann. Die 16 nichtäquivalenten Aussageformen, die sich mit A und B bilden lassen, sind:
$A; B; A \wedge B; A \vee B; A \rightarrow B; B \rightarrow A; A \leftrightarrow B; A \vee \neg A$ und die zu den daraus durch Negation entstehenden Aussageformen äquivalenten Aussageformen $\neg A; \neg B; \neg A \vee \neg B; \neg A \wedge \neg B; A \wedge \neg B; B \wedge \neg A; A \leftrightarrow \neg B; A \wedge \neg A$. Unter den $2^{(2^n)}$ Aussageformen, die man mit $A_1, \ldots, A_n$ bilden kann, haben zwei eine Sonderstellung, nämlich die tautologische, die man z. B. durch $A_1 \vee \neg A_1$ wiedergeben kann, und die kontradiktorische, die sich durch $A_1 \wedge \neg A_1$ darstellen läßt.

Einen formalen Überblick über die mit $A_1, \ldots, A_n$ gebildeten Aussageformen gewinnt man durch den folgenden Satz: *Man nehme die Aussageform „$(A_1 \wedge \neg A_1) \vee (A_2 \wedge \neg A_2) \vee \cdots \vee (A_n \wedge \neg A_n)$" und bringe sie durch Anwendung des ersten distributiven Gesetzes [Regel a4) von §5] auf die konjunktive Normalform. Jede Teilkonjunktion der Normalform liefert dann eine der möglichen Aussageformen.* Eine Ausnahme bildet nur die tautologische Aussageform, die hierbei nicht auftritt; es sei denn, man würde die leere Teilkonjunktion als solche ansehen.

Zum Beweise brauchen wir nur zu zeigen, daß sich jede Aussageform, mit Ausnahme der tautologischen, in eine äquivalente der obigen Art überführen läßt. Wir bringen die Aussageform zunächst auf die konjunktive Normalform und lassen dann die tautologischen Konjunktionsglieder fort. Fehlen bei einem Konjunktionsglied gewisse Aussagevariable, z. B. A_1, A_2, A_3, so erweitern wir es, indem wir als weiteres Disjunktionsglied $(A_1 \wedge \neg A_1) \vee (A_2 \wedge \neg A_2) \vee (A_3 \wedge \neg A_3)$ hinzufügen und dann wieder die konjunktive Normalform herstellen. Schließlich schreiben wir von mehreren Konjunktionsgliedern, die formal gleich sind oder sich nur durch eine verschiedene Reihenfolge der Disjunktionsglieder unterscheiden, nur je eines auf und haben dann die gewünschte Form erhalten. Andererseits haben die durch Entwicklung des obigen Ausdrucks „$(A_1 \wedge \neg A_1) \vee \cdots \vee (A_n \wedge \neg A_n)$" entstehenden Ausdrücke gerade die richtige Anzahl. Es sind nämlich 2^n Konjunktionsglieder vorhanden, und die Anzahl der Möglichkeiten, hiervon eine gewisse Anzahl auszuwählen, beträgt $2^{(2^n)}$, falls wir die leere Konjunktion mitzählen.

Als ein einfaches Beispiel nehmen wir den Ausdruck „$A \vee (B \wedge C)$". Eine konjunktive Normalform davon ist „$(A \vee B) \wedge (A \vee C)$". Durch Hinzufügung von Disjunktionsgliedern entsteht

„$(A \vee B \vee (C \wedge \neg C)) \wedge (A \vee C \vee (B \wedge \neg B))$".

Stellt man wieder die konjunktive Normalform her, so erhält man

„$(A \vee B \vee C) \wedge (A \vee B \vee \neg C) \wedge (A \vee C \vee B) \wedge (A \vee C \vee \neg B)$".

Nach Weglassen des dritten Konjunktionsgliedes, das sich von dem ersten nur durch die Reihenfolge seiner Disjunktionsglieder unterscheidet, erhalten wir schließlich „$(A \vee B \vee C) \wedge (A \vee B \vee \neg C) \wedge (A \vee \neg B \vee C)$", wobei wir der besseren Übersicht halber die Reihenfolge der Disjunktionsglieder bei dem letzten Konjunktionsglied geändert haben.

Die letzte Aussageform heißt die *ausgezeichnete konjunktive Normalform* von „$A \vee (B \wedge C)$", und ebenso bei anderen Ausdrücken. Diese Normalform ist bis auf eine Vertauschung der Reihenfolge der Konjunktionsglieder und bis auf die Reihenfolge der negierten oder nicht negierten Aussagevariablen in den Disjunktionen eindeutig. Durch zusätzliche Festsetzungen der Reihenfolge der Variablen in den Disjunktionen und der Reihenfolge der Konjunktionsglieder kann man leicht vollständige Eindeutigkeit erreichen.

Es gibt auch eine *ausgezeichnete disjunktive Normalform* für jeden Ausdruck. Diese ist eine Teildisjunktion des nach dem zweiten distributiven Gesetz [Regel a5) von § 5] zur disjunktiven Normalform entwickelten Ausdrucks „$(A_1 \vee \neg A_1) \wedge \cdots \wedge (A_n \vee \neg A_n)$". Um einen Ausdruck $\mathfrak{A}$ auf die ausgezeichnete disjunktive Normalform zu bringen, kann man dual zu obigem vorgehen. Man kann es aber auch so machen: Man bringt „$\neg \mathfrak{A}$" auf die ausgezeichnete konjunktive Normalform und wendet nun den ersten Satz von § 6 an. Nach diesem ist „$\neg \neg \mathfrak{A}$" d. h. „$\mathfrak{A}$" äquivalent zu einem Ausdruck $\mathfrak{B}$, der aus der ausgezeichneten konjunktiven Normalform von „$\neg \mathfrak{A}$" dadurch entsteht, daß man die Zeichen „$\vee$" und „$\wedge$" gegeneinander auswechselt und ebenso die negierten mit den unnegierten Aussagevariablen. $\mathfrak{B}$ ist die ausgezeichnete disjunktive Normalform von $\mathfrak{A}$.

Aus der ausgezeichneten konjunktiven Normalform eines Ausdrucks kann man ersehen, ob dieser sich in äquivalenter Weise ohne Zuhilfenahme des Negationszeichens darstellen läßt. Ist dieses der Fall, so muß der Ausdruck den Wert „$\curlyvee$" ergeben, falls alle Aussagevariablen durch „$\curlyvee$" ersetzt werden. Demnach darf die ausgezeichnete konjunktive Normalform nicht das Konjunktionsglied „$\neg A_1 \vee \cdots \vee \neg A_n$" enthalten. Das Fehlen dieses Gliedes ist aber auch hinreichend für die gewünschte Darstellung. Jedes andere Konjunktionsglied hat nämlich entweder die Form „$A_1 \vee \cdots \vee A_n$" oder aber eine Form

$$„A_{p_1} \vee \cdots \vee A_{p_k} \vee \neg A_{q_1} \vee \cdots \vee \neg A_{q_l}",$$

wofür „$A_{q_1} \wedge \cdots \wedge A_{q_l} \to A_{p_1} \vee \cdots \vee A_{p_k}$" eine Darstellung ohne Negationszeichen ist. Demnach ist gerade die Hälfte der $2^{(2^n)}$ mit $A_1, \ldots, A_n$ zu bildenden Ausdrücke ohne Negationszeichen darstellbar.

§ 8. Erfüllbarkeit einer Aussageform; Folgerungen aus gegebenen Axiomen

Wir hatten bisher die Aussageformen nur hinsichtlich ihrer Allgemeingültigkeit betrachtet. Ein ähnliches Problem ist das der *Erfüllbarkeit*. Ein Ausdruck heißt erfüllbar, wenn es überhaupt eine Wertung für die Aussagevariablen gibt, so daß er den Wert „$\curlyvee$" erhält, was durch die Bewertungsmethode unmittelbar festgestellt werden kann. Ein Ausdruck ist dann und nur dann erfüllbar, wenn er keine Kontradiktion ist. Dies kann, außer durch die Bewertungsmethode, auch durch die Inspektion der disjunktiven Normalform festgestellt werden. *Ein Ausdruck* „$\mathfrak{A}$" *ist offenbar dann und nur dann erfüllbar, wenn* „$\neg \mathfrak{A}$" *nicht allgemeingültig ist.*

Es sei uns nun eine bestimmte Menge von Aussagen $\Psi_1, \ldots, \Psi_n$ gegeben, deren Richtigkeit wir axiomatisch voraussetzen wollen. $\Psi_1, \ldots, \Psi_n$ mögen aus gewissen, nicht weiter zerlegbaren Grundaussagen $\Phi_1, \ldots, \Phi_n$ mit Hilfe der Aussageverknüpfungen aufgebaut sein. Wir fragen nun, wann irgendeine andere, mit Hilfe der $\Phi_1, \ldots, \Phi_k$ aufgebaute Aussage Θ eine aussagenlogische Folgerung der Axiome ist.

§ 8. Erfüllbarkeit einer Aussageform; Folgerungen aus gegebenen Axiomen

Wegen der Schwierigkeit, die dem Begriff der logischen Folgerung anhaftet (vgl. § 1), wollen wir diesen hier so präzisieren, daß eine mit den $\Phi_1, \ldots, \Phi_n$ gebildete Aussage dann und nur dann eine aussagenlogische Folgerung der Axiome sein soll, wenn bei jeder Bewertung für die $\Phi_1, \ldots, \Phi_k$, die allen Axiomen den Wert „$\vee$" gibt, auch Θ den Wert „$\vee$" erhält. Das würde aber heißen „$\Psi_1 \wedge \cdots \wedge \Psi_n \to \Theta$" ist eine Tautologie, d. h. entsteht aus einer allgemeingültigen Aussageformel durch Einsetzung.

Um eine Übersicht über alle möglichen Folgerungen aus den Axiomen zu bekommen, könnten wir alle möglichen Aussagen aus den $\Phi_1, \ldots, \Phi_k$ bilden, von denen es ja nur endlich viele äquivalente gibt, und dann jedesmal das obige Kriterium anwenden. Es gibt aber auch einen anderen Weg.

Man verbinde sämtliche Axiome durch „$\wedge$" und bilde für die so entstehende Aussage die ausgezeichnete konjunktive Normalform in den $\Phi_1, \ldots, \Phi_k$. Von den Konjunktionsgliedern kann man dann irgendwelche auswählen, verbindet sie durch „$\wedge$" und erhält so alle Konsequenzen der Axiome. Dabei fallen nur die mit den $\Phi_1, \ldots, \Phi_k$ gebildeten Aussagen aus, die tautologisch sind, die uns aber in diesem Zusammenhang nicht besonders interessieren, da ihre Richtigkeit unabhängig von den Axiomen besteht.

Die Richtigkeit dieses Satzes ergibt sich daraus, daß einmal jede der angegebenen Aussagen offenbar eine Konsequenz der Axiome ist, wie sich durch die Bewertungsmethode ergibt. Andererseits können wir durch eine passende Bewertung „$\Psi_1 \wedge \cdots \wedge \Psi_n$" den Wert „$\vee$" (vorausgesetzt daß es nicht eine Kontradiktion ist) und einem Konjunktionsglied der ausgezeichneten konjunktiven Normalform von „$(\Phi_1 \wedge \neg \Phi_1) \vee \cdots \vee (\Phi_k \wedge \neg \Phi_k)$", das nicht Konjunktionsglied der ausgezeichneten konjunktiven Normalform von „$\Psi_1 \wedge \cdots \wedge \Psi_n$" ist, den Wert „$\wedge$" erteilen. Wir brauchen nämlich die Bewertung der $\Phi_1, \ldots, \Phi_k$ nur so vorzunehmen, daß in dem genannten Konjunktionsglied, das ja eine Disjunktion ist, jedes Disjunktionsglied den Wert „$\wedge$" erhält. Da jedes Konjunktionsglied der ausgezeichneten konjunktiven Normalform von „$\Psi_1 \wedge \cdots \wedge \Psi_n$" sich von dem genannten Konjunktionsglied mindestens an einer Stelle dadurch unterscheidet, daß statt eines Disjunktionsgliedes „Φ_i" „$\neg \Phi_i$" steht oder umgekehrt, so erhält jedes derartige Konjunktionsglied den Wert „$\vee$", da mindestens eines seiner Disjunktionsglieder mit „$\vee$" gewertet wird. Daher erhält auch „$\Psi_1 \wedge \cdots \wedge \Psi_n$" bei dieser Bewertung den Wert „$\vee$".

Als Beispiel betrachten wir die folgenden Axiome: $\Phi \wedge \Psi \to \neg \Theta$; Ψ; Θ. Die drei Grundaussagen Φ, Ψ, Θ mögen die folgende Bedeutung haben

Φ: „der Additionssatz der Geschwindigkeiten ist gültig",

Ψ: „das Licht pflanzt sich im Fixsternsystem nach allen Richtungen mit gleicher Geschwindigkeit fort",

Θ: „das Licht pflanzt sich auf der Erde nach allen Richtungen mit gleicher Geschwindigkeit fort".

Für die Zusammenfassung der Axiome „$(\Phi \wedge \Psi \to \neg \Theta) \wedge \Psi \wedge \Theta$" lautet die konjunktive Normalform „$(\neg \Phi \vee \neg \Psi \vee \neg \Theta) \wedge \Psi \wedge \Theta$". Die ausgezeichnete konjunktive Normalform ist

„$(\Phi \vee \Psi \vee \Theta) \wedge (\Phi \vee \Psi \vee \neg \Theta) \wedge (\Phi \vee \neg \Psi \vee \Theta) \wedge (\neg \Phi \vee \Psi \vee \Theta) \wedge$
$\wedge (\neg \Phi \vee \Psi \vee \neg \Theta) \wedge (\neg \Phi \vee \neg \Psi \vee \Theta) \wedge (\neg \Phi \vee \neg \Psi \vee \neg \Theta)$".

Als Folgerung ergibt sich z. B.

„$(\neg \Phi \vee \Psi \vee \Theta) \wedge (\neg \Phi \vee \Psi \vee \neg \Theta) \wedge (\neg \Phi \vee \neg \Psi \vee \Theta) \wedge (\neg \Phi \vee \neg \Psi \vee \neg \Theta)$".

Für die Vereinfachung derartiger Aussagen kann man benutzen, daß „$(\mathfrak{A} \vee \mathfrak{B}) \wedge (\mathfrak{A} \vee \neg \mathfrak{B})$" äq „$\mathfrak{A}$". Danach erhält man hier zunächst „$(\neg \Phi \vee \Psi) \wedge (\neg \Phi \vee \neg \Psi)$" und dann „$\neg \Phi$", d. h. der Additionssatz der Geschwindigkeiten ist nicht gültig.

Statt nach sämtlichen Folgerungen aus gegebenen Axiomen zu fragen, kann man auch die umgekehrte Frage stellen, aus welchen Voraussetzungen sich eine mit den Grundaussagen $\Phi_1, \ldots, \Phi_k$ gebildete Aussage Ψ beweisen läßt. Die Lösung geschieht in ähnlicher Weise wie vorher. Man stelle für Ψ die ausgezeichnete konjunktive Normalform in den $\Phi_1, \ldots, \Phi_k$ her. Von den Konjunktionsgliedern der ausgezeichneten konjunktiven Normalform von „$(\Phi_1 \wedge \neg \Phi_1) \vee \cdots \vee (\Phi_k \wedge \neg \Phi_k)$", die nicht zugleich Konjunktionsglieder der ausgezeichneten konjunktiven Normalform von Ψ sind, wähle man irgendwelche aus, verbinde sie konjunktiv mit der zuletzt genannten Normalform und erhält so alle möglichen Voraussetzungen.

Ein anderes Problem, das in diesem Zusammenhang auftaucht, ist das, ob gewisse Axiome $\Psi_1, \ldots, \Psi_n$ der angegebenen Art vom Gesichtspunkt der Aussagenlogik aus widerspruchsfrei oder miteinander verträglich sind. Das ist dann und nur dann der Fall, wenn „$\Psi_1 \wedge \Psi_2 \wedge \cdots \wedge \Psi_n$" keine Kontradiktion ist.

§ 9. Axiomatik des Aussagenkalküls

Aus den bisherigen Betrachtungen ging hervor, daß sich fast alle Probleme des Aussagenkalküls darauf zurückführen lassen, ob gewisse Aussageformen allgemeingültig sind oder nicht. Wir wollen nun ein *Axiomensystem* für die allgemeingültigen Aussageformen aufstellen. Das heißt wir treffen unter diesen Formeln eine gewisse Auswahl, deren Formeln wir als *Grundformeln* oder *Axiome* bezeichnen; aus diesen leiten sich dann alle anderen allgemeingültigen Aussageformen nach gewissen Regeln ab. Diese Regeln bestehen in einem rein formalen

Operieren mit den logischen Zeichen, das von ihrer Bedeutung ganz absieht. In einer Axiomatik irgendeines anderen Wissensgebietes werden die weiteren Sätze aus den Axiomen in der Regel durch das inhaltliche logische Schließen gewonnen. Daß dieses hier durch die rein formalen Regeln ersetzt wird, liegt daran, daß die logischen Schlußweisen selbst den Gegenstand der Untersuchung bilden.

Übrigens spielt die Axiomatik bei der Gewinnung der allgemeingültigen Aussageformen nicht die Rolle wie etwa in anderen Teilen dieses Buches, da wir ihrer zur Lieferung von allgemeingültigen Ausdrücken nicht befürfen, weil wir ja z. B. nach der Bewertungsmethode von jedem Ausdruck feststellen können, ob er allgemeingültig ist oder nicht. Trotzdem hat ein Axiomensystem für die allgemeingültigen Aussageformen ein gewisses systematisches Interesse.

Die Auswahl der Grundformeln des Axiomensystems und der Regeln zur Ableitung neuer Formeln ist nun weitgehend der Willkür überlassen. Es gibt da keine eindeutige Lösung. Gewisse Forderungen werden wir allerdings an die Grundformeln und die Ableitungsregeln stellen, z. B. daß sie nicht zu kompliziert sind und daß wir mit möglichst wenig Axiomen und Regeln auskommen. Hinzu kommt noch folgendes. Wir sahen, daß wir nicht alle Aussagenverknüpfungen zugrunde zu legen brauchen, sondern daß wir z. B. durch „$\neg$" und „$\wedge$", oder durch „$\neg$" und „$\vee$" oder durch „$\neg$" und „$\to$" oder auch durch die Sheffersche Strichfunktion alle anderen Verknüpfungen definieren können. Es ist also zu erwarten, daß es Axiomensysteme gibt, die z. B. nur „$\neg$" und „$\to$" einführen usw. Ein erstes Axiomensystem mit „$\to$" und „$\neg$" stammt bereits von G. FREGE [4]. Von J. LUKASIEWICZ und A. TARSKI [16] wurde ein einfacheres Axiomensystem dieser Art angegeben. Von A. N. WHITEHEAD und B. RUSSELL [21] stammt ein Axiomensystem mit „$\vee$" und „$\neg$", das von P. BERNAYS [2] vereinfacht wurde. Ein Axiomensystem, in dem von vorneherein alle Grundverknüpfungen eingeführt wurden, ist von D. HILBERT und P. BERNAYS [10] angegeben worden. Für die Sheffersche Strichverknüpfung gab J. G. P. NICOD [17] ein Axiomensystem. Über die Beziehungen zwischen verschiedenen Axiomensystemen vergleiche man z. B. eine Arbeit von J. SLUPECKI [20]. Dies sind nur einige Beispiele für aufgestellte Axiomensysteme.

Bei der Suche nach einem Axiomensystem, das wir für unsere Zwecke zugrunde legen wollen, haben wir uns von einem besonderen Gesichtspunkt leiten lassen. Ist uns ein beliebiges derartiges Axiomensystem gegeben, von dem irgendwie bekannt ist oder vermutet wird, daß es alle allgemeingültigen Ausdrücke liefert, so ist die Herleitung eines bestimmten Ausdrucks, von dem wir etwa nach der Bewertungsmethode wissen, daß er allgemeingültig ist, oft schwierig und erst nach vielem Hin- und Herprobieren zu finden. Wir wollen also an das Axiomensystem die

Forderung stellen, daß es so beschaffen ist, daß von jeder allgemeingültigen Formel unmittelbar zu erkennen ist, wie die Herleitung dafür lautet, und daß überhaupt für jede Aussageform an Hand der Regeln unmittelbar zu erkennen ist, ob sie in dem System herleitbar ist oder nicht. Nebenbei bemerkt gibt das ein weiteres Kriterium für die Allgemeingültigkeit von Aussageformen. Ein System, das dieser Form genügt, und übrigens alle Grundverknüpfungen von vorneherein einführt, ist von G. GENTZEN [7] aufgestellt worden. Ein nur die Verknüpfungen „¬" und „∨" zugrundelegendes System dieser Art wurde von K. SCHÜTTE [18] gegeben. Das folgende System ist eine Modifikation des Systems von SCHÜTTE.

Wir wollen übrigens im folgenden mehrgliedrige Disjunktionen immer ohne Klammern schreiben, so daß also die Schreibweise „($\mathfrak{A} \vee \mathfrak{B}) \vee \mathfrak{C}$" oder „$\mathfrak{A} \vee (\mathfrak{B} \vee \mathfrak{C})$" nicht benutzt wird. Ein Ausdruck ist jetzt nur das, was sich durch endliche Anwendung der folgenden Regeln als solcher erweist:

1. Aussagenvariable sind Ausdrücke.
2. Ist „$\mathfrak{A}$" ein Ausdruck, so ist „$\neg(\mathfrak{A})$" ein Ausdruck. (Die Klammer hinter „$\neg$" bleibt gewöhnlich fort, falls der Ausdruck in Klammern aus einer Aussagenvariable besteht oder die Negation eines Ausdrucks ist.)
3. Sind „$\mathfrak{A}$" und „$\mathfrak{B}$" Ausdrücke, so ist auch „$\mathfrak{A} \vee \mathfrak{B}$" Ausdruck.

Als *Grundformeln* nehmen wir nun alle Formeln, die aus einer Disjunktion „$\mathfrak{A}_1 \vee \cdots \vee \mathfrak{A}_n$" bestehen, wo jedes $\mathfrak{A}_i$ eine Aussagenvariable oder eine negierte Aussagenvariable ist und wo eine gewisse Aussagenvariable einmal negiert und einmal unnegiert als Disjunktionsglied auftritt.

Ferner haben wir die folgenden beiden *Ableitungsregeln:*

$$\frac{\mathfrak{M} \vee \mathfrak{A} \vee \mathfrak{N}}{\mathfrak{M} \vee \neg\neg(\mathfrak{A}) \vee \mathfrak{N}} \cdot \qquad (a)$$

Der Strich soll hier bedeuten, daß wenn irgendein Ausdruck der über dem Strich stehenden Form, die *Oberformel* oder die Prämisse des Schlusses, hergeleitet worden ist, man dann auch zu der unter dem Strich stehenden Formel, der *Unterformel* oder der Konklusion des Schlusses übergehen kann. Die Regel ist so zu verstehen, daß die Formeln $\mathfrak{M}$ und $\mathfrak{N}$ (alle beide oder eine von ihnen) auch fehlen dürfen. Falls $\mathfrak{N}$ vorkommt, soll es eine Aussagenvariable oder eine negierte Aussagenvariable oder eine Disjunktion sein, deren Glieder negierte oder unnegierte Aussagenvariable sind. [Bemerkung: Diese Einschränkung bezüglich $\mathfrak{N}$, ebenso wie die entsprechende bei der Regel b), wäre an und für sich nicht erforderlich, da auch ohne diese Einschränkung der Schluß gültig wäre. Wir haben sie gemacht, um eine gewisse Normierung der Herleitungen ~reichen]

$$\frac{\mathfrak{M} \vee \neg(\mathfrak{A}) \vee \mathfrak{N} \qquad \mathfrak{M} \vee \neg(\mathfrak{B}) \vee \mathfrak{N}}{\mathfrak{M} \vee \neg(\mathfrak{A} \vee \mathfrak{B}) \vee \mathfrak{N}} \qquad (b)$$

§ 9. Axiomatik des Aussagenkalküls

Dieser Schluß hat zwei Oberformeln oder Prämissen. $\mathfrak{M}$ und $\mathfrak{N}$ dürfen wie bei (a) auch fehlen. Bezüglich $\mathfrak{N}$ gilt die gleiche Einschränkung wie bei der Regel (a). $\mathfrak{B}$ soll nicht selbst eine Disjunktion sein.

Daß das Axiomensystem nur allgemeingültige Formeln liefert, ergibt sich sofort nach der Bewertungsmethode. Denn die Grundformeln sind allgemeingültig, und ist bei (a) die Oberformel, bzw. sind bei (b) die beiden Oberformeln allgemeingültig, so ist auch die Unterformel allgemeingültig. Als Beispiel geben wir zunächst die Herleitung für die Aussageform „$\neg(\neg A \lor B) \lor \neg(C \lor A) \lor C \lor B$".

$A \lor \neg C \lor C \lor B$ (Grundformel);   (1)

$\neg\neg A \lor \neg C \lor C \lor B$ [aus (1) nach (a)];   (2)

$\neg B \lor \neg C \lor C \lor B$ (Grundformel);   (3)

$\neg(\neg A \lor B) \lor \neg C \lor C \lor B$ [aus (2) und (3) nach (b)];   (4)

$A \lor \neg A \lor C \lor B$ (Grundformel);   (5)

$\neg\neg A \lor \neg A \lor C \lor B$ [aus (5) nach (a)];   (6)

$\neg B \lor \neg A \lor C \lor B$ (Grundformel);   (7)

$\neg(\neg A \lor B) \lor \neg A \lor C \lor B$ [aus (6) und (7) nach (b)];   (8)

$\neg(\neg A \lor B) \lor \neg(C \lor A) \lor C \lor B$ [aus (4) und (8) nach (b)].   (9)

Für jeden Ausdruck $\mathfrak{A}$ können wir nun feststellen, ob er in dem Axiomensystem herleitbar ist oder nicht, und im ersten Falle können wir die Herleitung angeben. Wir führen den Beweis dafür in der Weise, daß wir die obige Feststellung für einen bestimmten Ausdruck $\mathfrak{A}$ zurückführen auf die Feststellung für endlich viele Ausdrücke (höchstens zwei), bei denen die Gesamtzahl der Zeichen „$\lor$" und „$\neg$" geringer ist als bei $\mathfrak{A}$.

1. Ein Ausdruck, der weder „$\lor$" noch „$\neg$" enthält, ist eine Aussagenvariable. Er ist weder Grundformel, noch kann er Unterformel von (a) oder (b) sein. Er kann also nicht hergeleitet werden.

2. $\mathfrak{A}$ habe n Verknüpfungszeichen ($n \geq 1$); für weniger Verknüpfungszeichen sei das Verfahren bekannt. Sei $\mathfrak{A}$ zunächst eine negierte Aussagenvariable oder eine Disjunktion von negierten und unnegierten Aussagenvariablen. Es läßt sich dann durch Inspektion feststellen, ob $\mathfrak{A}$ eine Grundformel ist, in welchem Falle es herleitbar ist. Ist $\mathfrak{A}$ keine Grundformel, so kann es in diesem Falle auch nicht Unterformel von (a) oder (b) sein, ist also nicht herleitbar. Hat $\mathfrak{A}$ nicht die angegebene Form, so hat es entweder die Form $\mathfrak{M} \lor \neg\neg\mathfrak{B} \lor \mathfrak{N}$ oder die Form $\mathfrak{M} \lor \neg(\mathfrak{B} \lor \mathfrak{C}) \lor \mathfrak{N}$, wobei für $\mathfrak{M}, \mathfrak{N}$ und $\mathfrak{C}$ die gleichen Bedingungen gelten wie bei (a) bzw. (b) und $\mathfrak{M}, \mathfrak{N}$ (auch ihr Fehlen) und $\mathfrak{B}$ und $\mathfrak{C}$ eindeutig bestimmt sind. Im ersten Falle kommt als Oberformel

nur $\mathfrak{M} \vee \mathfrak{B} \vee \mathfrak{N}$, im zweiten Fall die beiden Oberformeln $\mathfrak{M} \vee \neg \mathfrak{B} \vee \mathfrak{N}$ und $\mathfrak{M} \vee \neg \mathfrak{C} \vee \mathfrak{N}$ in Frage. Da diese Oberformeln alle weniger Verknüpfungszeichen enthalten als $\mathfrak{A}$, ist unser Verfahren für sie bekannt. Ist die Oberformel, bzw. sind die beiden Oberformeln nicht herleitbar, so ist auch $\mathfrak{A}$ nicht herleitbar. Ist die Oberformel, bzw. die beiden Oberformeln herleitbar, so kann nach Voraussetzung auch die Herleitung für sie angegeben werden. Diese Herleitung läßt sich dann mit (a) oder (b) sofort zu einer Herleitung für $\mathfrak{A}$ ergänzen.

Das Verfahren besteht also darin, daß wir von dem zu untersuchenden Ausdruck zu den nach (a) bzw. nach (b) eindeutig bestimmten Oberformeln übergehen, dann wieder zu den Oberformeln dieser Formeln usw., bis wir zu Formeln gelangen, die nicht mehr Unterformeln von (a) oder (b) sein können. Diese letzten Formeln bestehen dann aus einer Aussagenvariablen, aus einer negierten Aussagenvariablen oder aus einer Disjunktion von negierten oder unnegierten Aussagevariablen. Nur wenn alle diese letzten Formeln Grundformeln sind, ist der zu untersuchende Ausdruck herleitbar.

Damit können wir auch die Frage bejahend beantworten, ob das Axiomensystem *vollständig* ist in dem Sinne, daß alle allgemeingültigen Ausdrücke hergeleitet werden können. Wir haben zu beachten, daß wenn die Unterformel von (a) oder (b) allgemeingültig ist, dies auch für die Oberformel, bzw. beide Oberformeln gilt, da bei (a) die Unterformel der Oberformel äquivalent ist, und bei (b) die Unterformel der Konjunktion der Oberformeln äquivalent ist. Ist also ein Ausdruck allgemeingültig, so sind auch die letzten Formeln der durch Zurückgehen zu den Oberformeln entstehenden Ketten allgemeingültig, d. h. aber sie müssen Grundformeln sein, da sonst keine Formeln die nur aus einer Aussagenvariable, einer negierten Aussagenvariable oder einer Disjunktion von negierten oder unnegierten Aussagevariablen bestehen, allgemeingültig sind. Das heißt aber jede allgemeingültige Formel ist auch herleitbar. Geben wir zwei Beispiele.

1. Es soll festgestellt werden, ob „$A \to (B \to A \wedge B)$" herleitbar (und damit allgemeingültig) ist, und gegebenenfalls soll die Herleitung angegeben werden.

Da „$\to$" und „$\wedge$" nicht unter den von uns benutzten Grundzeichen vorkommen, ist das so zu verstehen, daß „$\mathfrak{A} \to \mathfrak{B}$" eine Abkürzung für „$\neg \mathfrak{A} \vee \mathfrak{B}$" und „$\mathfrak{A} \wedge \mathfrak{B}$" eine Abkürzung für „$\neg(\neg \mathfrak{A} \vee \neg \mathfrak{B})$" sein soll. Die zu untersuchende Formel lautet also ohne Gebrauch der Abkürzungen „$\neg A \vee \neg B \vee \neg(\neg A \vee \neg B)$" (1). Oberformeln von (1) sind „$\neg A \vee \neg B \vee \neg\neg A$" (2) und „$\neg A \vee \neg B \vee \neg\neg B$" (3). Oberformel von (2) ist „$\neg A \vee \neg B \vee A$" und von (3) „$\neg A \vee \neg B \vee B$". Da die letzten beiden Formeln Grundformeln sind, ist „$\neg A \vee \neg B \vee \neg(\neg A \vee \neg B)$" herleitbar. Durchlaufen wir den Weg

§ 9. Axiomatik des Aussagenkalküls

von „$\neg A \vee \neg B \vee \neg(\neg A \vee \neg B)$" zu „$\neg A \vee \neg B \vee A$" und „$\neg A \vee \neg B \vee B$" im umgekehrten Sinne, so erhalten wir die Herleitung für unsere Formel.

2. Es soll festgestellt werden, ob „$\neg\neg\neg\neg A \vee \neg\neg\neg(\neg A \vee \neg B \vee \neg C)$" (1) herleitbar ist.

Oberformel von (1) ist „$\neg\neg\neg\neg A \vee \neg A \vee \neg B \vee \neg C$" (2); Oberformel von (2) ist „$\neg A \vee \neg A \vee \neg B \vee \neg C$". Da diese Formel keine Grundformel ist, ist die betrachtete Formel nicht herleitbar, also auch nicht allgemeingültig.

Wir haben die Axiomatik bisher nur zum Herleiten von allgemeingültigen Ausdrücken benutzt; wir wollen sie jetzt zum Ableiten der aussagenlogischen Folgerungen bestimmter Aussagen verwenden. Es seien $\Phi_1, \ldots, \Phi_k$ bestimmte Aussagen, die nach dem Aussagenkalkül nicht weiter zerlegbar sind, d. h. die sich nicht mit Hilfe der Aussagenverknüpfungen aus weiteren Aussagen zusammensetzen. An Verknüpfungen verwenden wir wieder nur „$\vee$" und „$\neg$". Wir definieren nun zunächst den Begriff einer Formel:

1. $\Phi_1, \ldots, \Phi_k$ sind Formeln.
2. Ist Γ eine Formel, so ist $\neg(\Gamma)$ eine Formel.
3. Sind Γ und Θ Formeln, so ist $\Gamma \vee \Theta$ Formel.

Es seien nun $\Psi_1, \ldots, \Psi_n$ Formeln der angegebenen Art, deren Richtigkeit axiomatisch vorausgesetzt wird. Es handelt sich nun darum, die mit den $\Phi_1, \ldots, \Phi_n$ zu bildenden Formeln herzuleiten, die aussagenlogische Folgerungen der Axiome $\Psi_1, \ldots, \Psi_n$ sind, wobei der Begriff der aussagenlogischen Folgerung im Sinne von § 8 verstanden wird.

Als *Grundformeln* des Axiomensystems nehmen wir die Formeln $\Psi_1, \ldots, \Psi_n$, ferner die Formeln, die aus einer Disjunktion bestehen, bei der jedes Glied ein Φ_i oder ein $\neg \Phi_j$ ist und bei der ein und dasselbe Φ_p gleichzeitig als Φ_p und als $\neg \Phi_p$ als Disjunktionsglied auftritt.

Als *Ableitungsregeln* haben wir zunächst als (a) und (b) die bei obigem Axiomensystem so genannten Regeln, wobei überall bei der Formulierung statt Aussagenvariable eine Aussage aus der Reihe $\Phi_1, \ldots, \Phi_k$ stehen muß. Mit diesen beiden Regeln kommen wir aber nicht aus. Zum Beispiel könnte man mit (a) und (b) allein aus den Axiomen Φ_1 und $\neg \Phi_1 \vee \Phi_2$ und den übrigen Grundformeln nicht auf Φ_2 schließen. Wir fügen daher als weitere Regel hinzu:

$$\frac{\Gamma \quad \neg(\Gamma) \vee \Theta}{\Theta} \qquad (c)$$

Diese Regel heißt die *Abtrennungsregel*. Mit Hilfe dieser drei Regeln sind wir dann imstande, alle Folgerungen aus $\Psi_1, \ldots, \Psi_n$ abzuleiten.

Es sei nämlich Ξ eine derartige Folgerung. Nach § 8 ist dann $\neg \Psi_1 \vee \neg \Psi_2 \vee \cdots \vee \neg \Psi_n \vee \Xi$ eine Tautologie. Nun ist in unserem

System offenbar jede Tautologie herleitbar, und zwar schon, wenn wir die Grundformeln $\Psi_1, \ldots, \Psi_n$ gar nicht gebrauchen und ebenfalls nicht die Regel (c), wie wir durch Vergleich mit dem Axiomensystem für die allgemeingültigen Aussageformen feststellen können. Aus der Grundformel Ψ_1 und der hergeleiteten Formel $\neg \Psi_1 \vee \neg \Psi_2 \vee \cdots \vee \neg \Psi_n \vee \Xi$ erhält man nun nach Regel (c) $\neg \Psi_2 \vee \cdots \vee \neg \Psi_n \vee \Xi$, aus dieser Formel und Ψ_2 nach Regel (c) die Formel, in der das Disjunktionsglied $\neg \Psi_2$ fehlt, usw., bis wir schließlich aus Ψ_n und $\neg \Psi_n \vee \Xi$ die Formel Ξ erhalten.

Die Regel (c) in der entsprechenden Form $\dfrac{\mathfrak{A} \quad \neg \mathfrak{A} \vee \mathfrak{B}}{\mathfrak{B}}$ hätten wir auch dem Axiomensystem für die allgemeingültigen Formeln hinzufügen können, da sie ja bei allgemeingültigen Oberformeln wieder eine allgemeingültige Unterformel liefert. Offenbar ist sie aber dort überflüssig, da ja auch ohne sie alle allgemeingültigen Formeln hergeleitet werden können.

* § 10. Der intuitionistische Aussagenkalkül[1]

Der in den bisherigen Paragraphen entwickelte Aussagenkalkül beruhte auf der Voraussetzung, daß man unter Aussagen solche Sätze versteht, denen einer der Werte „richtig" oder „falsch" zukommt. Wir sprechen demnach von einem *zweiwertigen* Aussagenkalkül. Wir beschränken uns aber bei den diesbezüglichen Überlegungen nicht auf solche Sätze, deren Richtigkeit oder Falschheit sich eindeutig feststellen läßt, sondern schreiben auch solchen einen dieser Werte zu, bei denen wir wenigstens für den Augenblick nicht entscheiden können, welcher Wert in Frage kommt. Dieser Standpunkt des zweiwertigen Aussagenkalküls wird in dem ganzen Buche, mit Ausnahme dieses Paragraphen, beibehalten.

Einen ganz anderen Standpunkt hat der von L. E. I. BROUWER in verschiedenen Einzelschriften begründete *Intuitioninismus*, der neuerdings eine zusammenfassende Darstellung seiner Gedankengänge bei A. HEYTING [9] gefunden hat. Der Intuitionismus, der sich übrigens nur auf die Theorie der mathematischen Sätze beschränkt, lehnt grundsätzlich die Auffassung ab, daß allen mathematischen Behauptungen — auch denen, deren Richtigkeit oder Falschheit bisher nicht festgestellt werden konnte — einer der Werte „richtig" oder „falsch" zukommt, weil nach seiner Auffassung darin die unbegründete Voraussetzung steckt, daß man alle mathematischen Probleme irgendwann einmal lösen könne. Nun braucht auch der Intuitionismus logische Aussageverknüpfungen, um kompliziertere Sachverhalte darzustellen; es entfällt aber die Möglich-

---

[1] Die mit einem „*" bezeichneten § 10 und § 11 können bei einer fortlaufenden Lektüre des Buches zunächst fortgelassen werden.

keit, diese als Wahrheitsfunktionen aufzufassen. Wir wollen übrigens diese Aussageverknüpfungen auch durch die Zeichen „$\neg$", „$\vee$", „$\wedge$", „$\rightarrow$" wiedergeben, obwohl sich ihr Gebrauch hier nicht mit dem in der klassischen (d. h. zweiwertigen) Logik vollständig deckt.

An die Stelle des Begriffs der Richtigkeit oder Falschheit einer Aussage tritt hier der Begriff der *Konstruktion* einer Aussage. Wir sagen, eine Aussage ist konstruiert, wenn sie durch intuitionistisch richtige Überlegungen bewiesen werden kann. Wir sagen ferner, aus der Aussage Φ läßt sich die Aussage Ψ konstruieren, wenn unter der hypothetischen Voraussetzung der Konstruktion von Φ auch die Konstruktion von Ψ gelingt. Es ist dabei nicht notwendig, daß die Voraussetzung der Konstruktion von Φ für die Konstruktion von Ψ wesentlich ist. Wir sagen auch, aus Φ läßt sich Ψ konstruieren, wenn Ψ konstruiert werden kann. Die einzelnen Aussageverknüpfungen werden nun folgendermaßen charakterisiert:

a) „$\Phi \wedge \Psi$" ist eine Aussage, aus der man sowohl Φ wie auch Ψ konstruieren kann. Läßt sich ferner Φ und auch Ψ konstruieren, so soll auch „$\Phi \wedge \Psi$" konstruierbar sein. Die Konstruierbarkeit von „$\Phi \wedge \Psi$" ist also damit gleich bedeutend, daß Φ und Ψ beide konstruiert werden können.

b) „$\Phi \vee \Psi$" ist eine Aussage, die sowohl aus Φ wie aus Ψ konstruiert werden kann. Läßt sich ferner aus Φ eine Aussage Γ konstruieren und aus Ψ die Aussage Γ konstruieren, so soll Γ auch aus „$\Phi \vee \Psi$" konstruierbar sein. Die Konstruierbarkeit von „$\Phi \vee \Psi$" bedeutet also, daß wenigstens eine der beiden Aussagen Φ oder Ψ konstruiert werden kann.

c) Die Konstruierbarkeit von „$\Phi \rightarrow \Psi$" bedeutet, daß man die Aussage Ψ aus der Aussage Φ konstruieren kann. Dies schließt ein, daß man aus Φ und „$\Phi \rightarrow \Psi$" die Aussage Ψ konstruieren kann.

d) Die Konstruierbarkeit von „$\neg \Phi$" bedeutet, daß man aus Φ einen Widerspruch konstruieren kann. Was unter einem Widerspruch zu verstehen ist, wird nicht genau gesagt. In der Mathematik genügt es, sich unter einem Widerspruch die Formel $1 = 2$ vorzustellen, so daß „$\neg \Phi$" das gleiche bedeuten würde wie „$\Phi \rightarrow 1 = 2$".

Diese obige Charakterisierung der Aussageverknüpfungen ist insofern nicht vollständig, als noch mit dem Begriff der Konstruierbarkeit gewisse Voraussetzungen verbunden sind, die oben nicht aufgezählt sind, z. B. daß der Begriff der Konstruierbarkeit die Transitivität in sich schließt, daß man also mit „$\Phi \rightarrow \Psi$" und „$\Psi \rightarrow \Gamma$" auch immer „$\Phi \rightarrow \Gamma$" konstruieren kann, daß ferner die Konstruierbarkeit von „$\Phi \rightarrow (\Psi \rightarrow \Gamma)$" gleichbedeutend ist mit der Konstruierbarkeit von „$\Phi \wedge \Psi \rightarrow \Gamma$", u.a.m. Ferner ergeben sich auch innerhalb des Intuitionismus Differenzen, je nachdem man annimmt, daß aus einem Widerspruch alles konstruiert werden kann („ex falso quodlibet") oder nicht. Durch die Annahme der letzten Alternative unterscheidet sich der *Minimalkalkül* von I. JOHANN-SON [12] von dem gewöhnlichen intuitionistischen Kalkül, der hier allein betrachtet wird.

Ehe wir nun daran gehen, die intuitionistischen Schlußweisen genauer festzulegen, wollen wir auf einige Hauptdifferenzpunkte mit der zweiwertigen Aussagenlogik hinweisen. Wir geben im folgenden verschiedene Aussagenformen an, die zwar in der zweiwertigen Aussagenlogik, nicht aber in der intuitionistischen allgemeingültig sind. Umgekehrt ist jeder intuitionistisch allgemeingültige Ausdruck auch in der klassischen Logik allgemeingültig, da alle benutzten Konstruktionsprinzipien sich in der klassischen Logik wiederfinden. „$A \vee \neg A$" ist klassisch allgemeingültig, nicht aber intuitionistisch. „$A \to \neg \neg A$" ist nicht nur klassisch, sondern auch intuitionistisch allgemeingültig, denn unter der Voraussetzung „A" ist natürlich „$\neg A$" widerspruchsvoll, d. h. es gilt „$\neg \neg A$" Wir können die Formel auch in der Form „$A \to ((A \to 1 = 2) \to 1 = 2)$" schreiben. Diese entsteht durch Einsetzung aus der intuitionistisch allgemeingültigen Aussageform „$A \to ((A \to B) \to B)$", die mit „$A \wedge (A \to B) \to B$" äquivalent ist, also nur ausdrückt, daß man aus „A" und „$A \to B$" auf „B" schließen darf. „$\neg \neg A \to A$" ist dagegen nicht intuitionistisch allgemeingültig, wenn auch klassisch. Dies wäre nämlich ebenso wie „$A \vee \neg A$" eine Form des Satzes vom ausgeschlossenen Dritten, der intuitionistisch nicht allgemein gültig ist.

Ein intuitionistisch allgemeingültiger Ausdruck ist ferner „$(A \to B) \to (\neg B \to \neg A)$", den wir auch so schreiben können:

„$(A \to B) \to ((B \to 1 = 2) \to (A \to 1 = 2))$",

und der durch Einsetzung aus dem Ausdruck „$(A \to B) \to ((B \to C) \to (A \to C))$" entsteht. Der letzte ist intuitionistisch allgemeingültig, da darin nur die Transitivität der Beziehung „$\to$" zum Ausdruck kommt. Dagegen ist die klassische Formel „$(\neg B \to \neg A) \to (A \to B)$" nicht intuitionistisch allgemeingültig. Wir hatten ferner gesagt, daß „$\neg \neg A \to A$" nicht intuitionistisch allgemeingültig ist. Dagegen ist die daraus durch Einsetzung entstehende Aussageform „$\neg \neg \neg A \to \neg A$" allgemeingültig. Da nämlich „$(A \to B) \to (\neg B \to \neg A)$" allgemeingültig ist, so ist mit einer Formel „$\mathfrak{A} \to \mathfrak{B}$" auch immer „$\neg \mathfrak{B} \to \neg \mathfrak{A}$" allgemeingültig. Da nun „$A \to \neg \neg A$" allgemeingültig ist, gilt das gleiche für „$\neg \neg \neg A \to \neg A$". Demnach ist intuitionistisch die dreifache Negation mit der einfachen gleichbedeutend, da ja auch „$\neg A \to \neg \neg \neg A$" allgemeingültig ist.

Ferner ist „$\neg A \vee \neg B \to \neg (A \wedge B)$" auch intuitionistisch allgemeingültig. Wegen der Allgemeingültigkeit von „$A \wedge B \to A$" und „$A \wedge B \to B$" sind nämlich auch die Formeln „$\neg A \to \neg (A \wedge B)$" und „$\neg B \to \neg (A \wedge B)$" allgemeingültig. Aus dem, was wir oben über die

§ 10. Der intuitionistische Aussagenkalkül

Bedeutung des intuitionistischen „∨" sagten, ergibt sich dann, daß auch „$\neg A \vee \neg B \to \neg(A \wedge B)$" allgemeingültig ist. Die klassisch allgemeingültige Umkehrung „$\neg(A \wedge B) \to \neg A \vee \neg B$" der letzten Formel ist dagegen nicht intuitionistisch allgemeingültig. Wenn nämlich „$\Phi \wedge \Psi$" widerspruchsvoll ist, so ist es damit noch nicht möglich, eine der beiden Aussagen als widerspruchsvoll nachzuweisen. Ein einfaches Beispiel: Für eine beliebige Aussage Φ ist sicher „$\Phi \wedge \neg \Phi$" widerspruchsvoll. Damit ist aber nicht gesagt, daß „$\neg \Phi \vee \neg \neg \Phi$" richtig ist. Das wäre nur dann der Fall, wenn man entweder die Aussage „$\neg \Phi$" oder „$\neg \neg \Phi$" konstruieren könnte, wovon im allgemeinen keine Rede sein kann.

„$A \vee \neg A$" ist, wie wir sahen, nicht intuitionistisch allgemeingültig, wohl aber gilt das für die doppelte Verneinung, also für „$\neg \neg (A \vee \neg A)$". Um das zu zeigen, bemerken wir, daß „$A \to A \vee B$" und „$B \to A \vee B$" allgemeingültig sind. Daraus ergibt sich die Allgemeingültigkeit von „$\neg(A \vee B) \to \neg A$" und von „$\neg(A \vee B) \to \neg B$", also auch die von „$\neg(A \vee B) \to \neg A \wedge \neg B$". Durch Einsetzung erhält man hieraus die allgemeingültige Formel „$\neg(A \vee \neg A) \to \neg A \wedge \neg \neg A$". Da aber „$\neg A \wedge \neg \neg A$" einen Widerspruch darstellt, bedeutet das, daß „$\neg \neg(A \vee \neg A)$" allgemeingültig ist.

Die folgenden beiden Formeln sind ferner klassisch, aber nicht intuitionistisch allgemeingültig: „$A \vee (A \to B)$" und „$(A \to B) \vee (B \to A)$". In der zweiwertigen Aussagenlogik läßt sich „$A \to B$" durch „$\neg A \vee B$" definieren, so daß man die Verknüpfung „$\to$" entbehren kann. Hier ist das nicht möglich. Zwar ist „$\neg A \vee B \to (A \to B)$" allgemeingültig, da die beiden Formeln „$\neg A \to (A \to B)$" (ex falso quodlibet) und „$B \to (A \to B)$" allgemeingültig sind, aber es gilt nicht umgekehrt die Allgemeingültigkeit von „$(A \to B) \to \neg A \vee B$". Es steht überhaupt so, daß man von den vier Aussageverknüpfungen „$\neg, \wedge, \vee, \to$" keine entbehren kann, da sich keine durch die anderen definieren läßt. Höchstens könnte man sagen, daß sich „$\neg$" durch „$\to$" wiedergeben läßt, falls man eine bestimmte Formel, wie etwa in der Mathematik „$1 = 2$", als widerspruchsvoll einführt. Innerhalb des reinen Aussagenkalküls ist aber auch das nicht möglich, da man eine widerspruchsvolle Formel nur mit Hilfe von „$\neg$" aufstellen kann.

Nachdem wir uns in mehr heuristischer Weise mit den intuitionistischen Gedankengängen vertraut gemacht haben, wollen wir nun eine präzise axiomatische Charakterisierung der intuitionistischen Schlußweisen geben. Der beste Weg dazu ist der von G. GENTZEN [7] eingeschlagene Weg des „natürlichen Schließens". Diese Gentzensche Methode kann übrigens auch zu einer von der Bewertungsmethode unabhängigen, aber trotzdem nicht willkürlichen Begründung der zweiwertigen Aussagenlogik dienen, wie wir im folgenden bemerken werden.

Die Gentzensche Axiomatik unterscheidet sich nun wesentlich von einer der gebräuchlichen. Bei einem gewöhnlichen Axiomensystem der (intuitionistischen oder klassischen) Aussagenlogik ist der grundlegende Begriff der der Ableitbarkeit. Es werden gewisse Grundformeln angegeben, die eo ipso ableitbar sind. Ferner hat man Regeln von der Art: „Wenn die und die Formeln ableitbar sind, dann ist auch eine gewisse andere Formel ableitbar". Für die Gentzensche Axiomatik ist grundlegend nicht der Begriff der Ableitbarkeit schlechthin, sondern der der Ableitbarkeit aus gewissen Voraussetzungen. Den Grundformeln der gewöhnlichen Axiomatik entsprechen gewisse Festsetzungen der Art: „Aus den und den Formeln ist eine gewisse andere Formel ableitbar", also Festsetzungen, wie sie in der gewöhnlichen Axiomatik als Schlußregeln auftreten. Den Ableitungsregeln der gewöhnlichen Axiomatik entsprechen Festsetzungen der folgenden Art: „Wenn aus den und den Voraussetzungen eine Formel bestimmter Art ableitbar ist, so ist aus gewissen anderen oder auch den gleichen Voraussetzungen eine neue Formel bestimmter Art ableitbar". Der Begriff der Ableitbarkeit, wie ihn GENTZEN verwendet, entspricht gerade dem intuitionistischen Begriff der Konstruierbarkeit einer Aussage aus einer anderen.

Im folgenden sollen $\mathfrak{A}, \mathfrak{B}, \mathfrak{C}, \ldots$ wieder beliebige Aussagenformen bedeuten.

Wir haben nun die folgenden *grundlegenden Ableitbarkeitsbeziehungen*.

Aus den Voraussetzungen $\mathfrak{A}_1, \ldots, \mathfrak{A}_n$ ($n \geq 1$) ist $\mathfrak{A}_n$ ableitbar. (1)

Aus den Voraussetzungen $\mathfrak{A}, \mathfrak{B}$ ist $\mathfrak{A} \wedge \mathfrak{B}$ ableitbar. (2)

Aus $\mathfrak{A} \wedge \mathfrak{B}$ ist $\mathfrak{A}$ ableitbar. (3)

Aus $\mathfrak{A}$ ist $\mathfrak{A} \vee \mathfrak{B}$ ableitbar. (4)

Aus $\mathfrak{B}$ ist $\mathfrak{A} \vee \mathfrak{B}$ ableitbar. (5)

Aus $\mathfrak{A}, \mathfrak{A} \to \mathfrak{B}$ ist $\mathfrak{B}$ ableitbar. (6)

Aus $\mathfrak{A}, \neg \mathfrak{A}$ ist die beliebige Formel $\mathfrak{B}$ ableitbar. (7)

Wir haben ferner gewisse *Regeln*, mit deren Hilfe man aus gewissen Ableitbarkeitsbeziehungen neue gewinnen kann.

I. Ist $\mathfrak{B}$ aus $\mathfrak{A}_1, \ldots, \mathfrak{A}_n$ ableitbar, so auch aus jeder Permutation der $\mathfrak{A}_1, \ldots, \mathfrak{A}_n$.

II. Ist aus $\mathfrak{B}_1, \ldots, \mathfrak{B}_k$ die Formel $\mathfrak{C}$ ableitbar und ist jede der Formeln $\mathfrak{B}_1, \ldots, \mathfrak{B}_k$ aus $\mathfrak{A}_1, \ldots, \mathfrak{A}_n$ ableitbar, so ist $\mathfrak{C}$ aus $\mathfrak{A}_1, \ldots, \mathfrak{A}_n$ ableitbar. — Hier ist $k \geq 1$ und $n \geq 0$. Der Fall $n = 0$ bedeutet, daß statt „$\mathfrak{C}$ ist aus $\mathfrak{A}_1, \ldots, \mathfrak{A}_n$ ableitbar" steht „$\mathfrak{C}$ ist (ohne Voraussetzungen) ableitbar".

III. Ist aus $\mathfrak{A}_1, \ldots, \mathfrak{A}_n, \mathfrak{B}$ die Formel $\mathfrak{D}$ ableitbar und ist $\mathfrak{D}$ aus $\mathfrak{A}_1, \ldots, \mathfrak{A}_n, \mathfrak{C}$ ableitbar, so ist $\mathfrak{D}$ auch aus $\mathfrak{A}_1, \ldots, \mathfrak{A}_n, \mathfrak{C} \vee \mathfrak{D}$ ableitbar ($n \geq 0$).

§ 10. Der intuitionistische Aussagenkalkül

IV. Ist aus $\mathfrak{A}_1, \ldots, \mathfrak{A}_n, \mathfrak{B}$ die Formel $\mathfrak{C}$ ableitbar, so ist aus $\mathfrak{A}_1, \ldots, \mathfrak{A}_n$ die Formel $\mathfrak{B} \to \mathfrak{C}$ ableitbar ($n \geqq 0$).

V. Ist aus $\mathfrak{A}_1, \ldots, \mathfrak{A}_n, \mathfrak{B}$ die Formel $\mathfrak{C}$ und aus den gleichen Voraussetzungen die Formel $\neg\mathfrak{C}$ ableitbar, so ist an $\mathfrak{A}_1, \ldots, \mathfrak{A}_n$ die Formel $\neg\mathfrak{B}$ ableitbar ($n \geqq 0$).

(1)—(7), I—V entsprechen den früher aufgestellten Konstruktionsvorschriften, gegenüber denen in (1), I, II nur eine Axiomatisierung des Ableitbarkeitsbegriffs hinzugekommen ist. Läßt man (7) fort, so erhält man den *Minimalkalkül* von I. Johannson [12]. Würde man als (8) hinzufügen: „Aus $\neg\neg\mathfrak{A}$ ist $\mathfrak{A}$ ableitbar", so würde man den klassischen Aussagenkalkül erhalten, wie hier nicht weiter ausgeführt werden soll.

Geben wir nun ein Beispiel für eine Herleitung. Es soll gezeigt werden, daß „$\neg\neg((A \to B) \lor (B \to A))$" eine intuitionistisch allgemeingültige Aussagenform ist. Das bedeutet für unser Axiomensystem, daß „$\neg\neg((A \to B) \lor (B \to A))$" schlechthin (ohne Voraussetzungen) ableitbar ist. Bei der folgenden Herleitung wollen wir den Satz „Aus $\mathfrak{A}_1, \ldots, \mathfrak{A}_n$ ist $\mathfrak{B}$ ableitbar" kurz durch „$\mathfrak{A}_1, \ldots, \mathfrak{A}_n \vdash \mathfrak{B}$" wiedergeben, ohne daß mit „$\vdash$" etwa ein neues Symbol des Aussagenkalküls eingeführt werden soll. Den Satz „$\mathfrak{B}$ ist ohne Voraussetzungen ableitbar" kürzen wir durch „$\vdash \mathfrak{B}$" ab.

Wir beweisen zunächst einen

Hilfssatz. Gilt „$\mathfrak{A} \vdash \mathfrak{B}$", so auch „$\neg\mathfrak{B} \vdash \neg\mathfrak{A}$".

Beweis. $\mathfrak{A} \vdash \mathfrak{B}$ (Voraussetzung) \hfill (a)

$\neg\mathfrak{B}, \mathfrak{A} \vdash \mathfrak{A}$ [nach (1)] \hfill (b)

$\neg\mathfrak{B}, \mathfrak{A} \vdash \mathfrak{B}$ [nach II aus (a) und (b)] \hfill (c)

$\mathfrak{A}, \neg\mathfrak{B} \vdash \neg\mathfrak{B}$ [nach (1)] \hfill (d)

$\neg\mathfrak{B}, \mathfrak{A} \vdash \neg\mathfrak{B}$ [nach I aus (d)] \hfill (e)

$\neg\mathfrak{B} \vdash \neg\mathfrak{A}$ [nach V aus (c) und (e)] \hfill (f)

Beweis von „$\vdash \neg\neg((A \to B) \lor (B \to A))$".

$A, \neg A \vdash B$ [nach (7)] \hfill (a)

$\neg A, A \vdash B$ [aus (a) nach I] \hfill (b)

$\neg A \vdash A \to B$ [aus (b) nach IV] \hfill (c)

$\neg(A \to B) \vdash \neg\neg A$ [aus (c) nach dem Hilfssatz] \hfill (d)

$A \to B \vdash (A \to B) \lor (B \to A)$ [nach (4)] \hfill (e)

$\neg((A \to B) \lor (B \to A)) \vdash \neg(A \to B)$ [aus (e) nach dem Hilfssatz] \hfill (f)

$\neg((A \to B) \lor (B \to A)) \vdash \neg\neg A$ [aus (d) und (f) nach II] \hfill (g)

$B, A \vdash A$ [nach (1)] \hfill (h)

$A, B \vdash A$ [aus (h) nach I] \hfill (i)

$A \vdash B \to A$ [aus (i) nach IV] \hfill (j)

$\neg(B \to A) \vdash \neg A$ [aus (j) nach dem Hilfssatz] \hfill (k)

$B \to A \vdash (A \to B) \lor (B \to A)$ [nach (5)] \hfill (l)

$\neg((A \to B) \lor (B \to A)) \vdash \neg(B \to A)$ [aus (l) nach dem Hilfssatz] \hfill (m)

$\neg((A \to B) \lor (B \to A)) \vdash \neg A$ [aus (m) und (k) nach II] \hfill (n)

$\neg\neg((A \to B) \lor (B \to A))$ [aus (g) und (n) nach V] \hfill (o)

Denjenigen Teil der intuitionistischen Aussagenlogik, der nicht das Zeichen „$\neg$" verwendet, bezeichnet man auch als die *positive Logik*, da ihre Schlußweisen unabhängig sind von der Voraussetzung, daß zu jeder Aussage ein Gegenteil existiert und das Negationszeichen nicht gebraucht wird. Der Bereich der allgemeingültigen Formeln der positiven Aussagenlogik, oder wie wir auch sagen, der positiv identischen Formeln ist enger als der Bereich der allgemeingültigen Formeln der zweiwertigen Logik, die nicht das Zeichen „$\neg$" enthalten. Zum Beispiel ist „$((A \to B) \to A) \to A$", wie man sofort durch die Bewertungsmethode erkennt, in der zweiwertigen Logik allgemeingültig; sie ist aber nicht in vorstehendem Axiomensystem ableitbar.

Ein erstes Axiomensystem (in der gewöhnlichen Form) für die allgemeingültigen Formeln der intuitionistischen Aussagenlogik ist von A. HEYTING [8] angegeben worden, von dem gleichen Verfasser ein zweites System in [9]. Verschiedene Axiomensysteme der intuitionistischen und der positiven Aussagenlogik findet man bei HILBERT und BERNAYS [10, § 3] und [11, Supplement III] mit entsprechenden Literaturangaben. Für die zahlreichen Beziehungen zwischen klassischem und intuitionistischem Aussagenkalkül, auf die wir hier nicht eingehen können, vergleiche man z. B. KLEENE [13, § 81].

Im intuitionistischen Kalkül fehlt uns ein einfaches Kriterium für die Allgemeingültigkeit von Ausdrücken, wie es die Bewertungsmethode für den klassischen Kalkül darstellt. Es ist deshalb von Wichtigkeit, daß von G. GENTZEN ebenfalls in [7] ein zweites intuitionistisches Axiomensystem aufgestellt wurde, an Hand dessen man für eine vorgelegte Formel entscheiden kann, ob sie in dem System ableitbar ist. Wir verweisen dieserhalb neben der Gentzenschen Originalarbeit auf die Untersuchungen über das Gentzensche System bei H. B. CURRY [3] und bei S. C. KLEENE [13, § 77—§ 80].

* § 11. Der Begriff einer strengen Implikation

Wir wollen in diesem Paragraphen kurz eine weitere Abweichung von dem gewöhnlichen Aussagenkalkül besprechen. Es soll jetzt aber die Grundauffassung der zweiwertigen Aussagenlogik, daß jeder sinnvolle

§ 11. Der Begriff einer strengen Implikation

Satz entweder den Wert „richtig" oder „falsch" hat, beibehalten werden. Wir führen die Verknüpfungen „$\overline{}$", „$\vee$" „$\wedge$" in dem gewöhnlichen Sinne als Wahrheitsfunktionen ein. Dagegen wollen wir „$\rightarrow$" nicht in dem Sinne von § 1 verwenden. Wir hatten schon dort bemerkt, daß „$\rightarrow$" nicht den Sinn wiedergibt, den wir in der gewöhnlichen Sprache im Auge haben, wenn wir sagen, daß eine Aussage aus der anderen „folgt". So erscheinen uns die Sätze „wenn der Schnee weiß ist, so folgt, daß 7 eine Primzahl ist", „wenn der Schnee schwarz ist, so folgt, daß 7 eine Primzahl ist", „wenn der Schnee schwarz ist, so folgt, daß 9 eine Primzahl ist" bei diesem Standpunkt nicht zutreffend, da zwischen Vorderglied und Hinterglied der genannten Folgebeziehungen kein logischer Zusammenhang besteht. Es ist zwar kein unmittelbares Bedürfnis vorhanden, eine strenge Folgebeziehung einzuführen, da wir für unser logisches Schließen durchaus mit den Wahrheitsfunktionen auskommen; doch hat das Problem ein gewisses philosophisches Interesse.

Wenn wir im folgenden also „$\rightarrow$" in dem angedeuteten strengen Sinne gebrauchen wollen, so können wir zunächst sagen, daß die früher (Seite 31, a)—c)) erwähnten Konstruktionsmöglichkeiten oder Folgebeziehungen für „$\wedge$", „$\vee$" und „$\rightarrow$" auch jetzt bestehen bleiben; d. h. auch bei der strengen Bedeutung von „$\rightarrow$" sind Formeln wie „$A \rightarrow A$", „$A \wedge B \rightarrow A$", „$A \wedge B \rightarrow B$", „$A \rightarrow A \vee B$", „$B \rightarrow A \vee B$" allgemeingültig. Wir können überhaupt sagen, daß alle intuitionistisch allgemeingültigen Formeln der Form „$\mathfrak{A} \rightarrow \mathfrak{B}$" auch jetzt allgemeingültig bleiben, falls $\mathfrak{A}$ und $\mathfrak{B}$ sich nur mit Hilfe von „$\vee$" und „$\wedge$" aufbauen, da wir die nötigen Konstruktionsprinzipien zur Hand haben. (Übrigens sind das die gleichen Formeln dieser Art, die auch klassisch allgemeingültig sind.) Es sind auch „$(A \rightarrow C) \wedge (B \rightarrow C) \rightarrow (A \vee B \rightarrow C)$", „$(C \rightarrow A) \wedge (C \rightarrow B) \rightarrow (C \rightarrow A \wedge B)$" und „$A \wedge (A \rightarrow B) \rightarrow B$" allgemeingültig. Ferner muß die Transitivität der Folgebeziehung bestehen, d. h. es muß „$(A \rightarrow B) \wedge (B \rightarrow C) \rightarrow (A \rightarrow C)$" allgemeingültig sein. Andererseits gibt es aber intuitionistisch allgemeingültige Formeln, die wir von dem jetzigen Standpunkt aus als solche ablehnen müssen. Dazu gehört z. B. die Formel „$A \rightarrow (B \rightarrow A)$". Wir machen uns das folgendermaßen klar. Ist diese Formel allgemeingültig, so erhalten wir eine richtige Aussage, wenn wir darin für A und B irgendwelche speziellen Aussagen einsetzen. Es bedeute nun „Φ" die Aussage „7 ist eine Primzahl", „Ψ" die Aussage „der Schnee ist weiß"; dann müßte unter unserer Voraussetzung „$\Phi \rightarrow (\Psi \rightarrow \Phi)$" richtig sein. Da man nun auch jetzt von „Φ" und „$\Phi \rightarrow \Gamma$" auf „Γ" schließen kann und da die Aussage „Φ" richtig ist, so müßte auch „$\Psi \rightarrow \Phi$", d. h. „(der Schnee ist weiß) $\rightarrow$ (7 ist eine Primzahl)", richtig sein, was eben mit dem Charakter von „$\rightarrow$" nicht verträglich ist. Da nun „$A \wedge B \rightarrow A$", nicht aber „$A \rightarrow (B \rightarrow A)$" allgemeingültig ist, ergibt sich, daß die Äquivalenz von

„𝔄 ∧ 𝔅 → ℭ" und „𝔄 → (𝔅 → ℭ)", die auch intuitionistisch gültig war, jetzt nicht mehr besteht. Das würde bedeuten, daß die Regel IV für das intuitionistische System des vorigen Paragraphen jetzt nicht mehr angewandt werden kann.

Was weiter die Formeln mit Negationszeichen betrifft, so ist über die intuitionistischen Formeln hinaus nicht nur „$A \to \neg\neg A$", sondern auch „$\neg\neg A \to A$" allgemeingültig, da bei der Auffassung von „$\neg$" als Wahrheitsfunktion ja „Φ" und „$\neg\neg\Phi$" gleichbedeutend sind. Ferner besteht kein Bedenken, die intuitionistisch allgemeingültige Formel „$(A \to B) \to (\neg B \to \neg A)$" auch jetzt als solche anzuerkennen. Dagegen müssen wir „$\neg A \to (A \to B)$" jetzt als allgemeingültig ablehnen. Es bedeute nämlich „Φ" die Aussage „der Schnee ist nicht weiß", Ψ die Aussage „7 ist eine Primzahl", dann müßte „$\neg \Phi \to (\Phi \to \Psi)$" richtig sein. Da ferner „$\neg \Phi$" richtig ist, müßte auch „$\Phi \to \Psi$" richtig sein, obwohl wieder zwischen Φ und Ψ kein logischer Zusammenhang besteht.

Auf dieser skizzierten Grundlage ist nun zuerst von C. I. LEWIS [14, 15] ein Axiomensystem der *„strikten Implikation"* aufgestellt worden, von dem zahlreiche Varianten existieren. LEWIS geht bei der Einführung dieses Systems übrigens von modalen Begriffen wie „notwendig", „möglich", „unmöglich" aus, die er in den Kalkül einführt. In der Tat ist ein Zusammenhang dieser Begriffe mit dem einer strengen Implikation naheliegend. Wenn nämlich eine Aussage in strenger Weise einen Widerspruch impliziert, dann ist sie offenbar nicht nur falsch, sondern logisch unmöglich. Wenn die Negation einer Aussage unmöglich ist, dann ist die Aussage notwendig.

Wir werden aber hier nicht den Lewisschen Weg beschreiben, da sich seine Auffassung mit der unsrigen nicht deckt. Nach LEWIS ist nämlich die Formel „$A \to B \lor \neg B$" allgemeingültig, weil „$B \lor \neg B$" allgemeingültig ist. Das würde aber bedeuten, daß man den Satz „(der Schnee ist weiß) → (7 ist eine Primzahl) ∨ (7 ist keine Primzahl)" als richtig ansieht, worauf man sofort wieder die Frage nach dem logischen Zusammenhang zwischen Vorder- und Hinterglied der letzten Implikation stellen muß. Ferner ist bei LEWIS die Formel „$A \land \neg A \to B$" allgemeingültig, die wir ebenfalls (diesmal in Übereinstimmung mit dem Minimalkalkül) als allgemeingültig ablehnen. Übrigens ist die Ablehnung der einen Art von Formeln, d. h. der Formeln „𝔄 → 𝔅", die nur deshalb allgemeingültig sein sollen, weil „𝔅" allgemeingültig ist, und die der Formeln „ℭ → 𝔇", die deshalb allgemeingültig sein sollen, weil „$\neg$ℭ" allgemeingültig ist, untrennbar miteinander verbunden. Nach LEWIS ist z. B. „$\neg(B \lor \neg B) \to A$", also auch „$\neg(B \lor \neg B) \to \neg A$" allgemeingültig. Da nun, wie wir erwähnten, man bei einer strengen Implikation von „$\Phi \to \Psi$" auf „$\neg \Psi \to \neg \Phi$" schließen darf, so müßte

§ 11. Der Begriff einer strengen Implikation 39

auch „$\neg\neg A \to \neg\neg(B \vee \neg B)$", also auch „$A \to B \vee \neg B$" allgemeingültig sein. Gehen wir umgekehrt von der Formel „$\neg B \to \neg(A \wedge \neg A)$" aus, die bei Lewis allgemeingültig ist, weil das Hinterglied der Implikation allgemeingültig ist, so kann man von dieser Formel in ähnlicher Weise zu „$A \wedge \neg A \to B$" übergehen.

Zwei gleichwertige Axiomensysteme für die allgemeingültigen Formeln der „strengen Implikation" in seinem Sinn sind vom Verfasser in [1] angegeben worden. Das folgende ist eines dieser Systeme.

Die Ausdrücke unseres Systems sind dadurch bestimmt, daß sie in der üblichen Weise sich aus Aussagevariablen mit Hilfe der vier Verknüpfungen „$\neg$", „$\vee$", „$\wedge$" und „$\to$" aufbauen. $\mathfrak{A}, \mathfrak{B}, \mathfrak{C}, \ldots$ bezeichnen im folgenden wieder beliebige derartige Ausdrücke.

Grundformeln sind nun alle Formeln der folgenden Art:

$$\mathfrak{A} \to \mathfrak{A} \tag{1}$$

$$(\mathfrak{A} \to \mathfrak{B}) \to ((\mathfrak{B} \to \mathfrak{C}) \to (\mathfrak{A} \to \mathfrak{C})) \tag{2}$$

$$(\mathfrak{A} \to \mathfrak{B}) \to ((\mathfrak{C} \to \mathfrak{A}) \to (\mathfrak{C} \to \mathfrak{B})) \tag{3}$$

$$(\mathfrak{A} \to (\mathfrak{A} \to \mathfrak{B})) \to (\mathfrak{A} \to \mathfrak{B}) \tag{4}$$

$$\mathfrak{A} \wedge \mathfrak{B} \to \mathfrak{A} \tag{5}$$

$$\mathfrak{A} \wedge \mathfrak{B} \to \mathfrak{B} \tag{6}$$

$$(\mathfrak{A} \to \mathfrak{B}) \wedge (\mathfrak{A} \to \mathfrak{C}) \to (\mathfrak{A} \to \mathfrak{B} \wedge \mathfrak{C}) \tag{7}$$

$$\mathfrak{A} \to \mathfrak{A} \vee \mathfrak{B} \tag{8}$$

$$\mathfrak{B} \to \mathfrak{A} \vee \mathfrak{B} \tag{9}$$

$$(\mathfrak{A} \to \mathfrak{C}) \wedge (\mathfrak{B} \to \mathfrak{C}) \to (\mathfrak{A} \vee \mathfrak{B} \to \mathfrak{C}) \tag{10}$$

$$\mathfrak{A} \wedge (\mathfrak{B} \vee \mathfrak{C}) \to \mathfrak{B} \vee (\mathfrak{A} \wedge \mathfrak{C}) \tag{11}$$

$$(\mathfrak{A} \to \mathfrak{B}) \to (\neg \mathfrak{B} \to \neg \mathfrak{A}) \tag{12}$$

$$\mathfrak{A} \wedge \neg \mathfrak{B} \to \neg(\mathfrak{A} \to \mathfrak{B}) \tag{13}$$

$$\mathfrak{A} \to \neg\neg \mathfrak{A} \tag{14}$$

$$\neg\neg \mathfrak{A} \to \mathfrak{A} \tag{15}$$

Als *Ableitungsregeln* haben wir:

I. den Schluß von $\mathfrak{A}$ und $\mathfrak{A} \to \mathfrak{B}$ auf $\mathfrak{B}$;
II. den Schluß von $\mathfrak{A}$ und $\mathfrak{B}$ auf $\mathfrak{A} \wedge \mathfrak{B}$;
III. den Schluß von $\mathfrak{A}$ und $\neg \mathfrak{A} \vee \mathfrak{B}$ auf $\mathfrak{B}$;
IV. den Schluß von $\mathfrak{B}$ und $\mathfrak{A} \to (\mathfrak{B} \to \mathfrak{C})$ auf $\mathfrak{A} \to \mathfrak{C}$.

Geben wir ein Beispiel für eine Herleitung. Es soll die Herleitung für die allgemeingültige Formel „$A \wedge (A \to B) \to B$" gegeben werden.

40   Der Aussagenkalkül

$(A \to B) \to ((A \land (A \to B) \to A) \to (A \land (A \to B) \to B))$ [Grund-   (a)
formel (3)]

$A \land (A \to B) \to A$ [Grundformel (5)]   (b)

$(A \to B) \to (A \land (A \to B) \to B)$ [aus (a) und (b) nach IV]   (c)

$((A \to B) \to (A \land (A \to B) \to B)) \to ((A \land (A \to B) \to (A \to B)) \to$ (d)
$\to ((A \land (A \to B) \to (A \land (A \to B) \to B)))$ [Grundformel (3)]

$(A \land (A \to B) \to (A \to B)) \to ((A \land (A \to B) \to (A \land (A \to B) \to B))$ (e)
[aus (c) und (d) nach I]

$A \land (A \to B) \to (A \to B)$ [Grundformel (6)]   (f)

$(A \land (A \to B)) \to (A \land (A \to B) \to B)$ [aus (e) und (f) nach I]   (g)

$((A \land (A \to B) \to (A \land (A \to B) \to B)) \to (A \land (A \to B) \to B)$ (h)
[Grundformel (4)]

$A \land (A \to B) \to B$ [aus (g) und (h) nach I].   (i)

Das Axiomensystem könnte übrigens auch in der Form gegeben werden, daß wir nur endlich viele Grundformeln haben, statt wie hier endlich viele Klassen von Grundformeln bestimmter Typen. Wir würden statt der Klasse von Grundformeln „$\mathfrak{A} \to \mathfrak{A}$" nur die eine Grundformel „$A \to A$", statt „$(\mathfrak{A} \to \mathfrak{B}) \to ((\mathfrak{B} \to \mathfrak{C}) \to (\mathfrak{A} \to \mathfrak{C}))$" nur „$(A \to B) \to$ $\to ((B \to C) \to (A \to C))$" haben usw. Zu den Ableitungsregeln müßte dann allerdings eine weitere hinzukommen, nämlich: Aus einer allgemeingültigen Formel erhält man durch Einsetzung wieder eine allgemeingültige Formel — den Begriff der Einsetzung haben wir schon früher festgelegt (vgl. § 3). Sind wie in diesem Falle nicht endlich viele Grundformeln, sondern endlich viele Klassen von Grundformeln bestimmter Typen gegeben, so spricht man von *Axiomenschemata*.

Das Axiomensystem liefert übrigens nicht nur die Formeln der strengen Implikation, sondern auch alle allgemeingültigen Formeln des zweiwertigen Aussagenkalküls in der Form, wie sich diese durch „$\overline{}$", „$\lor$" und „$\land$" wiedergeben lassen. Den Beweis wollen wir hier nicht geben, da dieser Paragraph nur eine kurze Bekanntschaft mit dem Begriffe der strengen Implikation vermitteln sollte, auf den sonst in diesem Buch nicht eingegangen wird. Für alle weiteren Einzelheiten über das Axiomensystem sei auf [1] verwiesen.

Übungen zum ersten Kapitel

1. Gib die folgenden Sätze in der Form wieder, daß die Zeichen für die Aussageverknüpfungen verwendet werden:

a) Wenn 2 kleiner als 3 und 5 nicht kleiner als 3 ist, so ist 2 kleiner als 5.

b) Ob du arbeitest oder nicht arbeitest, so mußt du das Geld für deinen Unterhalt beschaffen.

c) Entweder ist 17 eine Primzahl und gerade, oder 17 ist keine Primzahl und auch nicht gerade.

(Bemerkung: Es spielt keine Rolle, ob die Sätze richtige oder falsche Behauptungen darstellen.)

2. Drücke die folgenden in der Mathematik gebräuchliche Redeweisen enthaltenden Sätze mit Hilfe der logischen Zeichen aus: „Φ ist die notwendige Bedingung für Ψ", „Φ ist die hinreichende Bedingung für Ψ", „Φ ist die notwendige und hinreichende Bedingung für Ψ".

3. Betrachte den Satz: „Wenn 2 gleich 2 ist und 18 durch 5 teilbar ist, so ist 4 kleiner als 3 und 28 durch 7 teilbar".

a) Formuliere den Satz mit Hilfe der Zeichen für die Aussageverknüpfungen!

b) Wie würde der Satz durch einen einfacheren mit gleichem Wahrheitswert ersetzt werden können, wenn wir nur wissen, daß „2 ist gleich 2" richtig und „4 ist kleiner als 3" falsch ist?

c) Wie ist der Wahrheitswert des Satzes, wenn dir bekannt ist, daß die Sätze „2 ist gleich 2" und „28 ist durch 7 teilbar" richtig und die Sätze „18 ist durch 5 teilbar" und „4 ist kleiner als 3" falsch sind?

4. Welche von den folgenden Sätzen sind Tautologien:

a) Wenn ich verreise und falls ich verreise, mich erhole und falls ich mich erhole, besser arbeiten kann, so kann ich besser arbeiten.

b) Wenn es nicht wahr ist, daß du verreist und keine Eisenbahnfahrt machst, so verreist du unter der Voraussetzung, daß du eine Eisenbahnfahrt machst.

5. Welche der folgenden Ausdrücke sind allgemeingültig: „$(A \to B) \vee (B \to A)$", „$((A \to B) \to A) \to A$", „$\neg(A \wedge \neg B) \to (B \to A)$", „$(A \to B) \vee A$", „$(A \to C) \wedge (B \to C) \wedge \neg C \to \neg A \vee \neg B$"?

a) Stelle das durch die Wertungsmethode fest!

b) Stelle das durch die Entwicklung zur konjunktiven Normalform fest!

c) Stelle das fest, indem du das Axiomensystem von § 9 benutzt!

6. Welche der folgenden Ausdrücke sind Kontradiktionen, welche sind erfüllbar: „$(A \wedge (A \to B)) \wedge \neg B$", „$\neg(A \wedge B) \wedge (C \to \neg A)$", „$(A \to (B \to C)) \wedge A \wedge B \wedge \neg C$", „$A \wedge \neg B \wedge \neg C \wedge \neg(B \to C)$", „$(A \vee \neg B \vee C) \wedge \neg A \wedge B$"?

a) Stelle das fest, indem du untersuchst, ob die Negationen der Ausdrücke Tautologien sind!

b) Untersuche das, indem du eine disjunktive Normalform der Ausdrücke herstellst!

7. Welche von den folgenden Paaren von Ausdrücken sind äquivalent: „$A \wedge B \to C$" und „$A \to (B \to C)$", „$A \to (A \to B)$" und

$\neg B \to \neg A$", „$A \to (B \to A)$" und „$B \land (\neg B \to A)$", „$A \lor \neg A$" und „$A \to A$", „$B \to C \lor D$" und „$\neg C \land (D \to B)$"?

8. Prüfe, ob es sich bei den folgenden Paaren um Paare von äquivalenten Ausdrücken handelt! Gib gegebenenfalls mit Hilfe des Dualitätsprinzips sich daraus ergebende andere Paare von äquivalenten Ausdrücken an!

Die Paare sind: „$A \land (B \lor C)$" und „$B \lor (A \land C)$", „$\neg(A \land B) \lor C$" und „$\neg A \lor \neg B \lor \neg\neg C$", „$\neg(A \lor A) \lor B$" und „$\neg\neg(B \land B) \lor \neg A$", „$\neg(A \lor \neg A) \lor B$" und „$A \lor (\neg A \lor B)$".

9. Drücke alle in den vorigen Übungen genannten Ausdrücke, die die Zeichen „$\lor$" oder „$\land$" enthalten, nur durch „$\to$" und „$\neg$" aus!

10. Drücke die genannten Aussageformen nur mit Hilfe der Schefferschen Strichverknüpfung aus!

11. Gib eine Zusammenstellung von mit A, B, C gebildeten, untereinander nicht äquivalenten Ausdrücken an, so daß jeder andere mit A, B, C gebildete Ausdruck einem dieser Ausdrücke äquivalent ist!

12. Betrachte die folgende Zusammenstellung von Sätzen: „Paul oder Michael haben heute Geburtstag", „wenn Paul heute Geburtstag hat, bekommt er heute einen Photoapparat", „wenn Michael heute Geburtstag hat, bekommt er heute ein Briefmarkenalbum", „Michael bekommt heute kein Briefmarkenalbum".

a) Folgt aus diesen Sätzen der Satz: „Paul hat heute Geburtstag"?
b) Stelle das gegebenenfalls auch durch eine axiomatische Ableitung nach § 9 fest!
c) Gib alle nicht äquivalenten Folgerungen der obigen Sätze an!

13. Stelle das entsprechende wie bei 12. fest, indem du die Ausgangssätze: „wenn Inge Französisch studiert, studiert sie auch Latein oder Spanisch", „Inge studiert nicht Latein" und „Inge studiert Französisch oder Latein oder Spanisch" nimmst und als Schlußfolgerung den Satz „Inge studiert Spanisch".

14. Versuche eine Ableitung der im Anfang von § 10 als intuitionistisch allgemeingültig bezeichneten Ausdrücke in dem Axiomensystem von § 10 zu geben.

15. Versuche die Ableitung der Formel

„$(A \to (B \to C)) \land (D \to B) \to (A \to (D \to C))$"

in dem Axiomensystem von § 11 zu finden!

Zweites Kapitel

Der Klassenkalkül

Die bisherige Form des logischen Kalküls ist zur präzisen Darstellung derjenigen logischen Zusammenhänge ausreichend, bei denen die Aussagen als ungetrenntes Ganzes betrachtet werden. Jedoch ist keine Rede davon, daß wir mit dem Aussagenkalkül für die Zwecke der Logik überhaupt auskommen. Zum Beispiel ist sicher das folgende ein Satz, dessen Richtigkeit sich aus rein logischen Gründen ergibt: „Wenn der Löwe ein Raubtier ist und wenn Raubtiere Fleisch fressen, so frißt der Löwe Fleisch." Ein anderes Beispiel für einen derartigen Satz wäre: „Wenn die ungeraden Primzahlen alle natürlichen Zahlen umfassen, und wenn eine ungerade Zahl eine natürliche Zahl ist und wenn eine Primzahl eine natürliche Zahl ist, so umfassen die ungeraden Zahlen alle natürlichen Zahlen und umfassen die Primzahlen alle natürlichen Zahlen." Würden wir hier „der Löwe ist ein Raubtier" durch „Φ", „Raubtiere fressen Fleisch" durch „Ψ" und „der Löwe frißt Fleisch" durch „Γ" abkürzen, so ließe sich zwar der erste Satz in der Form „$\Phi \wedge \Psi \to \Gamma$" wiedergeben. Aber das nützt uns nichts, um den logischen Charakter der Aussage zu erkennen, da „$\Phi \wedge \Psi \to \Gamma$" keine (aussagentheoretische) Tautologie ist, d. h. nicht durch Einsetzung aus einer allgemeingültigen Formel des Aussagenkalküls entsteht. Entsprechend würde sich, falls „Φ", „Ψ", „Γ", „Δ", „Θ" die Einzelsätze bezeichnen, sich der zweite Satz durch „$\Phi \wedge \Psi \wedge \Gamma \to \Delta \wedge \Theta$" wiedergeben lassen, ohne daß uns das zu einer Einsicht in seinen logischen Charakter verhilft. Vielmehr kommt es bei diesen Sätzen nicht nur auf die Aussagen als Ganzes an, sondern die innere logische Struktur der Aussagen, die sprachlich durch die Beziehung zwischen Subjekt und Prädikat wiedergegeben wird, spielt hier eine wesentliche Rolle.

§ 1. Klassenverknüpfungen und die Beziehungen zwischen Klassen

Betrachten wir die obigen Beispielsätze genauer, so sehen wir, daß darin von gewissen Eigenschaften die Rede ist. Eine Eigenschaft ist das, was gewissen Einzeldingen zukommen oder auch nicht zukommen kann. In dem ersten Satz ist von den folgenden Eigenschaften die Rede: „Löwe sein", „Raubtier sein", „Fleisch fressen". Den Satz „der Löwe ist ein Raubtier" können wir, wenn wir das Wort „Eigenschaft" hineinbringen wollen, in allerdings ungelenker Weise auch in der Form aussprechen: „Jedes Ding" (hier besser Einzelwesen), das die Eigenschaft

,,Löwe sein" hat, hat auch die Eigenschaft ,,Raubtier sein". Den Satz ,,Raubtiere fressen Fleisch" könnten wir in schwerfälliger, aber deutlicher Weise wiedergeben durch ,,Jedes Ding (Einzelwesen), das die Eigenschaft ,Raubtier sein' hat, hat auch die Eigenschaft ,Fleischfresser sein'." Die Sätze ,,der Löwe ist ein Raubtier" und ,,Raubtiere fressen Fleisch" können übrigens sprachlich in der verschiedensten Weise zum Ausdruck gebracht werden, z. B. durch ,,ein Löwe ist ein Raubtier", ,,Löwen sind Raubtiere", ,,alle Löwen sind Raubtiere", ,,ein Raubtier frißt Fleisch", ,,ein Raubtier ist ein Fleischfresser", ,,alle Raubtiere sind Fleischfresser". Die sprachliche Kopula ,,ist" braucht also in diesen Sätzen nicht vorzukommen. Den Ausdruck ,,Eigenschaft" verwenden wir im gleichen Sinne wie das Wort ,,Prädikat" in den Sätzen (Urteilen) verwandt wird, die philosophisch als kategorisch bezeichnet werden. Wir wollen aber bei diesen einleitenden Ausführungen bei dem Wort ,,Eigenschaft" bleiben, da wir das Wort ,,Prädikat" im III. Kapitel in einem allgemeineren Sinne gebrauchen werden. — Andererseits ist es so, daß die sprachliche Form eines Satzes durchaus nicht eindeutig auf den gemeinten logischen Sachverhalt hinweist. Wenn wir sagen ,,Kochsalz ist Natriumchlorid", so meinen wir damit nicht nur, daß alles, was die Eigenschaft ,,Kochsalz sein" hat, auch die Eigenschaft ,,Natriumchlorid sein" hat, sondern auch umgekehrt, daß alles, was die Eigenschaft ,,Natriumchlorid sein" hat, auch die Eigenschaft ,,Kochsalz sein" hat. Sagen wir ,,2 ist eine Primzahl", so ist hier überhaupt nicht von zwei Eigenschaften die Rede, sondern es wird nur dem Einzelding (Individuum) ,,2" die Eigenschaft ,,Primzahl sein" zugeschrieben. Die Tatsache, daß die gewöhnliche sprachliche Form der Sätze keinen eindeutigen Hinweis auf den zugrunde liegenden logischen Sachverhalt gibt, unterstreicht die Bedeutung, die in dieser Hinsicht eine präzise logische Symbolik besitzt.

Aus Eigenschaften lassen sich in gewisser Weise andere Eigenschaften herstellen, und je zwei lassen sich zu anderen Eigenschaften kombinieren. Aus der Eigenschaft ,,schön" entsteht die Eigenschaft ,,nicht-schön" oder ,,unschön", die jemand besitzt, der nicht die Eigenschaft ,,schön" hat. Aus den Eigenschaften ,,gerade sein" und ,,Primzahl sein" entsteht durch Kombination die Eigenschaft ,,gerade Primzahl sein", die diejenigen Dinge besitzen, denen sowohl die Eigenschaft ,,gerade sein" wie auch die Eigenschaft ,,Primzahl sein" zukommt. Aus den beiden Eigenschaften ,,durch 2 teilbar sein" und ,,durch 3 teilbar sein" entsteht durch Kombination die Eigenschaft ,,durch 2 oder 3 teilbar sein", die allen den Dingen zukommt, denen mindestens eine der beiden Eigenschaften ,,durch 2 teilbar sein" und ,,durch 3 teilbar sein" zukommt.

Wir wollen nun unseren zu schaffenden Kalkül nicht direkt auf die Eigenschaften abstellen, sondern ihn in etwas anderer Weise aufbauen, die auch für die Zwecke der Veranschaulichung Vorteile bietet. Jeder

Eigenschaft von Dingen entspricht die Gesamtheit oder die *Klasse* der Gegenstände, die die Eigenschaft besitzen. Zum Beispiel entspricht der Eigenschaft „Primzahl sein" die Klasse der Dinge (2, 3, 5, 7, 11 usw.). Bei der zu einer Eigenschaft gehörigen Klasse kommt es nicht auf den Inhalt, sondern nur auf den Umfang der Eigenschaft an. Klassen, zu denen die gleichen Gegenstände gehören, werden als identisch angesehen. So ist etwa in der elementaren Geometrie die Klasse der Dreiecke mit zwei gleichen Seiten identisch mit der Klasse der Dreiecke mit zwei gleichen Winkeln. (In der Mathematik gebraucht man statt „Klasse" gewöhnlich das Wort „Menge".) Statt zu sagen „x gehört zu einer Klasse" sagt man gewöhnlich „x ist Element der Klasse". Es ist zweckmäßig, auch die *Nullklasse* oder die *leere Klasse* einzuführen, d. h. die Klasse, die überhaupt keine Elemente hat. Nur dann können wir sagen, daß jeder Eigenschaft eine Klasse entspricht, da es zu einer Eigenschaft möglicherweise keine Gegenstände gibt.

Statt nun die Eigenschaften zu kombinieren, können wir ebensogut die entsprechenden Klassen kombinieren, da es bei unseren logischen Beziehungen nur auf den Umfang der Eigenschaften ankommt. Es mögen im folgenden α, β, γ und andere kleine griechische Buchstaben zur Bezeichnung bestimmter Klassen dienen. Wir haben nun die folgenden *Klassenverknüpfungen*:

1. „$\alpha \cap \beta$" bezeichnet die Klasse, die aus den Elementen besteht, die gleichzeitig Elemente von α und von β sind. „$\alpha \cap \beta$" heißt der *Durchschnitt* der beiden Klassen α und β. Ist z. B. α die Klasse der Frauen, β die Klasse der Verheirateten, so ist „$\alpha \cap \beta$" die Klasse der verheirateten Frauen.

2. „$\alpha \cup \beta$" bezeichnet die Klasse, die aus allen den Elementen besteht, die mindestens einer der beiden Klassen α und β angehören. „$\alpha \cup \beta$" heißt die *Vereinigung* von α und β. Ist z. B. α die Klasse der erwachsenen Männer, β die Klasse der erwachsenen Frauen, so ist „$\alpha \cup \beta$" die Klasse der Erwachsenen schlechthin.

Die Verknüpfungen „$\cup$" und „$\cap$" sind kommutativ, so daß „$\alpha \cup \beta$" die gleiche Klasse bezeichnet wie „$\beta \cup \alpha$" und auch „$\alpha \cap \beta$" die gleiche Klasse wie „$\beta \cap \alpha$". Ferner sind beide Verknüpfungen assoziativ, so daß „$\alpha \cup (\beta \cup \gamma)$" und „$(\alpha \cup \beta) \cup \gamma$", andererseits auch „$\alpha \cap (\beta \cap \gamma)$" und „$(\alpha \cap \beta) \cap \gamma$" die gleiche Klasse bezeichnen. Infolge des assoziativen Gesetzes können mehrgliedrige, nur mit „$\cap$" oder nur mit „$\cup$" gebildete Verknüpfungen ohne Klammern geschrieben werden.

3. „$\bar{\alpha}$" bezeichnet die Klasse, die aus allen Elementen besteht, die nicht zur Klasse „α" gehören. „$\bar{\alpha}$" heißt das *Komplement* von „α". — Diese Definition macht eine weitere Erklärung notwendig. Ist „α" die Klasse der Kranken, so soll nicht etwa „$\bar{\alpha}$" alles umfassen, was nicht den Namen krank verdient. Sondern wenn wir von der Verknüpfung von

Klassen sprechen, so denken wir uns immer einen gewissen Individuenbereich, innerhalb dessen diese Verknüpfung sinnvoll ist. Wenn wir von einer Klasse der Kranken sprechen, so ist der zugehörige Individuenbereich etwa die Klasse der Lebewesen, für die die Eigenschaften „krank" und „nicht-krank" sinnvoll sind. Die Klasse der „Nichtkranken" umfaßt dann die Klasse der nichtkranken Lebewesen. Im gegebenen Falle könnte dieser Individuenbereich auch enger gemeint sein, etwa nur die Klasse der Menschen, statt die Klasse der Lebewesen bedeuten. Die Klasse, die alle Elemente des Individuenbereichs umfaßt, nennen wir die *Allklasse*. Sie ist das Komplement der Nullklasse. Für jede Klasse α ist „$\alpha \cup \bar{\alpha}$" immer die Allklasse.

Die genannten Klassenverknüpfungen können nun in mannigfacher Weise kombiniert werden, wobei wir zur Abgrenzung des Bereichs der einzelnen Verknüpfungen gegebenenfalls Klammern verwenden. Mit dem bisherigen haben wir aber noch keine Möglichkeit, Sätze, also Aussagen über Klassen zu bilden. Dazu dienen uns die folgenden beiden Beziehungen:

4. „$\alpha \subset \beta$" bedeutet die Aussage, daß die Klasse α in der Klasse β enthalten ist, d. h. daß alle Elemente von α auch Elemente von β sind. Die Beziehung „$\alpha \subset \beta$" nennen wir die *Inklusionsbeziehung*. Sind $\mathfrak{E}_1$ und $\mathfrak{E}_2$ zwei Eigenschaften, die die Klassen α und β definieren, so bedeutet „$\alpha \subset \beta$" also, daß alles, was die Eigenschaft $\mathfrak{E}_1$ hat, auch die Eigenschaft $\mathfrak{E}_2$ hat. In der Mathematik pflegt man die Aussage „$\alpha \subset \beta$" so auszudrücken, daß man sagt, die Klasse α ist eine *Teilklasse* oder eine *Unterklasse* der Klasse β.

Bezeichnet etwa α die Klasse der Säuren, β die Klasse der chemischen Verbindungen, so heißt „$\alpha \subset \beta$": „die Klasse der Säuren ist in der Klasse der chemischen Verbindungen enthalten" oder kurz „Säuren sind chemische Verbindungen". Bezeichnet α die Klasse der Primzahlen, β die Klasse der ungeraden Zahlen und γ die Klasse der Zahlen, die kleiner als 3 sind, so bedeutet „$\alpha \subset \beta \cup \gamma$": „die Klasse der Primzahlen ist in der Klasse der Zahlen enthalten, die durch Vereinigung der Klasse der ungeraden Zahlen und der Klasse der Zahlen, die kleiner als 3 sind, gebildet wird", oder kürzer „Primzahlen sind ungerade oder kleiner als 3". Allgemein wird also ein Satz der Form „was $\mathfrak{E}_1$ ist, ist auch $\mathfrak{E}_2$", wo $\mathfrak{E}_1$ und $\mathfrak{E}_2$ Eigenschaften bedeuten, im Klassenkalkül durch eine Formel der Form „$\alpha \subset \beta$" wiedergegeben, ferner Sätze der Form „was $\mathfrak{E}_1$ und $\mathfrak{E}_2$ ist, ist auch $\mathfrak{E}_3$", „was $\mathfrak{E}_1$ oder $\mathfrak{E}_2$ ist, ist auch $\mathfrak{E}_3$", „was $\mathfrak{E}_1$ ist, ist auch $\mathfrak{E}_2$ und $\mathfrak{E}_3$", „was $\mathfrak{E}_1$ ist, ist auch $\mathfrak{E}_2$ oder $\mathfrak{E}_3$" durch Formeln der Formen „$\alpha \cap \beta \subset \gamma$", „$\alpha \cup \beta \subset \gamma$", „$\alpha \subset \beta \cap \gamma$", „$\alpha \subset \beta \cup \gamma$".

5. „$\alpha = \beta$" bedeutet die Aussage, daß die beiden Klassen α und β identisch sind, d. h. daß sie genau die gleichen Elemente besitzen. „$\alpha = \beta$" bedeutet also, daß „$\alpha \subset \beta$" und „$\beta \subset \alpha$" richtig ist.

Auf die mit „$\subset$" und „$=$" in der Klassentheorie gebildeten Elementaraussagen können wir nun die Verknüpfungen des Aussagenkalküls anwenden, die uns eine Vielfachheit von Aussagen liefern.

Wir sind jetzt imstande, die in der Einleitung zu diesem Kapitel genannten Sätze in befriedigender Weise wiederzugeben.

1. Beispiel: Wenn der Löwe ein Raubtier ist und wenn Raubtiere Fleisch fressen, so frißt der Löwe Fleisch.

Sei α die Klasse der Löwen, β die Klasse der Raubtiere und γ die Klasse der Fleischfresser. Der Satz wird dann wiedergegeben durch „$(\alpha \subset \beta) \wedge (\beta \subset \gamma) \rightarrow (\alpha \subset \gamma)$".

2. Beispiel: Wenn die ungeraden Primzahlen alle natürlichen Zahlen umfassen und wenn eine ungerade Zahl eine natürliche Zahl ist und wenn eine Primzahl eine natürliche Zahl ist, so umfassen die ungeraden Zahlen alle natürlichen Zahlen und umfassen die Primzahlen alle natürlichen Zahlen.

Sei α die Klasse der ungeraden Zahlen, β die Klasse der Primzahlen und γ die Klasse der natürlichen Zahlen. Dann lautet der Satz: „$(\gamma \subset \alpha \cap \beta) \wedge (\alpha \subset \gamma) \wedge (\beta \subset \gamma) \rightarrow (\gamma \subset \alpha) \wedge (\gamma \subset \beta)$". [Statt „$(\gamma \subset \alpha) \wedge (\gamma \subset \beta)$" könnte auch „$\gamma \subset \alpha \cap \beta$" stehen.]

Wir fügen noch ein *drittes Beispiel* hinzu: Tiere, die nicht im Wasser leben, sind Tiere, die kein Fleisch fressen oder Fleischfresser, die nicht im Wasser leben.

Sei α die Klasse der Tiere, β die Klasse der im Wasser lebenden Wesen und γ die Klasse der Fleischfresser. Die symbolische Schreibweise lautet: „$(\alpha \cap \bar{\beta}) \subset (\alpha \cap \bar{\gamma}) \cup (\gamma \cap \bar{\beta})$".

Es kommt nun darauf an zu erkennen, wann Sätze wie die obigen aus rein logischen Gründen richtig sind. Diese Frage wird uns in § 2 beschäftigen.

§ 2. Die allgemeingültigen Ausdrücke des Klassenkalküls

Wir führen in ähnlicher Weise wie im ersten Kapitel Aussagenvariable jetzt *Klassenvariable* ein. Für diese verwenden wir a, b, c und andere kleine lateinische Buchstaben. Wir definieren nun den Begriff *Klassenterm*. Dies geschieht durch die folgenden Regeln:

1. Klassenvariable sind Klassenterme.
2. Ist $\mathfrak{a}$ ein Klassenterm, so ist $\bar{\mathfrak{a}}$ ein Klassenterm.
3. Sind $\mathfrak{a}$ und $\mathfrak{b}$ Klassenterme, so sind auch $\mathfrak{a} \cup \mathfrak{b}$ und $\mathfrak{a} \cap \mathfrak{b}$ Klassenterme.

Die Abgrenzung des Bereiches der Klassenverknüpfungen geschieht, wenn nötig, durch Klammern, so daß wenn nicht $\mathfrak{a}$ oder $\mathfrak{b}$ aus einem Buchstaben bestehen, oder die Form „$\bar{\mathfrak{c}}$" haben, wir statt „$\mathfrak{a} \cup \mathfrak{b}$" und statt „$\mathfrak{a} \cap \mathfrak{b}$" schreiben „$(\mathfrak{a}) \cup (\mathfrak{b})$" und „$(\mathfrak{a}) \cap (\mathfrak{b})$". Die deutschen kleinen Buchstaben dienen zur Bezeichnung von beliebigen Klassentermen. Ein Klassenterm ist nur das, was sich durch eine endliche Anwendung der obigen drei Regeln als solcher ergibt. Klassenterme sind also „a", „b", „$\bar{b}$", „$\overline{a \cup b} \cap c$", „$a \cap \overline{a \cap a}$" usw.

Wir definieren weiter den Begriff „*Ausdruck des Klassenkalküls*" durch die folgenden Regeln:

5. Sind a und b Klassenterme, so sind „$a \subset b$" und „$a = b$" Ausdrücke.
6. Ist „$\mathfrak{A}$" ein Ausdruck, so ist „$\neg \mathfrak{A}$" ein Ausdruck.
7. Sind „$\mathfrak{A}$" und „$\mathfrak{B}$" Ausdrücke, so sind „$\mathfrak{A} \wedge \mathfrak{B}$", „$\mathfrak{A} \vee \mathfrak{B}$", „$\mathfrak{A} \to \mathfrak{B}$" und „$\mathfrak{A} \leftrightarrow \mathfrak{B}$" Ausdrücke.

Jeder Ausdruck ergibt sich durch eine endliche Anwendung der Regeln 5.—7. aus Klassentermen. Ausdrücke sind also z. B. „$(a = b \cup \bar{b}) \vee (b \cup \bar{b} \subset a)$", „$a = b \to a \cup c = b \cup c$", usw.

Ein Ausdruck heißt allgemeingültig, wie wir zunächst provisorisch sagen, wenn er jedesmal in eine richtige Aussage übergeht, falls die Klassenvariablen durch spezielle Klassen ersetzt werden. Das ist aber noch nicht präzis genug. Betrachten wir den Ausdruck „$(a = a \cup \bar{a}) \vee (a = a \cap \bar{a})$". Nehmen wir nun einen Individuenbereich, der nur aus einem einzigen Element besteht, so daß mit den Elementen des Individuenbereichs nur zwei Klassen gebildet werden können, nämlich die Nullklasse, die kein Element hat, und die Allklasse, die aus dem einzigen Elemente des Individuenbereichs besteht. Wir wollen die Nullklasse in diesem Bereich mit „0" und die Allklasse mit „1" bezeichnen. Wir fragen nun, ob die obige Formel immer in eine richtige Aussage übergeht, wenn wir a durch eine beliebige Klasse in dem genannten Individuenbereich ersetzen. Das ist in der Tat der Fall. Ersetzen wir nämlich a durch 0, so verwandelt sich der Ausdruck in die Aussage „$(0 = 0 \cup \bar{0}) \vee (0 = 0 \cap \bar{0})$". Nun ist „$\bar{0} = 1$", so daß die Aussage auch „$(0 = 0 \cup 1) \vee (0 = 0 \cap 1)$" geschrieben werden kann. Ferner ist „$0 \cup 1 = 1$" und „$0 \cap 1 = 0$", so daß sich die Aussage auf „$0 = 1 \vee 0 = 0$" reduziert. Da „$0 = 0$" richtig ist, ist die Aussage richtig. — Ersetzen wir a durch 1, so erhalten wir „$(1 = 1 \cup \bar{1}) \vee (1 = 1 \cap \bar{1})$". Da „$\bar{1} = 0$" und da „$1 \cup 0 = 1$" und „$1 \cap 0 = 0$", geht der Ausdruck schließlich über in „$(1 = 1) \vee (1 = 0)$", wird also ebenfalls richtig. In dem genannten Individuenbereich, der nur ein Element hat, wird also der Ausdruck „$(a = a \cup \bar{a}) \vee (a = a \cap \bar{a})$" bei beliebiger Ersetzung der Variablen a durch Klassen mit den Elementen des Individuenbereichs zu einer richtigen Aussage. Wir sagen, er ist in diesem Bereich *gültig*, oder kurz: er ist *1-gültig* (d. h. gültig in einem Individuenbereich mit einem Element).

Da der Begriff der 1-Gültigkeit bei den weiteren Überlegungen eine gewisse Rolle spielt, so sei hier ausführlich erklärt, wie man allgemein die 1-Gültigkeit eines beliebigen Ausdrucks feststellt. Es werden zunächst alle Klassenvariablen in beliebiger Weise durch 0 oder 1 ersetzt,

§ 2. Die allgemeingültigen Ausdrücke des Klassenkalküls

doch so natürlich, daß die gleiche Klassenvariable auch an allen vorkommenden Stellen in gleicher Weise ersetzt wird. Nun entfernt man alle Zeichen für Klassenverknüpfungen, indem man immer wieder $\bar{0}$ durch 1, $\bar{1}$ durch 0, $0 \cap 0$, $0 \cup 0$, $0 \cap 1$ und $1 \cap 0$ durch 0 und $0 \cup 1$, $1 \cup 0$, $1 \cap 1$ und $1 \cup 1$ durch 1 ersetzt. Nach Beendigung dieser Ersetzungen hat man nur Elementaraussagen der Form $0 \subset 0$, $0 \subset 1$, $1 \subset 1$, $0 = 0$, $1 = 1$ und $1 \subset 0$, $0 = 1$ und $1 = 0$. Die ersten fünf werden durch „$\vee$", die anderen durch „$\wedge$" ersetzt, worauf dann nach den Regeln von Kapitel I, § 2 die ganze Aussage sich auf „$\vee$" oder „$\wedge$" reduziert. Dann und nur dann, wenn bei jeder beliebigen Anfangsersetzung für die Klassenvariablen bei diesem Verfahren der Wert „$\vee$" herauskommt, heißt der Ausdruck 1-gültig.

Wir sahen, daß der obige Ausdruck „$(a = a \cup \bar{a}) \vee (a = a \cap \bar{a})$" 1-gültig ist. Er ist aber nicht gültig in einem Individuenbereich mit mehr als einem Element. Für einen derartigen Bereich gibt es nämlich neben der Nullklasse und der Allklasse, die alle Elemente des Individuenbereichs umfaßt, weitere Klassen, z. B. die Klassen, die nur ein Element haben. Ist α eine derartige Klasse, so würde die Ersetzung von a durch α in dem Ausdruck die Aussage „$(\alpha = \alpha \cup \bar{\alpha}) \vee (\alpha = \alpha \cap \bar{\alpha})$" ergeben. Nun ist „$\alpha \cup \bar{\alpha}$" gleich der Allklasse, „$\alpha \cap \bar{\alpha}$" gleich der Nullklasse. Demnach ist die Aussage falsch, da α sowohl von der Nullklasse wie der Allklasse verschieden ist.

Wir nennen daher „$(a = a \cup \bar{a}) \vee (a = a \cap \bar{a})$" *nicht allgemeingültig*, weil die Gültigkeit nicht für alle Individuenbereiche besteht.

Wir können nun die Allgemeingültigkeit folgendermaßen definieren: Ein Ausdruck heißt allgemeingültig, wenn er in jedem nicht leeren Individuenbereich, d. h. in jedem Individuenbereich der mindestens ein Element besitzt, gültig ist. Das heißt für jeden derartigen Bereich muß bei Ersetzung der Klassenvariablen durch beliebige Klassen mit Elementen aus diesem Bereich der Ausdruck in eine richtige Aussage übergehen.

Zwei Ausdrücke $\mathfrak{A}$ und $\mathfrak{B}$ heißen wie früher äquivalent, wenn „$\mathfrak{A} \leftrightarrow \mathfrak{B}$" allgemeingültig ist. Ist $\mathfrak{A}$ äq $\mathfrak{B}$, so entsteht aus einem Ausdruck $\mathfrak{C}$ ein äquivalenter, wenn man darin den Teilausdruck $\mathfrak{A}$ an einer Stelle durch $\mathfrak{B}$ ersetzt. Dasselbe ist übrigens der Fall, wenn „$\mathfrak{a} = \mathfrak{b}$" allgemeingültig ist und man in $\mathfrak{C}$ den Teilterm $\mathfrak{a}$ durch $\mathfrak{b}$ ersetzt.

Wir geben einige Äquivalenzen an.

$$\text{„}a \subset b\text{" äq „}\bar{a} \cup b = b \cup \bar{b}\text{".} \tag{1}$$

Beweis: Gilt „$\alpha \subset \beta$", so sind alle Elemente von α auch Elemente von β und alle Elemente von $\bar{\beta}$ auch Elemente von $\bar{\alpha}$. Also enthält $\bar{\alpha} \cup \beta$ auch alle Elemente von $\bar{\beta} \cup \beta$, d. h. überhaupt alle Elemente des Individuenbereichs. Ist umgekehrt „$\bar{\alpha} \cup \beta = \beta \cup \bar{\beta}$" richtig, ist also $\bar{\alpha} \cup \beta$ die Allklasse, so ist jedes Element des Individuenbereichs in $\bar{\alpha}$

oder in β enthalten. Ein Element von α muß also, da es nicht in $\bar{\alpha}$ enthalten sein kann, in β enthalten sein.

$$\text{„}a = b\text{"} \text{ äq } \text{„}(a \subset b) \wedge (b \subset a)\text{"}. \tag{2}$$

Dies ist unmittelbar klar, wenn man die Bedeutung von „$=$" und „$\subset$" berücksichtigt.

$$\text{„}(a = b \cup \bar{b}) \wedge (c = d \cup \bar{d})\text{"} \text{ äq } \text{„}(a \cap c = d \cup \bar{d})\text{"}. \tag{3}$$

Beweis: Ist „$\alpha = \beta \cup \bar{\beta}$" und „$\gamma = \delta \cup \bar{\delta}$" richtig, so sind α und γ beide die Allklasse; also ist auch $\alpha \cap \gamma$ die Allklasse. Ist umgekehrt $\alpha \cap \gamma$ die Allklasse, so müssen auch α und γ beide die Allklasse sein, da ja α und γ beide mindestens so viel Elemente enthalten wie $\alpha \cap \gamma$.

Wir geben einige weitere allgemeingültige Formeln an.

$$a = \bar{\bar{a}}. \tag{4}$$

Die Richtigkeit ergibt sich sofort aus der Definition von „$-$".

$$\overline{a \cup b} = \bar{a} \cap \bar{b}. \tag{5}$$

Die Elemente von „$\alpha \cup \beta$" sind die Elemente, die mindestens einer der beiden Klassen α und β angehören. Die Elemente von „$\overline{\alpha \cup \beta}$" sind also die Elemente, die weder der Klasse α noch der Klasse β angehören, d. h. die gleichzeitig den Klassen $\bar{\alpha}$ und $\bar{\beta}$ angehören. Das sind aber die Elemente von $\bar{\alpha} \cap \bar{\beta}$.

$$\overline{a \cap b} = \bar{a} \cup \bar{b}. \tag{6}$$

Die Elemente von $\alpha \cap \beta$ sind die Elemente, die gleichzeitig den Klassen α und β angehören, die Elemente von $\overline{\alpha \cap \beta}$ also die Elemente, die mindestens einer der beiden Klassen α und β nicht angehören, d. h. die mindestens einer der beiden Klassen $\bar{\alpha}$ und $\bar{\beta}$ angehören. Das sind aber gerade die Elemente von $\bar{\alpha} \cup \bar{\beta}$.

$$a \cup (b \cap c) = (a \cup b) \cap (a \cup c). \tag{7}$$

$$(b \cap c) \cup a = (b \cup a) \cap (c \cup a). \tag{8}$$

Da die Verknüpfungen „$\cup$" und „$\cap$" kommutativ sind, genügt es, sich zu überlegen, daß die erste Formel allgemeingültig ist. Die Elemente von $\alpha \cup (\beta \cap \gamma)$ sind die Elemente, die die folgende Eigenschaft haben: Sie gehören zu α oder sie gehören zu β und γ gleichzeitig. Das ist aber aussagenlogisch dasselbe wie daß sie zu α oder zu β und zu α oder zu γ gehören, d. h. daß sie zu $(\alpha \cup \beta) \cap (\alpha \cup \gamma)$ gehören.

$$a \cap (b \cup c) = (a \cap b) \cup (a \cap c). \tag{9}$$

$$(b \cup c) \cap a = (b \cap a) \cup (c \cap a). \tag{10}$$

§ 2. Die allgemeingültigen Ausdrücke des Klassenkalküls 51

Wegen der Kommutativität der Verknüpfungen „∪" und „∩" genügt es, (9) zu beweisen. — Die Elemente von $\alpha \cap (\beta \cup \gamma)$ sind die Elemente, die einerseits zu α gehören und andererseits mindestens einer der beiden Klassen β und γ angehören. Das heißt sie gehören zu α und β, oder zu α und γ, sind also Elemente von $(\alpha \cap \beta) \cup (\alpha \cap \gamma)$.

Wir geben nun eine Reihe von Sätzen über die Allgemeingültigkeit von Ausdrücken.

I. Ein Ausdruck der Form „$\mathfrak{a} \subset \mathfrak{b}$" oder „$\mathfrak{a} = \mathfrak{b}$" ist dann und nur dann allgemeingültig, wenn er 1-gültig ist. (Das bedeutet übrigens, daß man die Allgemeingültigkeit auch in der folgenden Weise feststellen könnte: Man verwandelt den Ausdruck des Klassenkalküls in einen solchen des Aussagenkalküls, indem man die Klassenvariable durch Aussagenvariable ersetzt, weiter „∧" statt „∩", „∨" statt „∪", „⁻" statt „—", „→" statt „⊂" und „↔" statt „=" schreibt. Es entspricht nämlich der Wertung des Ausdrucks des Klassenkalküls durch die Ersetzungen „0" und „1" für die Klassenvariablen gerade die Wertung eines Ausdrucks des Aussagenkalküls durch die Ersetzungen „∨" und „∧" für die Aussagenvariablen. Das entsprechende gilt übrigens für alle Ausdrücke des Klassenkalküls, bei denen die Allgemeingültigkeit mit der 1-Gültigkeit zusammenfällt. Man verwandelt einen derartigen Ausdruck des Klassenkalküls in der obengenannten Weise in einem des Aussagenkalküls, wobei man noch etwa auftretende Aussagenverknüpfungen stehen läßt.)

Geben wir nun den Beweis von Satz I. „$\mathfrak{a} \subset \mathfrak{b}$" läßt sich nach (1) in die äquivalente Form „$\bar{\mathfrak{a}} \cup \mathfrak{b} = \mathfrak{b} \cup \bar{\mathfrak{b}}$" überführen. „$\mathfrak{a} = \mathfrak{b}$" läßt sich nach (2) in die äquivalente Form „$(\mathfrak{a} \subset \mathfrak{b}) \wedge (\mathfrak{b} \subset \mathfrak{a})$", nach (1) in die äquivalente Form „$(\bar{\mathfrak{a}} \cup \mathfrak{b} = \mathfrak{b} \cup \bar{\mathfrak{b}}) \wedge (\bar{\mathfrak{b}} \cup \mathfrak{a} = \mathfrak{a} \cup \bar{\mathfrak{a}})$" überführen, wofür man nach (3) auch „$(\bar{\mathfrak{a}} \cup \mathfrak{b}) \cap (\bar{\mathfrak{b}} \cup \mathfrak{a}) = \mathfrak{a} \cup \bar{\mathfrak{a}}$" schreiben kann. Jedenfalls können wir in beiden Fällen annehmen, daß wir es mit einem Ausdruck der Form „$\mathfrak{c} = \mathfrak{d} \cup \bar{\mathfrak{d}}$" zu tun haben. Diesen Ausdruck können wir nun durch einen äquivalenten „$\mathfrak{e} = \mathfrak{d} \cup \bar{\mathfrak{d}}$" ersetzen, bei dem $\mathfrak{e}$ eine besondere Gestalt hat. In $\mathfrak{e}$ soll nämlich im Bereich eines Zeichens „—" weder ein anderes Zeichen „—" noch die Zeichen „∪" und „∩" stehen; ferner soll im Bereich eines Zeichens „∪" nicht das Zeichen „∩" vorkommen. Die Umformung von „$\mathfrak{c} = \mathfrak{d} \cup \bar{\mathfrak{d}}$" zu „$\mathfrak{e} = \mathfrak{d} \cup \bar{\mathfrak{d}}$" geschieht in den folgenden Etappen:

a1) In $\mathfrak{c}$ rücken wir das Zeichen „—" nach innen, indem wir gemäß (5) und (6), solange noch das Zeichen „—" in seinem Bereich das Zeichen „∪" oder „∩" enthält, immer wieder einen Teilterm „$\overline{\mathfrak{g} \cup \mathfrak{h}}$" durch „$\bar{\mathfrak{g}} \cap \bar{\mathfrak{h}}$" und einen Teilterm „$\overline{\mathfrak{g} \cap \mathfrak{h}}$" durch „$\bar{\mathfrak{g}} \cup \bar{\mathfrak{h}}$" ersetzen, wobei es auf die Reihenfolge dieser Veränderungen nicht ankommt.

a2) Nach der Veränderung a1) steht das Zeichen „—", evtl. in mehrfacher Weise, nur noch über den Klassenvariablen. Indem wir nun

4*

gemäß (4) immer wieder innerhalb des Terms $\bar{\mathfrak{a}}$ durch a, $\bar{\mathfrak{b}}$ durch b, usw. ersetzen, erreichen wir, daß das Zeichen „—" höchstens einmal über einer Klassenvariablen steht.

a3) Wir müssen nun noch dafür sorgen, daß innerhalb des Terms, der aus $\mathfrak{c}$ durch die bisherigen Veränderungen entstanden ist, das Zeichen „∩" nicht mehr im Bereiche von „∪" vorkommt. Zu dem Zweck ersetzen wir immer wieder gemäß (7) und (8) einen Teilterm „$\mathfrak{g} \cup (\mathfrak{h} \cap \mathfrak{j})$" durch „$(\mathfrak{g} \cup \mathfrak{h}) \cap (\mathfrak{g} \cup \mathfrak{j})$" und einen Teilterm „$(\mathfrak{h} \cap \mathfrak{j}) \cup \mathfrak{g}$" durch „$(\mathfrak{h} \cup \mathfrak{g}) \cap (\mathfrak{j} \cup \mathfrak{g})$", bis wir die gewünschte Form erreicht haben.

Bei dem erhaltenen Ausdruck „$\mathfrak{e} = \mathfrak{d} \cup \bar{\mathfrak{d}}$" hat $\mathfrak{e}$ die Form „$\mathfrak{e}_1 \cap \mathfrak{e}_2 \cap \cdots \cap \mathfrak{e}_n$" und jedes $\mathfrak{e}_i$ wieder die Form „$\mathfrak{f}_1 \cup \mathfrak{f}_2 \cup \cdots \cup \mathfrak{f}_k$", wobei die $\mathfrak{f}_j$ Klassenvariable oder überstrichene Klassenvariable sind. (Die Umformung von $\mathfrak{c}$ zu $\mathfrak{e}$ entspricht übrigens genau der Umformung eines Ausdrucks des Aussagenkalküls zur konjunktiven Normalform, vgl. Kap. I, § 5.) Von den Ausdrücken „$\mathfrak{e}_1 \cap \mathfrak{e}_2 \cap \cdots \cap \mathfrak{e}_k = \mathfrak{d} \cup \bar{\mathfrak{d}}$" sind nun diejenigen sicher allgemeingültig, bei denen jedes Glied $\mathfrak{e}_i$, abgesehen von der Reihenfolge der Glieder, die Form „$\mathfrak{g} \cup \bar{\mathfrak{g}} \cup \mathfrak{f}_1 \cup \cdots \cup \mathfrak{f}_k$" hat, da dann jedes $\mathfrak{e}_i$ die Allklasse darstellt, und auch $\mathfrak{e}$ die Allklasse ist. Kommt aber nur ein $\mathfrak{e}_i$ vor, das nicht diese Form hat, so ist der Ausdruck nicht allgemeingültig, und zwar ist er dann auch nicht 1-gültig. Ist $\mathfrak{e}_i$ dieses Glied, so ersetzen wir eine Klassenvariable, die in $\mathfrak{e}_i$ unüberstrichen vorkommt, durch 0 und eine überstrichen vorkommende durch 1, während die Ersetzung der übrigen Klassenvariablen gleichgültig ist. $\mathfrak{e}_i$ erhält dann die Form $0 \cup 0 \cup \cdots \cup 0$, d. h. wird 0. Da der Durchschnitt einer beliebigen Klasse mit der Nullklasse die Nullklasse ergibt, wird auch $\mathfrak{e}_1 \cap \mathfrak{e}_2 \cap \cdots \cap \mathfrak{e}_n$ gleich 0, während $\mathfrak{d} \cup \bar{\mathfrak{d}}$ gleich 1 wird. Der Ausdruck ist also, wenn er nicht allgemeingültig ist, auch nicht 1-gültig, womit der Satz bewiesen ist.

II. Ein Ausdruck der Form „$\neg(\mathfrak{a} \subset \mathfrak{b})$" oder „$\neg(\mathfrak{a} = \mathfrak{b})$" ist dann und nur dann allgemeingültig, wenn er 1-gültig ist. Beweis: Da „$\mathfrak{a} \subset \mathfrak{b}$" und „$\mathfrak{a} = \mathfrak{b}$" in eine äquivalente Form „$\mathfrak{c} = \mathfrak{d} \cup \bar{\mathfrak{d}}$" überführt werden können, lassen sich „$\neg(\mathfrak{a} \subset \mathfrak{b})$" und „$\neg(\mathfrak{a} = \mathfrak{b})$" in der Form „$\neg(\mathfrak{c} = \mathfrak{d} \cup \bar{\mathfrak{d}})$" schreiben. In dieser Formel verändern wir nun $\mathfrak{c}$ derart, natürlich so daß immer wieder äquivalente Ausdrücke entstehen, daß im Bereich eines Zeichens „—" innerhalb des veränderten $\mathfrak{c}$ kein anderes Zeichen „—" und auch nicht die Zeichen „∩" und „∪" vorkommen, ferner so, daß im Bereich eines Zeichens „∩" nicht das Zeichen „∪" vorkommt. Wir machen das so, daß wir mit $\mathfrak{c}$ zunächst die Veränderungen a1) und a2) ausführen, die beim Beweise von I genannt wurden. Statt weiter die Veränderung a3) vorzunehmen, machen wir die Veränderung a4): Wir ersetzen immer wieder gemäß (9) und (10) jeden Term „$\mathfrak{g} \cap (\mathfrak{h} \cup \mathfrak{j})$" durch „$(\mathfrak{g} \cap \mathfrak{h}) \cup (\mathfrak{g} \cap \mathfrak{j})$" und jeden Term „$(\mathfrak{h} \cup \mathfrak{j}) \cap \mathfrak{g}$"

durch „$(\mathfrak{h} \cap \mathfrak{g}) \cup (\mathfrak{j} \cap \mathfrak{g})$", bis die gewünschte Form erreicht ist. Der Ausdruck „$\neg(\mathfrak{c} = \mathfrak{d} \cup \bar{\mathfrak{d}})$" ist dann in einen äquivalenten „$\neg(\mathfrak{e}_1 \cup \mathfrak{e}_2 \cup \cdots \cup \mathfrak{e}_n = \mathfrak{d} \cup \bar{\mathfrak{d}})$" übergegangen, wobei jedes $\mathfrak{e}_i$ die Form „$\mathfrak{f}_1 \cap \mathfrak{f}_2 \cap \cdots \cap \mathfrak{f}_k$" hat und die $\mathfrak{f}_i$ Klassenvariable oder überstrichene Klassenvariable sind. Angenommen nun, jedes $\mathfrak{e}_i$ sei so beschaffen, daß unter den zugehörigen $\mathfrak{f}_j$ ein und dieselbe Klassenvariable einmal überstrichen und einmal nicht überstrichen vorkommt. Da „$\mathfrak{g} \cap \bar{\mathfrak{g}} \cap \mathfrak{f}_1 \cap \cdots \cap \mathfrak{f}_l$" immer die Nullklasse darstellt, so müßte dann auch „$\mathfrak{e}_1 \cup \cdots \cup \mathfrak{e}_n$" als Vereinigung von lauter Nullklassen die Nullklasse darstellen, d. h. da $\mathfrak{d} \cup \bar{\mathfrak{d}}$ immer die Allklasse darstellt, „$\neg(\mathfrak{e}_1 \cup \mathfrak{e}_2 \cup \cdots \cup \mathfrak{e}_n = \mathfrak{d} \cup \bar{\mathfrak{d}})$" ist allgemeingültig. In jedem anderen Falle ist der Ausdruck nicht nur nicht allgemeingültig, sondern auch nicht 1-gültig. In diesem Falle gibt es nämlich ein $\mathfrak{e}_i$ von der Form $\mathfrak{f}_1 \cap \mathfrak{f}_2 \cap \cdots \cap \mathfrak{f}_n$, so daß kein $\mathfrak{f}_j$ gleich einem $\bar{\mathfrak{f}}_p$ ist. Wir ersetzen dann jede nicht überstrichene Klassenvariable von $\mathfrak{e}_i$ durch 1 und jede überstrichene Klassenvariable von $\mathfrak{e}_i$ durch 0, etwaige andere beliebig. Dann erhält dieses $\mathfrak{e}_i$ die Form $1 \cap 1 \cap \cdots \cap 1$, ist also 1, und $\mathfrak{e}_1 \cup \mathfrak{e}_2 \cup \cdots \cup \mathfrak{e}_n$ wird ebenfalls 1. „$\neg(\mathfrak{c} = \mathfrak{d} \cup \bar{\mathfrak{d}})$" erhält dann die Form „$\neg(1 = 1)$", wird also falsch.

III. Ein Ausdruck der Form „$\neg \mathfrak{A}_1 \vee \neg \mathfrak{A}_2 \vee \cdots \vee \neg \mathfrak{A}_n$", wo die $\mathfrak{A}_i$ die Form „$\mathfrak{a} \subset \mathfrak{b}$" oder „$\mathfrak{a} = \mathfrak{b}$" haben, ist dann und nur dann allgemeingültig, wenn er 1-gültig ist.

Dieser Fall läßt sich sofort auf den Fall II zurückführen. Ein Ausdruck „$\neg \mathfrak{A}_1 \vee \cdots \vee \neg \mathfrak{A}_n$" der angegebenen Art ist nämlich äquivalent einem Ausdruck „$\neg \mathfrak{A}$", wo $\mathfrak{A}$ wieder die Form „$\mathfrak{c} = \mathfrak{d}$" hat. Zunächst können wir nämlich „$\neg \mathfrak{A}_1 \vee \cdots \vee \neg \mathfrak{A}_n$" in einer äquivalenten Form „$\neg(\mathfrak{c}_1 = \mathfrak{d}_1 \cup \bar{\mathfrak{d}}_1) \vee \cdots \vee \neg(\mathfrak{c}_n = \mathfrak{d}_n \cup \bar{\mathfrak{d}}_n)$" schreiben. Nach dem Aussagenkalkül ist das äquivalent mit „$\neg(\mathfrak{c}_1 = \mathfrak{d}_1 \cup \bar{\mathfrak{d}}_1 \wedge \cdots \wedge \mathfrak{c}_n = \mathfrak{d}_n \cup \bar{\mathfrak{d}}_n)$", und nach (3) äquivalent mit „$\neg(\mathfrak{c}_1 \cap \mathfrak{c}_2 \cap \cdots \cap \mathfrak{c}_n = \mathfrak{d}_n \cup \bar{\mathfrak{d}}_n)$".

IV. Ein Ausdruck der Form „$\neg \mathfrak{A} \vee \mathfrak{B}$", wo $\mathfrak{A}$ und $\mathfrak{B}$ die Form „$\mathfrak{a} \subset \mathfrak{b}$" oder „$\mathfrak{a} = \mathfrak{b}$" haben, ist dann und nur dann allgemeingültig, wenn er 1-gültig ist.

Wir können wieder annehmen, daß der in Frage stehende Ausdruck die Form „$\neg(\mathfrak{a} = \mathfrak{d}_1 \cup \bar{\mathfrak{d}}_1) \vee (\mathfrak{b} = \mathfrak{d}_2 \cup \bar{\mathfrak{d}}_2)$" hat. Wir behaupten nun die Allgemeingültigkeit des letzten Ausdrucks ist gleichwertig mit der Allgemeingültigkeit von „$\mathfrak{a} \subset \mathfrak{b}$". Ist nämlich „$\mathfrak{a} \subset \mathfrak{b}$" nicht allgemeingültig, so ist es nach I auch nicht 1-gültig. Es gibt dann eine Ersetzung von 0 und 1 für die Klassenvariablen, so daß $\mathfrak{a}$ den Wert 1 und $\mathfrak{b}$ den Wert 0 erhält, da nur „$1 \subset 0$" falsch ist. Mit der gleichen (evtl. erweiterten) Ersetzung geht dann „$\neg(\mathfrak{a} = \mathfrak{d}_1 \cup \bar{\mathfrak{d}}_1) \vee (\mathfrak{b} = \mathfrak{d}_2 \cup \bar{\mathfrak{d}}_2)$" in „$\neg(1 = 1) \vee (0 = 1)$" über, ist also ebenfalls nicht 1-gültig. Ist andererseits „$\mathfrak{a} \subset \mathfrak{b}$" allgemeingültig, so ist „$\neg(\mathfrak{a} = \mathfrak{d}_1 \cup \bar{\mathfrak{d}}_1) \vee (\mathfrak{b} = \mathfrak{d}_2 \cup \bar{\mathfrak{d}}_2)$", das wir auch in der Form „$(\mathfrak{a} = \mathfrak{d}_1 \cup \bar{\mathfrak{d}}_1) \rightarrow (\mathfrak{b} = \mathfrak{d}_2 \cup \bar{\mathfrak{d}}_2)$" schreiben können, auch allgemeingültig. Denn wenn „$\mathfrak{a} \subset \mathfrak{b}$" gilt, ist mit $\mathfrak{a}$ auch immer $\mathfrak{b}$ die Allklasse. Demnach haben wir für den Ausdruck „$\overline{\phantom{\mathfrak{A}}}\mathfrak{A} \vee \mathfrak{B}$" die Alternative, daß er entweder allgemeingültig oder auch schon nicht 1-gültig ist.

V. Ein Ausdruck der Form „$\overline{\phantom{\mathfrak{A}}}\mathfrak{A}_1 \vee \cdots \vee \overline{\phantom{\mathfrak{A}}}\mathfrak{A}_n \vee \mathfrak{B}$", wo die $\mathfrak{A}_1, \ldots, \mathfrak{A}_n, \mathfrak{B}$ die Form „$\mathfrak{a} \subset \mathfrak{b}$" oder „$\mathfrak{a} = \mathfrak{b}$" haben, ist dann und nur dann allgemeingültig, wenn er 1-gültig ist.

Dieser Fall V läßt sich auf den Fall IV in der gleichen Weise zurückführen, wie der Fall III auf den Fall II.

Bei den folgenden Ausdrücken ist die 1-Gültigkeit kein Kriterium mehr für die Allgemeingültigkeit.

VI. Ein Ausdruck der Form „$\overline{\phantom{\mathfrak{B}}}\mathfrak{B}_1 \vee \cdots \vee \overline{\phantom{\mathfrak{B}}}\mathfrak{B}_m \vee \mathfrak{A}_1 \vee \mathfrak{A}_2 \vee \cdots \vee \mathfrak{A}_n$" ($n \geq 2$), wo die $\mathfrak{A}_i$ und die $\mathfrak{B}_i$ die Form „$\mathfrak{a} \subset \mathfrak{b}$" oder „$\mathfrak{a} = \mathfrak{b}$" haben, ist dann und nur dann allgemeingültig, wenn wenigstens einer der Ausdrücke „$\overline{\phantom{\mathfrak{B}}}\mathfrak{B}_1 \vee \cdots \vee \overline{\phantom{\mathfrak{B}}}\mathfrak{B}_m \vee \mathfrak{A}_1$", $\ldots$, „$\overline{\phantom{\mathfrak{B}}}\mathfrak{B}_1 \vee \cdots \vee \overline{\phantom{\mathfrak{B}}}\mathfrak{B}_m \vee \mathfrak{A}_n$" allgemeingültig ist. Beim Beweise können wir uns wegen der beim Beweis von Satz III erwähnten Äquivalenz auf den Fall $m = 1$ beschränken. Der Fall $m = 0$ ist darin eingeschlossen. Die Allgemeingültigkeit von „$\mathfrak{A}_1 \vee \cdots \vee \mathfrak{A}_n$" ist nämlich das gleiche wie die Allgemeingültigkeit von „$\overline{}(a = a) \vee \mathfrak{A}_1 \vee \cdots \vee \mathfrak{A}_n$", ebenso wie die Allgemeingültigkeit jedes Ausdrucks $\mathfrak{A}_i$ mit der Allgemeingültigkeit von „$\overline{}(a = a) \vee \mathfrak{A}_i$" gleichwertig ist.

Beweis: Da es klar ist, daß wenn einer der Ausdrücke „$\overline{\phantom{\mathfrak{B}}}\mathfrak{B} \vee \mathfrak{A}_1$", $\ldots$, „$\overline{\phantom{\mathfrak{B}}}\mathfrak{B} \vee \mathfrak{A}_n$" allgemeingültig ist, auch „$\overline{\phantom{\mathfrak{B}}}\mathfrak{B} \vee \mathfrak{A}_1 \vee \cdots \vee \mathfrak{A}_n$" allgemeingültig ist, genügt es zu zeigen, daß „$\overline{\phantom{\mathfrak{B}}}\mathfrak{B} \vee \mathfrak{A}_1 \vee \cdots \vee \mathfrak{A}_n$" nicht allgemeingültig ist, falls keiner der Ausdrücke „$\overline{\phantom{\mathfrak{B}}}\mathfrak{B} \vee \mathfrak{A}_1$", $\ldots$, „$\overline{\phantom{\mathfrak{B}}}\mathfrak{B} \vee \mathfrak{A}_n$" allgemeingültig ist. Ist das letzte der Fall, so ist auch keiner der Ausdrücke „$\overline{\phantom{\mathfrak{B}}}\mathfrak{B} \vee \mathfrak{A}_1$", $\ldots$, „$\overline{\phantom{\mathfrak{B}}}\mathfrak{B} \vee \mathfrak{A}_n$" 1-gültig (nach IV). Für jedes „$\overline{\phantom{\mathfrak{B}}}\mathfrak{B} \vee \mathfrak{A}_i$" gibt es also eine Ersetzung der Klassenvariablen durch 0 und 1, so daß $\mathfrak{B}$ richtig und $\mathfrak{A}_i$ falsch wird. Diese Ersetzung soll, wenn nötig, immer so erweitert werden, daß sie eine Ersetzung für alle Klassenvariablen von „$\overline{\phantom{\mathfrak{B}}}\mathfrak{B} \vee \mathfrak{A}_1 \vee \cdots \vee \mathfrak{A}_n$" ist. Die zu „$\overline{\phantom{\mathfrak{B}}}\mathfrak{B} \vee \mathfrak{A}_i$" gehörenden falsifizierende Ersetzung in einem Individuenbereich mit einem Element wollen wir mit Ψ_i bezeichnen. — Wir konstruieren nun unter unseren Voraussetzungen eine Ersetzung für die Klassenvariablen mit Klassen, deren Elemente dem Bereich $(1, 2, \ldots, n)$ angehören, so daß dabei „$\overline{\phantom{\mathfrak{B}}}\mathfrak{B} \vee \mathfrak{A}_1 \vee \cdots \vee \mathfrak{A}_n$" in eine falsche Formel übergeht. Die vorkommenden Klassenvariablen mögen $a_1, \ldots, a_k$ sein. Eine Klassenvariable a_l wird durch die folgende Klasse α_l ersetzt. α_l enthält die Zahl p von $(1, 2, \ldots, n)$ dann und nur dann als Element, falls a_l bei Ψ_p durch 1 ersetzt wurde. Durch diese Ersetzung gehen die Klassenterme, die in „$\overline{\phantom{\mathfrak{B}}}\mathfrak{B} \vee \mathfrak{A}_1 \vee \cdots \vee \mathfrak{A}_n$" vorkommen, in gewisse Klassen über. Wir behaupten nun folgendes: Für jeden Term $\mathfrak{c}$ sieht die zugehörige

§ 2. Die allgemeingültigen Ausdrücke des Klassenkalküls

Klasse α_c folgendermaßen aus. Sie enthält eine Zahl p von $(1, 2, \ldots, n)$ dann und nur dann, falls c bei der Ersetzung Ψ_p in 1 überging.

Dies ist zunächst richtig für die Ersetzung der Klassenvariablen; denn wir hatten die Ersetzung gerade so definiert. Es stimmt aber auch für die weiteren Terme, wie wir durch Induktion nach dem Aufbau der Klassenterme feststellen können.

a) Es habe die zu dem Term c gehörige Klasse α_c die obige Eigenschaft. Zu dem Term $\bar{c}$ gehört die Klasse $\overline{\alpha_c}$. Daß $\overline{\alpha_c}$ die Zahl p als Element enthält, ist gleichbedeutend damit, daß α_c die Zahl p nicht als Element enthält. Nach Voraussetzung ist dies gleichbedeutend damit, daß c bei der Ersetzung Ψ_p in 0, mithin $\bar{c}$ bei der Ersetzung Ψ_p in 1 übergeht.

b) Die zu den Termen c_1 und c_2 gehörigen Klassen α_{c_1} und α_{c_2} mögen schon die genannte Eigenschaft haben.

Zu dem Term $c_1 \cap c_2$ gehört die Klasse $\alpha_{c_1} \cap \alpha_{c_2}$. Daß p der Klasse $\alpha_{c_1} \cap \alpha_{c_2}$ angehört, ist gleichbedeutend damit, daß p zur Klasse α_{c_1} und zur Klasse α_{c_2} gehört. Nach Voraussetzung ist das gleichbedeutend damit, daß c_1 und c_2 bei der Ersetzung Ψ_p beide in 1 übergingen. Das ist aber dasselbe wie daß die Klasse $c_1 \cap c_2$ bei der Ersetzung Ψ_p in 1 übergeht.

Zu dem Term $c_1 \cup c_2$ gehört die Klasse $\alpha_{c_1} \cup \alpha_{c_2}$. Daß p der Klasse $\alpha_{c_1} \cup \alpha_{c_2}$ angehört, ist gleichbedeutend damit, daß p mindestens einer der Klassen α_{c_1} und α_{c_2} angehört. Das bedeutet nach der Voraussetzung, daß mindestens einer der beiden Terme c_1 und c_2 bei Ψ_p durch 1 ersetzt wird, mithin, daß $c_1 \cup c_2$ bei Ψ_p durch 1 ersetzt wird.

Wir können nun den Satz VI beweisen. „$\neg \mathfrak{B}$" können wir in der Form „$\neg (\mathfrak{a} = \mathfrak{b})$" annehmen. Nun wird $\mathfrak{B}$ bei jeder Ersetzung Ψ_p richtig, d. h. bei jeder Ersetzung Ψ_p werden $\mathfrak{a}$ und $\mathfrak{b}$ beide 0 oder beide 1. Daraus ergibt sich nach dem Bewiesenen, daß bei der Ersetzung in $(1, 2, \ldots, n)$ $\mathfrak{a}$ und $\mathfrak{b}$ durch Klassen ersetzt sind, bei denen eine beliebige Zahl p von $(1, 2, \ldots, n)$ in beiden Klassen als Element vorkommt oder in beiden Klassen fehlt. Es werden also bei der Ersetzung in $(1, 2, \ldots, n)$ $\mathfrak{a}$ und $\mathfrak{b}$ die gleichen Klassen, so daß $\neg \mathfrak{B}$ falsch wird. Nehmen wir nun irgendein $\mathfrak{A}_i$, das wir ebenfalls in der Form $\mathfrak{c} = \mathfrak{d}$ annehmen können. Bei der Ersetzung Ψ_i wird $\mathfrak{c} = \mathfrak{d}$ falsch, d. h. es erhält entweder die Form $0 = 1$ oder $1 = 0$. Das bedeutet nach dem bewiesenen Satz, daß bei der Ersetzung in $(1, 2, \ldots, n)$ $\mathfrak{c}$ und $\mathfrak{d}$ in solche Klassen γ und δ übergehen, so daß entweder in γ das Element i fehlt und in δ vorhanden ist, oder umgekehrt. Die Klassen γ und δ sind also verschieden, und $\mathfrak{A}_i$ wird bei der Ersetzung in $(1, \ldots, n)$ falsch. Demnach wird also der Ausdruck „$\neg \mathfrak{B} \vee \mathfrak{A}_1 \vee \cdots \vee \mathfrak{A}_n$" bei unserer Ersetzung falsch; er ist also nicht allgemeingültig, da er nicht n-gültig ist. Damit ist Satz VI bewiesen.

VII. Wir sind jetzt imstande, das Problem der Allgemeingültigkeit eines beliebigen Ausdrucks in Angriff zu nehmen. Jeder Ausdruck besteht aus Elementarausdrücken der Form „$\mathfrak{a} \subset \mathfrak{b}$" oder „$\mathfrak{a} = \mathfrak{b}$", die durch die Aussagenverknüpfungen verbunden sind. Wir entfernen aus dem Ausdruck die Verknüpfungen „$\to$" und „$\leftrightarrow$", indem wir benutzen, daß „$\mathfrak{A} \to \mathfrak{B}$" mit „$\neg \mathfrak{A} \vee \mathfrak{B}$" und „$\mathfrak{A} \leftrightarrow \mathfrak{B}$" mit „$(\neg \mathfrak{A} \vee \mathfrak{B}) \wedge (\mathfrak{A} \vee \neg \mathfrak{B})$" äquivalent ist. Wir stellen dann in bezug auf die Elementarausdrücke die konjunktive Normalform des Aussagenkalküls her. Der Ausdruck erhält dann die Form „$\mathfrak{C}_1 \wedge \mathfrak{C}_2 \wedge \cdots \wedge \mathfrak{C}_q$". Er ist dann und nur dann allgemeingültig, wenn alle Ausdrücke $\mathfrak{C}_1, \mathfrak{C}_2, \ldots, \mathfrak{C}_q$ allgemeingültig sind. Jeder der Ausdrücke $\mathfrak{C}_i$ hat aber eine der Formen I—VI, so daß wir für jeden die Allgemeingültigkeit feststellen können.

Geben wir nun einige Beispiele.

1. Wir hatten vorher schon die Formel „$(a = a \cup \bar{a}) \vee (a = a \cap \bar{a})$" als nicht allgemeingültig erkannt. Nach VI ist sie nur dann allgemeingültig, wenn mindestens einer der beiden Ausdrücke „$a = a \cup \bar{a}$" und „$a = a \cap \bar{a}$" allgemeingültig ist, d. h. nach I, wenn eine der beiden Formeln 1-gültig ist. Das ist aber nicht der Fall, da die erste Formel falsch wird, wenn man a durch 0, und die zweite falsch wird, wenn man a durch 1 ersetzt.

2. Am Ende von § 1 hatten wir die Frage gestellt, ob „$(\alpha \subset \beta) \wedge \wedge (\beta \subset \gamma) \to (\alpha \subset \gamma)$" aus rein logischen Gründen richtig ist. Dies würde bedeuten, daß „$(a \subset b) \wedge (b \subset c) \to (a \subset c)$" allgemeingültig ist. Das ist in der Tat der Fall. Durch die Entwicklung zur konjunktiven Normalform erkennt man, daß die Formel unter den Typ V fällt, also dann und nur dann allgemeingültig ist, wenn sie 1-gültig ist. Die 1-Gültigkeit können wir in etwas abgekürzter Weise so feststellen: Geht „$a \subset c$" durch eine Ersetzung in eine richtige Formel über, so wird die ganze Formel richtig. „$a \subset c$" kann nur falsch werden, wenn a durch 1 und c durch 0 ersetzt wird. Ersetzen wir nun b durch 0, so erhalten wir „$(1 \subset 0) \wedge \wedge (0 \subset 0) \to (1 \subset 0)$", d. h. „$\wedge \wedge \vee \to \wedge$" oder „$\vee$". Ersetzt man b durch 1, so erhält man „$(1 \subset 1) \wedge (1 \subset 0) \to (1 \subset 0)$", das sich ebenfalls auf „$\vee$" reduziert. — Man kann aber auch die bei Satz I angegebene Bemerkung verwerten, d. h. die Allgemeingültigkeit von „$(a \subset b) \wedge \wedge (b \subset c) \to (a \subset c)$" auf die Allgemeingültigkeit des Ausdrucks „$(A \to B) \wedge (B \to C) \to (A \to C)$" des Aussagenkalküls zurückführen.

3. Bei dem zweiten Beispiel am Schluß von § 1 handelte es sich darum, ob der Ausdruck „$(c \subset a \cap b) \wedge (a \subset c) \wedge (b \subset c) \to (c \subset a) \wedge (c \subset b)$" allgemeingültig ist. Die Entwicklung zur konjunktiven Normalform ergibt, daß der Ausdruck dann und nur dann allgemeingültig ist, wenn die beiden Ausdrücke „$(c \subset a \cap b) \wedge (a \subset c) \wedge (b \subset c) \to (c \subset a)$" und „$(c \subset a \cap b) \wedge (a \subset c) \wedge (b \subset c) \to (c \subset b)$" allgemeingültig sind, d. h. also in diesem Falle beide 1-gültig sind. Die 1-Gültigkeit besteht für beide Ausdrücke, wie man nach unserem Verfahren feststellen kann. Statt dessen genügt es auch, die Allgemeingültigkeit der beiden Aussageformeln „$(C \to A \wedge B) \wedge (A \to C) \wedge (B \to C) \to (C \to A)$" und „$(C \to A \wedge B) \wedge (A \to C) \wedge (B \to C) \to (C \to B)$" festzustellen.

4. Bei dem dritten Beispiel am Schluß von § 1 kam es darauf an, ob der Ausdruck „$(a \cap \bar{b}) \subset (a \cup \bar{c}) \cup (c \cap \bar{b})$" allgemeingültig ist, was gemäß I darauf hinauskommt, ob der Ausdruck 1-gültig ist. Es genügt also festzustellen, daß „$(A \wedge \neg B) \to (A \wedge \neg C) \vee (C \wedge \neg B)$" allgemeingültig ist, wovon man sich in bekannter Weise überzeugt.

Nachdem wir das Problem der Allgemeingültigkeit im Klassenkalkül gelöst haben, können wir, entsprechend wie im Aussagenkalkül auch die Frage beantworten, wann aus gewissen Aussagen $\Psi_1, \ldots, \Psi_n$ über spezielle Klassen eine andere Aussage $\varXi$ über die gleichen Klassen logisch folgt. Dies ist dann und nur dann der Fall, wenn $\Psi_1 \wedge \cdots \wedge \Psi_n \to \varXi$ aus einer allgemeingültigen Formel des Klassenkalküls durch Einsetzung entsteht.

Dies zeigt die zentrale Bedeutung des Problems der Allgemeingültigkeit, die es hier wie im Aussagenkalkül besitzt. Dieses hier wie im Aussagenkalkül vollständig gelöste Problem wird auch als das *Entscheidungsproblem* bezeichnet. Dual zu dem Problem der Allgemeingültigkeit von Ausdrücken ist das Problem der *Erfüllbarkeit* von Ausdrücken, das wir auch für den Aussagenkalkül erwähnt hatten. Ein Ausdruck des Klassenkalküls heißt in irgendeinem Individuenbereich erfüllbar, wenn es eine Ersetzung der Klassenvariablen durch Klassen mit Elementen aus dem Individuenbereich gibt, so daß dadurch der Ausdruck in eine richtige Aussage übergeht. Insbesondere sprechen wir von der 1-Erfüllbarkeit, 2-Erfüllbarkeit eines Ausdrucks usw. Ein Ausdruck ist in einem Individuenbereich dann und nur dann erfüllbar, wenn der negierte Ausdruck nicht in dem Bereich gültig ist. Ein Ausdruck des Klassenkalküls heißt erfüllbar schlechthin, wenn es einen nicht leeren Individuenbereich gibt, in dem er erfüllbar ist. Ein Ausdruck ist dann und nur dann erfüllbar, wenn der negierte Ausdruck nicht allgemeingültig ist. Infolgedessen wird das Problem der Erfüllbarkeit eines Ausdrucks ebenfalls als das Entscheidungsproblem bezeichnet.

Historisch ist zu bemerken, daß der Klassenkalkül bereits auf G. BOOLE zurückgeht (vgl. den Wiederdruck von [2]). Das Entscheidungsproblem für den Klassenkalkül wurde nach Vorarbeiten von E. SCHRÖDER [4] zuerst von L. LÖWENHEIM [3] gelöst. Lösungen in präziserer Form gaben TH. SKOLEM [5] und H. BEHMANN [1]. Seitdem sind verschiedene Varianten der Lösung erschienen.

§ 3. Systematische Ableitung der traditionellen Aristotelischen Schlüsse

Wir wollen jetzt auf die traditionelle Lehre von den Schlüssen näher eingehen, welche vornehmlich vom historischen Gesichtspunkt Interesse besitzt. Es handelt sich darum zu erkennen, wie sich die klassischen

Aristotelischen (oder wenigstens z. T. auf ARISTOTELES zurückgehenden) Schlußfiguren in unseren Klassenkalkül einordnen und wie sie sich vom Standpunkt dieses Kalküls systematisieren und begründen lassen.

Die charakteristischen Eigenschaften der zu betrachtenden Schlüsse sind folgende: Sie bestehen aus drei Sätzen, von denen der dritte (der Schlußsatz oder die Konklusion) eine logische Folge der beiden ersten (der Prämissen) ist. Jeder der drei Sätze hat eine der vier Formen:

„Alle A sind B" (allgemein bejahendes Urteil),

„Einige A sind B" (partikulär bejahendes Urteil),

„Kein A ist B" (allgemein verneinendes Urteil),

„Einige A sind nicht B" (partikulär verneinendes Urteil).

Unter A und B haben wir uns dabei Eigenschaften zu denken. Zur abgekürzten Bezeichnung dieser vier Formen pflegt man die Vokale a, i, e, o (in der angegebenen Reihenfolge) zu verwenden. Als gemeinsames Zeichen für die vier Urteilsarten möge das Symbol AB dienen.

In den drei zusammengehörigen Sätzen treten im ganzen drei Begriffe auf, der Subjektsbegriff (S), der Prädikatsbegriff (P) und der Mittelbegriff (M); und zwar hat der Schlußsatz die Form SP, und von den Prämissen enthält die erste die Begriffe M und P, die zweite enthält M und S. Man beachte dabei, daß die Festlegung der Reihenfolge von S und P im Schlußsatz keine Beschränkung der Allgemeinheit darstellt, da ja eine Schlußfigur mit PS als Schlußsatz stets aus einer der vier folgenden Figuren durch bloße Änderung der Bezeichnung und Umstellung der Prämissen hervorgeht. Demnach ergeben sich die folgenden vier Grundfiguren von Schlüssen

$$\frac{\begin{array}{c}MP\\SM\end{array}}{SP} \quad \frac{\begin{array}{c}PM\\SM\end{array}}{SP} \quad \frac{\begin{array}{c}MP\\MS\end{array}}{SP} \quad \frac{\begin{array}{c}PM\\MS\end{array}}{SP}$$

Da bei jeder der vier Figuren für einen jeden der drei Sätze des Schlusses je nach seiner Zugehörigkeit zu einer der vier Urteilsformen a, i, e, o vier Möglichkeiten bestehen, so wären rein kombinatorisch betrachtet 256 verschiedene Arten von Schlüssen denkbar. Jedoch wird durch die Forderung, daß der Schlußsatz aus den Prämissen folgen soll, die Anzahl der Möglichkeiten wesentlich beschränkt. Die Aristotelische Logik lehrt, daß 19 verschiedene Schlußarten zulässig sind. Man hat für diese Schlußarten dreisilbige Merkworte eingeführt, in denen die Vokale der Reihe nach die Urteilsformen angeben, zu welchen die drei Sätze des Schlusses gehören. Bei dieser Benennung erhält man für die Aristotelischen Schlußfiguren die folgende Übersicht:

§ 3. Systematische Ableitung der traditionellen Aristotelischen Schlüsse 59

1. Figur	2. Figur	3. Figur	4. Figur
barbara	cesare	datisi	calemes
celarent	camestres	feriso	fresison
darii	festino	disamis	dimatis
ferio	baroco	bocardo	bamalip
		darapti	fesapo
		felapton	

Diese Zusammenstellung von Schlüssen wollen wir nun an Hand des Klassenkalküls daraufhin prüfen, ob sie wirklich alle Schlußarten der beschriebenen Formen enthält.

Wir geben zunächst die symbolische Darstellung der vier Formen a, i, e, o eines Urteils. Das Urteil „alle A sind B" hatten wir bereits in § 1 häufig erwähnt. Ist α die A und β die B entsprechende Klasse, so wird das Urteil durch „$\alpha \subset \beta$" dargestellt. Das Urteil „einige A sind B" können wir auch so aussprechen „es ist nicht wahr, daß alle A nicht B sind". Es stellt sich also symbolisch durch „$\neg (\alpha \subset \bar{\beta})$" dar. Für „kein A ist B" können wir auch sagen „alle A sind nicht B" und es durch „$\alpha \subset \bar{\beta}$" wiedergeben. Für „einige A sind nicht B" können wir endlich sagen „es ist nicht wahr, daß alle A B sind", was durch „$\neg (\alpha \subset \beta)$" wiedergegeben wird.

Aus dieser Schreibweise ergeben sich ohne weiteres die auf die betrachteten Urteilsformen bezüglichen traditionellen Lehren über die *Entgegensetzung (Opposition) und die Umkehrung.* Von den vier Urteilen ist nämlich das letzte als das Gegenteil des ersten, das zweite als das Gegenteil des dritten ausgedrückt. Ferner sind die beiden mittleren Urteile in A und B, d. h. bei uns in α und β symmetrisch. Die beiden Urteile „$\neg (\alpha \subset \bar{\beta})$" und „$\alpha \subset \bar{\beta}$" sind nämlich mit den beiden Urteilen „$\neg (\beta \subset \bar{\alpha})$" und „$\beta \subset \bar{\alpha}$" äquivalent.

Bezeichnen wir nun die dem Subjektsbegriff S, dem Prädikatsbegriff P und dem Mittelbegriff M entsprechenden Klassen mit σ, π und μ, so hat bei der *ersten Figur* die erste Prämisse eine der vier Formen:

$$\text{„}\mu \subset \pi\text{"}, \quad \text{„}\neg (\mu \subset \bar{\pi})\text{"}, \quad \text{„}\mu \subset \bar{\pi}\text{"}, \quad \text{„}\neg (\mu \subset \pi)\text{"},$$

die zweite Prämisse eine der vier Formen:

$$\text{„}\sigma \subset \mu\text{"}, \quad \text{„}\neg (\sigma \subset \bar{\mu})\text{"}, \quad \text{„}\sigma \subset \bar{\mu}\text{"}, \quad \text{„}\neg (\sigma \subset \mu)\text{"},$$

während die Konklusion eine der Formen

$$\text{„}\sigma \subset \pi\text{"}, \quad \text{„}\neg (\sigma \subset \bar{\pi})\text{"}, \quad \text{„}\sigma \subset \bar{\pi}\text{"}, \quad \text{„}\neg (\sigma \subset \pi)\text{"}$$

haben muß. Es kommt nun darauf an, welche Zusammenstellung von Prämissen eine der möglichen Konklusionen als Folgerung hat. Dies ist aber leicht festzustellen. Zum Beispiel gehört zu den Prämissen „$\mu \subset \pi$"

und „$\sigma \subset \mu$" die Folgerung „$\sigma \subset \pi$", weil „$(a \subset b) \wedge (c \subset a) \rightarrow (c \subset b)$" eine allgemeingültige Formel des Klassenkalküls ist. Prüft man nun alle Zusammenstellungen von Prämissen und Konklusionen an Hand der Allgemeingültigkeit der entsprechenden Formeln des Klassenkalküls durch, so findet man, daß nur die folgenden Zusammenstellungen richtige Schlüsse ergeben.

$$\begin{array}{c}\mu \subset \pi \\ \sigma \subset \mu \\ \hline \sigma \subset \pi\end{array} \text{(barbara)} \qquad \begin{array}{c}\mu \subset \pi \\ \overrightarrow{}(\sigma \subset \bar{\mu}) \\ \hline \overrightarrow{}(\sigma \subset \bar{\pi})\end{array} \text{(darii)}$$

$$\begin{array}{c}\mu \subset \bar{\pi} \\ \sigma \subset \mu \\ \hline \sigma \subset \bar{\pi}\end{array} \text{(celarent)} \qquad \begin{array}{c}\mu \subset \bar{\pi} \\ \overrightarrow{}(\sigma \subset \bar{\mu}) \\ \hline \overrightarrow{}(\sigma \subset \pi)\end{array} \text{(ferio)}$$

Bei der *zweiten Figur* kommt für die erste Prämisse eine der Möglichkeiten

„$\pi \subset \mu$",   „$\overrightarrow{}(\pi \subset \bar{\mu})$",   „$\pi \subset \bar{\mu}$",   „$\overrightarrow{}(\pi \subset \mu)$"

in Frage, während für die zweite Prämisse und die Konklusion die gleichen Möglichkeiten wie bei der ersten Figur vorhanden sind. Die Prüfung der kombinatorisch möglichen Zusammenstellungen ergibt, daß nur die folgenden gültige Schlußfiguren ergeben

$$\begin{array}{c}\pi \subset \bar{\mu} \\ \sigma \subset \mu \\ \hline \sigma \subset \bar{\pi}\end{array} \text{(cesare)} \qquad \begin{array}{c}\pi \subset \mu \\ \sigma \subset \bar{\mu} \\ \hline \sigma \subset \bar{\pi}\end{array} \text{(camestres)}$$

$$\begin{array}{c}\pi \subset \bar{\mu} \\ \overrightarrow{}(\sigma \subset \bar{\mu}) \\ \hline \overrightarrow{}(\sigma \subset \pi)\end{array} \text{(festino)} \qquad \begin{array}{c}\pi \subset \mu \\ \overrightarrow{}(\sigma \subset \mu) \\ \hline \overrightarrow{}(\sigma \subset \pi)\end{array} \text{(baroco)}$$

Bei der dritten *Figur* kommt für die erste Prämisse eine der Möglichkeiten

„$\mu \subset \pi$",   „$\overrightarrow{}(\mu \subset \bar{\pi})$",   „$\mu \subset \bar{\pi}$",   „$\overrightarrow{}(\mu \subset \pi)$",

für die zweite Prämisse eine der Möglichkeiten

„$\mu \subset \sigma$",   „$\overrightarrow{}(\mu \subset \bar{\sigma})$",   „$\mu \subset \bar{\sigma}$",   „$\overrightarrow{}(\mu \subset \sigma)$"

in Frage, während für die Konklusion die gleichen Möglichkeiten wie bei der ersten Figur bestehen. Indem man die Allgemeingültigkeit der entsprechenden Ausdrücke des Klassenkalküls prüft, findet man, daß nur die folgenden Zusammenstellungen richtige Schlußfiguren ergeben:

$$\begin{array}{c}\mu \subset \pi \\ \overrightarrow{}(\mu \subset \bar{\sigma}) \\ \hline \overrightarrow{}(\sigma \subset \bar{\pi})\end{array} \text{(datisi)} \qquad \begin{array}{c}\mu \subset \bar{\pi} \\ \overrightarrow{}(\mu \subset \bar{\sigma}) \\ \hline \overrightarrow{}(\sigma \subset \pi)\end{array} \text{(feriso)}$$

§ 3. Systematische Ableitung der traditionellen Aristotelischen Schlüsse 61

$$\frac{\neg(\mu \subset \bar\pi)}{\mu \subset \sigma} \quad \text{(disamis)} \qquad \frac{\neg(\mu \subset \pi)}{\mu \subset \sigma} \quad \text{(bocardo)}$$
$$\overline{\neg(\sigma \subset \bar\pi)} \qquad\qquad \overline{\neg(\sigma \subset \pi)}$$

Bei der vierten Figur endlich kommen für die erste Prämisse die Formen

,,$\pi \subset \mu$",   ,,$\neg(\pi \subset \bar\mu)$",   ,,$\pi \subset \bar\mu$",   ,,$\neg(\pi \subset \mu)$",

für die zweite Prämisse die Formen

,,$\mu \subset \sigma$",   ,,$\neg(\mu \subset \bar\sigma)$",   ,,$\mu \subset \bar\sigma$",   ,,$\neg(\mu \subset \sigma)$"

in Frage, während für die Konklusion wieder dieselben Möglichkeiten wie bei den übrigen Figuren bestehen. Man findet hier in der angegebenen Weise die folgenden Schlußfiguren:

$$\frac{\pi \subset \mu}{\mu \subset \bar\sigma} \quad \text{(calemes)} \qquad \frac{\pi \subset \bar\mu}{\neg(\mu \subset \bar\sigma)} \quad \text{(fresison)}$$
$$\overline{\sigma \subset \bar\pi} \qquad\qquad \overline{\neg(\sigma \subset \pi)}$$

$$\frac{\neg(\pi \subset \bar\mu)}{\mu \subset \sigma} \quad \text{(dimatis)}$$
$$\overline{\neg(\sigma \subset \bar\pi)}$$

Damit haben wir 15 gültige Schlußfiguren gefunden, die alle in der klassischen Aufzählung vorhanden sind.

Übrigens lassen sich diese Schlußfiguren auf zwei Haupttypen, nämlich auf den Schluß ,,barbara" und den Schluß ,,darii" zurückführen, wenn man berücksichtigt, daß ,,$\alpha \subset \bar\beta$" dasselbe aussagt wie ,,$\beta \subset \bar\alpha$" und also auch ,,$\neg(\alpha \subset \bar\beta)$" dasselbe wie ,,$\neg(\beta \subset \bar\alpha)$", daß ferner $\bar{\bar\alpha}$ dasselbe ist wie α. Der Schluß ,,celarent" ist ein Spezialfall von ,,barbara", indem dort $\bar\pi$ für π gesetzt wird. Ersetzt man bei ,,cesare" die Prämisse ,,$\pi \subset \bar\mu$" durch ,,$\mu \subset \bar\pi$", so erhält man nach ,,barbara" ,,$\sigma \subset \bar\pi$". Bei ,,camestres" nimmt man statt der Prämisse ,,$\sigma \subset \bar\mu$" die Prämisse ,,$\mu \subset \bar\sigma$" und erhält nach ,,barbara" ,,$\pi \subset \bar\sigma$", was dasselbe ist wie ,,$\sigma \subset \bar\pi$". Bei ,,calemes" erhält man aus den Prämissen nach ,,barbara" ,,$\pi \subset \bar\sigma$", was dasselbe ist wie ,,$\sigma \subset \bar\pi$". Bei ,,ferio" erhält man aus den Prämissen nach ,,darii" ,,$\neg(\sigma \subset \bar{\bar\pi})$", was dasselbe ist wie ,,$\neg(\sigma \subset \pi)$". Bei ,,festino" kann man für die erste Prämisse ,,$\mu \subset \bar\pi$" schreiben und hat dann den Schluß ,,ferio". Bei ,,baroco" können wir statt der beiden Prämissen auch ,,$\bar\mu \subset \bar\pi$" und ,,$\neg(\sigma \subset \bar\mu)$" schreiben und erhalten dann nach ,,darii" ,,$\neg(\sigma \subset \bar\pi)$", was dasselbe ist wie ,,$\neg(\sigma \subset \pi)$". Bei ,,datisi" können wir statt der zweiten Prämisse ,,$\neg(\sigma \subset \bar\mu)$" schreiben und erhalten dann nach ,,darii" ,,$\neg(\sigma \subset \bar\pi)$". Bei ,,feriso" schreiben wir statt der zweiten Prämisse ,,$\neg(\sigma \subset \bar\mu)$" und erhalten nach darii ,,$\neg(\sigma \subset \bar\pi)$",

d. h. also „$\neg(\sigma\subset\pi)$". Bei „disamis" schreiben wir statt der ersten Prämisse „$\neg(\pi\subset\bar\mu)$" und erhalten nach darii „$\neg(\sigma\subset\bar\pi)$". Bei „bocardo" schreiben wir statt der ersten Prämisse „$\neg(\bar\pi\subset\bar\mu)$" und erhalten nach darii „$\neg(\bar\pi\subset\bar\sigma)$", d. h. also „$\neg(\sigma\subset\pi)$". Bei „fresison" schreiben wir statt der ersten Prämisse „$\mu\subset\bar\pi$", statt der zweiten „$\neg(\sigma\subset\bar\mu)$", so daß wir nach darii „$\neg(\sigma\subset\bar\pi)$" oder „$\neg(\sigma\subset\pi)$" erhalten. Bei „dimatis" endlich erhalten wir aus den Prämissen nach darii „$\neg(\pi\subset\bar\sigma)$", was dasselbe ist wie „$\neg(\sigma\subset\bar\pi)$".

Es fällt uns nun auf, daß wir die Aristotelischen Schlußweisen „darapti", „felapton", „bamalip" und „fesapo" bei unserem Verfahren nicht wiedergefunden haben. Diese Schlußweisen wären

$$\frac{\mu\subset\pi \quad \mu\subset\sigma}{\neg(\sigma\subset\bar\pi)} \text{ (darapti)} \qquad \frac{\mu\subset\bar\pi \quad \mu\subset\sigma}{\neg(\sigma\subset\pi)} \text{ (felapton)}$$

$$\frac{\pi\subset\mu \quad \mu\subset\sigma}{\neg(\sigma\subset\bar\pi)} \text{ (bamalip)} \qquad \frac{\pi\subset\bar\mu \quad \mu\subset\sigma}{\neg(\sigma\subset\pi)} \text{ (fesapo)}$$

Wir haben diese Schlußweisen aber mit Recht nicht angeführt, denn keiner der Ausdrücke

„$(a\subset b)\wedge(a\subset c)\to\neg(c\subset\bar b)$", „$(a\subset\bar b)\wedge(a\subset c)\to\neg(c\subset b)$",

„$(a\subset b)\wedge(b\subset c)\to\neg(c\subset\bar a)$" und „$(a\subset\bar b)\wedge(b\subset c)\to\neg(c\subset a)$"

ist allgemeingültig.

Diese Diskrepanz rührt davon her, daß die seit ARISTOTELES traditionell gewordene Deutung der positiven allgemeinen Sätze („alle A sind B") mit unserer Interpretation der Formeln „$\alpha\subset\beta$" nicht vollkommen im Einklang steht. Nach ARISTOTELES gilt nämlich eine Aussage „alle A sind B" nur dann als richtig, wenn es Gegenstände gibt, welche A sind. „$\alpha\subset\beta$" dagegen ist auch richtig, wenn α die Nullklasse ist. Unsere Abweichung von ARISTOTELES in diesem Punkte wird z. B. durch die Rücksicht auf die mathematischen Anwendungen der Logik gerechtfertigt, bei denen die Zugrundelegung der Aristotelischen Auffassung unzweckmäßig wäre. Aber auch außerhalb der Mathematik verwendet man beim sprachgebundenen logischen Denken häufig Sätze der Form „alle A sind B", ohne daß man weiß, ob es Gegenstände mit der Eigenschaft A gibt. Allerdings benutzt man dann gewöhnlich die sprachliche Form „alle A wären B". Dies ist z. B. dann der Fall, wenn man die Aussage, daß es überhaupt Gegenstände mit der Eigenschaft A gibt, ad absurdum führen will. Jedenfalls haben wir bei unserer Auffassung eine reichere Möglichkeit von Schlüssen.

Man braucht andererseits aber auch nicht zu denken, daß damit die Schlußweisen „darapti", „felapton", „bamalip" und „fesapo" ganz verlorengehen. Es genügt vielmehr, die stillschweigende Aristotelische Voraussetzung als weitere Prämisse hinzuzufügen, damit die Schlußweisen auch bei uns gültig sind. Dies kann z. B. in der folgenden Weise geschehen:

$$
\begin{array}{cccc}
\mu \subset \pi & \mu \subset \bar{\pi} & \pi \subset \mu & \pi \subset \bar{\mu} \\
\mu \subset \sigma & \mu \subset \sigma & \mu \subset \sigma & \mu \subset \sigma \\
\dashrightarrow (\mu \subset \bar{\mu}) & \dashrightarrow (\mu \subset \bar{\mu}) & \dashrightarrow (\pi \subset \bar{\pi}) & \dashrightarrow (\mu \subset \bar{\mu}) \\
\hline
\dashrightarrow (\sigma \subset \bar{\pi}) & \dashrightarrow (\sigma \subset \pi) & \dashrightarrow (\sigma \subset \bar{\pi}) & \dashrightarrow (\sigma \subset \pi)
\end{array}
$$

Es ist ein in philosophischen Kreisen weitverbreiteter Irrtum, daß mit dem Klassenkalkül, oder wenn wir wollen, mit der traditionellen Logik, der Bereich der logischen Schlußweisen überhaupt erschöpft ist. Davon kann aber keine Rede sein, wie wir uns im nächsten Kapitel überzeugen werden.

Übungen zum zweiten Kapitel

1. Betrachte den folgenden Satz: „Wenn die theoretischen Überzeugungen vom Willen unabhängig sind und wenn, was vom Willen unabhängig ist, nicht durch Strafgesetze erzwungen werden kann, so können theoretische Überzeugungen nicht durch Strafgesetze erzwungen werden."

a) Führe Zeichen (kleine griechische Buchstaben) für die in dem Satz vorkommenden Klassen ein und formuliere dann den Satz mit Hilfe der Symbolik!

b) Untersuche, ob der Satz allein aus logischen Gründen richtig ist!

2. Das sog. *Haubersche Theorem* heißt: „Wenn eine Klasse α in die Teilklassen $\beta_1, \beta_2, \beta_3$ zerfällt und andererseits auch in die Teilklassen $\gamma_1, \gamma_2, \gamma_3$ und wenn die Klassen $\gamma_1, \gamma_2, \gamma_3$ zueinander disjunkt sind, d. h. wenn zwei dieser Klassen keine gemeinsamen Elemente besitzen, wenn ferner die Klassen $\beta_1, \beta_2, \beta_3$ jeweils in den Klassen $\gamma_1, \gamma_2, \gamma_3$ enthalten sind, dann sind auch die Klassen $\gamma_1, \gamma_2, \gamma_3$ jeweils in den Klassen $\beta_1, \beta_2, \beta_3$ enthalten.

Formuliere dieses Theorem symbolisch und zeige, daß es einen allgemeingültigen Satz des Klassenkalküls darstellt!

3. Betrachte die folgenden scherzhaften, von Lewis Carroll aufgestellten Sätze:

a) Die einzigen Tiere in diesem Hause sind Katzen.

b) Jedes Tier ist als Schoßtier geeignet, das gern in den Mond guckt.

c) Wenn ich ein Tier verabscheue, so gehe ich ihm aus dem Wege.

d) Nur solche Tiere sind Fleischfresser, die nachts umherschweifen.

e) Jede Katze tötet Mäuse.
f) Nur die Tiere in diesem Hause mögen mich leiden.
g) Känguruhs sind nicht als Schoßtiere geeignet.
h) Nur Fleischfresser töten Mäuse.
i) Ich verabscheue Tiere, die mich nicht leiden mögen.
j) Tiere, die nachts umherschweifen, gucken gerne in den Mond.

Zeige, daß aus diesen 10 Sätzen a)—j) der Satz: „Ich gehe Känguruhs aus dem Wege" logisch folgt.

4. In der Mathematik heißt eine Menge M mit zwei zweistelligen Verknüpfungen, die meistens mit „$\cap$" und „$\cup$" bezeichnet werden (ohne daß diese Zeichen nun die spezielle Bedeutung, die ihnen im Klassenkalkül beigelegt wurde, unbedingt haben müssen), in bezug auf diese Verknüpfungen ein *Verband*, wenn folgendes gilt:

1. Verknüpft man zwei Elemente von M durch „$\cap$" oder „$\cup$", so erhält man wieder ein Element von M.

2. Sind a, b, c beliebige Elemente von M, so gelten die folgenden Sätze:

2a) $a \cap b = b \cap a$ 2b) $a \cup b = b \cup a$
2c) $(a \cap b) \cap c = a \cap (b \cap c)$ 2d) $(a \cup b) \cup c = a \cup (b \cup c)$
2e) $a \cap (a \cup b) = a$ 2f) $a \cup (a \cap b) = a$

Wir nennen ferner einen Verband distributiv, wenn außerdem das folgende Gesetz gilt:

2g) $a \cup (b \cap c) = (a \cup b) \cap (a \cup c)$

α) Man zeige, daß die Klassen mit Elementen aus einem Individuenbereich eine Menge bilden, die in bezug auf die Verknüpfungen „$\cap$" und „$\cup$" (jetzt im Sinne des Klassenkalküls genommen) einen distributiven Verband bilden, und zwar auch dann, wenn man die Bedeutungen von „$\cap$" und „$\cup$" auswechselt.

β) Mit Bezug auf welche Aussagenverknüpfungen bilden die Aussagen einen Verband?

Drittes Kapitel

Der engere Prädikatenkalkül

§ 1. Unzulänglichkeit des bisherigen Kalküls

Der Klassenkalkül ermöglichte eine systematischere Behandlung der logischen Fragen als die traditionelle Logik. Andererseits kann man aber sagen, daß in Hinsicht auf die Möglichkeit, logische Folgerungen zu ziehen, sich beide wesentlich gleich verhalten. Die komplizierteren Schlüsse, die im Klassenkalkül möglich sind, lassen sich meist auch durch mehrfache Anwendung der Aristotelischen Schlußfiguren gewinnen.

Nach der Meinung der früheren Logiker, die auch KANT teilte, war nun mit der Aristotelischen Schlußlehre die Logik (die deduktive Logik) überhaupt erschöpft. KANT sagt (in der Vorrede zur 2. Ausgabe der „Kritik der reinen Vernunft"): „Merkwürdig ist noch an ihr (der Logik), daß sie auch bis jetzt (seit ARISTOTELES) keinen Schritt vorwärts hat tun können und also allem Anschein nach geschlossen und vollendet zu sein scheint."

In Wirklichkeit ist es so, daß sich der Aristotelische Formalismus schon bei ziemlich einfachen logischen Zusammenhängen als unzulänglich erweist. Wenn ein Satz wie „Wenn eine von zwei verschiedene Primzahl ungerade ist und wenn die Primzahlen größer als 11 von zwei verschieden sind, so sind die Primzahlen größer als 11 ungerade" aus rein logischen Gründen richtig ist — es kommt hier der Schluß „barbara" zum Ausdruck — so nicht minder der folgende Satz: „Wenn es einen Präsidenten aller Vereine einer Stadt gibt, so hat jeder Verein der Stadt einen Präsidenten". Auch hier erkennt man den rein logischen Charakter des Satzes daran, daß der Inhalt der Begriffe „Präsident" und „Verein der Stadt" für die Richtigkeit des Satzes unerheblich ist. Wir sind aber nicht imstande, das Charakteristische dieses Satzes mit Hilfe der traditionellen Logik oder mit Hilfe des Klassenkalküls zum Ausdruck zu bringen. Der Grund dafür ist, daß es sich hier nicht nur um gewisse Eigenschaften handelt, sondern um eine Beziehung zwischen mehreren Gegenständen. Der Begriff „Präsident" enthält eine derartige Beziehung, nämlich eine Beziehung zwischen einer Person und einem Verein. Wir haben aber bisher kein Mittel, derartige Beziehungen zum symbolischen Ausdruck zu bringen.

Gerade die Beziehungen spielen aber nun in dem logischen Aufbau der Mathematik die wesentliche Rolle. Der Irrtum, daß die traditionelle

Logik ausreiche, um die Mathematik aus ihren Grundlagen heraus logisch aufzubauen, konnte nur dadurch zustande kommen, daß vor FREGE und PEANO niemand eine restlose Analyse der in der Mathematik verwendeten logischen Schlußweisen vorgenommen hat. In den älteren Logikbüchern findet man zwar genügend Beispiele für die Anwendung der traditionellen Schlußfiguren in der Mathematik, auch für eine Häufung von solchen komplizierter Art, aber es wird nie der Beweis irgendeines wichtigen mathematischen Satzes in alle Einzelheiten zerlegt. Erläutern wir die Wichtigkeit der Beziehungen für die Mathematik an einem einfachen Beispiel. Wir betrachten den Satz der elementaren Geometrie: „Wenn B zwischen A und C liegt, so liegt B auch zwischen C und A". Der Satz ist so zu verstehen, daß A, B, C beliebige Punkte einer gewissen Geraden sind. Würde ich nun den Satz „B liegt zwischen A und C" durch Φ und „B liegt zwischen C und A" durch Ψ bezeichnen, so würde sich der Satz zwar formal durch „$\Phi \to \Psi$" wiedergeben lassen, aber damit wäre die Allgemeinheit, die in bezug auf A, B, C in diesem Satz liegt, nicht ausgedrückt. Die obige Formel könnte also höchstens zur Wiedergabe dienen, falls A, B, C nur ganz bestimmte Punkte der Geraden bedeuten.

Mit Hilfe des Klassenkalküls können wir zwar allgemeine Behauptungen formulieren, z. B. hier: „Wenn ein Punkt die Eigenschaft hat, zwischen A und C zu liegen, so hat er auch die Eigenschaft, zwischen C und A zu liegen". Würde α die Klasse der Dinge sein mit der Eigenschaft, zwischen A und C zu liegen, β die Klasse der Dinge mit der Eigenschaft, zwischen C und A zu liegen, so würde sich der Satz durch „$\alpha \subset \beta$" wiedergeben lassen. Aber hier bezieht sich die Allgemeinheit nur auf die Punkte B, nicht aber auf A und C, die nur als bestimmte Punkte angesehen werden könnten, so daß wir also nicht imstande sind, den Satz, der ganz allgemein die Symmetrie der Beziehung „zwischen" behauptet, in adäquater Weise zum symbolischen Ausdruck zu bringen. Erst recht ist dann keine Rede davon, daß wir die logischen Folgerungen dieses Satzes ableiten können.

Es ist aber nicht die Rücksicht auf die Mathematik allein, die uns zur Einführung einer Logik der Beziehungen nötigt, wie ja schon das erste Beispiel zeigt. Es ist gewiß eine selbstverständliche Behauptung „wenn es ein Kind gibt, so gibt es einen Vater", und von einem logischen Kalkül, der uns befriedigt, können wir verlangen, daß er diese Selbstverständlichkeit als Folge von einfachen logischen Prinzipien erklärt. Davon kann aber mit dem bisherigen keine Rede sein. Gewiß sind „Vater sein" und „Kind sein" Eigenschaften, aber die Verbindung zwischen diesen beiden Eigenschaften kommt nur dann zum Vorschein, wenn man berücksichtigt, daß beide auf eine grundlegende Beziehung zurückgehen. Die Beziehung zwischen x und y, die dargestellt wird durch den Satz: „x als Mann hat y zum Kind", ist nur ein anderer Ausdruck für „x ist der Vater von y". Andererseits kann der gleiche Satz auch so ausgesprochen werden: „y ist Kind des (Mannes) x". Der obige Satz kann also nur dann in Evidenz gesetzt werden, wenn „Vater sein" und „Kind sein" nicht zunächst als Eigenschaften, sondern als Beziehungen zwischen zwei Personen aufgefaßt werden, so daß also nicht „x ist Vater" und „x ist Kind" die Elementarsätze sind, sondern „x ist Vater von y" und „x ist Kind von y". Die Sätze „x ist Vater" und „x ist Kind" drücken sich dann mit Hilfe dieser Elementarsätze in der folgenden Weise aus: „Es gibt ein y, so daß x der Vater von y ist" und „Es gibt ein (Mann) y, so daß x Kind von y ist", von denen beide Sätze gewiß Eigenschaften von x angeben, die aber durch eine Beziehung zwischen zwei Personen definiert sind. Vermittels des zu entwickelnden Formalismus wäre dann zu zeigen, daß man bei den beiden letzten Sätzen von einem zum anderen nach den logischen Prinzipien übergehen kann.

§ 2. Methodische Grundgedanken des Prädikatenkalküls

Da sich unser bisheriger Kalkül als unzulänglich herausgestellt hat, sind wir genötigt, nach einer Erweiterung unserer logischen Symbolik zu suchen. Dazu kehren wir noch einmal zu dem Punkt unserer Betrachtungen zurück, an dem wir über den Aussagenkalkül hinausgingen. Wir sahen da, daß viele Aussagen darin bestehen, daß irgendeinem Gegenstand eine Eigenschaft zugeschrieben wird. Diese Zerlegung der Aussagen haben wir aber nicht vollständig ausgenutzt, indem wir zwar die Eigenschaften (in Form der zugehörigen Klassen) in den Kalkül einführten, nicht aber die Gegenstände. In dieser Hinsicht wollen wir nun den Kalkül vervollständigen, indem wir bei der Darstellung von Aussagen die *Gegenstände (Individuen)* von den über sie ausgesagten *Eigenschaften (Prädikaten)* trennen und beide ausdrücklich bezeichnen. Diese Methode knüpft direkt an den Aussagenkalkül an, während die Symbole des Klassenkalküls weiterhin nicht gebraucht werden, da die im Klassenkalkül ausdrückbaren logischen Beziehungen hier einen anderen symbolischen Ausdruck finden.

Zur stellvertretenden Bezeichnung bestimmter Eigenschaften (Prädikate) verwenden wir große griechische Buchstaben. Eine Verwechslung mit der Bezeichnung bestimmter Aussagen kann nicht vorkommen, da das Prädikatzeichen stets nur in Verbindung mit einem dahinterstehenden Zeichen für einen Gegenstand gebraucht wird, auf den das Prädikat zutreffen soll. Anstelle der großen griechischen Buchstaben verwenden wir im Einzelfalle auch aus mehreren lateinischen Buchstaben, mit einem großen lateinischen Buchstaben beginnende Buchstabengruppen zur Bezeichnung bestimmter Prädikate. Es bedeute

z. B. Π das Prädikat „ist eine Primzahl"; „$\Pi 5$" ist dann die Darstellung der Aussage „5 ist eine Primzahl". Ist St die Bezeichnung für das Prädikat „sterblich sein", so bedeutet „St (Cajus)" „Cajus ist sterblich". Die Klammern, die den Gegenstand einschließen, werden im allgemeinen fortgelassen, falls dadurch nicht die Eindeutigkeit der Aussage verlorengeht. Bedeutet „Pos" das Prädikat „positive Zahl sein", so ist „Pos 7" der Ausdruck für „7 ist eine positive Zahl".

Aus den einleitenden Bemerkungen ging hervor, daß es nicht nur darauf ankommt, das Zutreffen einer Eigenschaft für einen Gegenstand, sondern auch Beziehungen zwischen mehreren Gegenständen zum Ausdruck zu bringen. Nehmen wir den Satz: „2 ist kleiner als 3", so ist damit eine Beziehung zwischen den Gegenständen 2 und 3 ausgedrückt. Zur Bezeichnung spezieller Beziehungen verwenden wir die gleichen Zeichen wie für spezielle Eigenschaften. Bezeichnet also Δ die Beziehung des Kleinerseins, so ist „Δ 2, 3" der Ausdruck für „2 ist kleiner als 3", wobei die Reihenfolge von 2 und 3 in „Δ 2, 3" wesentlich ist. Das Komma zwischen 2 und 3 ist hier nur gesetzt worden, da sonst die Zahl 23 gelesen würde. In manchen Fällen schreiben wir auch ausführlicher „Δ (2,3)". Die in der Mathematik üblichen Zeichen für Beziehungen werden ebenfalls gebraucht, so daß wir für „Δ (2,3)" auch „< (2,3)" schreiben, was dasselbe bedeutet wie die gewöhnliche Schreibweise „2 < 3", die wir ebenfalls verwenden. Eine andere Beziehung zwischen zwei Gegenständen ist die Beziehung der Gleichheit. „= (4, 2 · 2)" bedeutet, daß 4 gleich 2 · 2 ist, wofür wir auch die gewöhnliche Schreibweise „4 = 2 · 2" verwenden. Es gibt auch Beziehungen zwischen mehr als zwei Gegenständen. Sind α, β, γ bestimmte Punkte einer Geraden, so enthält der Satz „α liegt zwischen β und γ" eine Beziehung zwischen den drei Gegenständen α, β, γ. Bezeichnen wir diese Beziehung mit „Zw", so können wir den Satz durch „Zw $\alpha \beta \gamma$" zum Ausdruck bringen, wobei wiederum darauf zu achten ist, daß die Reihenfolge von α, β, γ nicht gleichgültig ist. Sind α, β, γ natürliche Zahlen, so werden durch „$\alpha + \beta = \gamma$" und „$\alpha \cdot \beta = \gamma$" weitere Beziehungen zwischen drei Größen gegeben. Für diese Beziehungen können wir etwa die Zeichen „Ad" und „Mult" einführen, so daß die erste Aussage durch „Ad $\alpha \beta \gamma$" und die zweite durch „Mult $\alpha \beta \gamma$" dargestellt wird. Ebenso ließen sich leicht Beziehungen zwischen vier und mehr Gegenständen angeben.

Es hat sich nun in der symbolischen Logik eingebürgert, *nicht nur die Eigenschaften als Prädikate zu bezeichnen, sondern auch die Beziehungen*. Eine Eigenschaft wie etwa „Primzahl sein" oder „sterblich sein" bezeichnet man als ein Prädikat mit einer Leerstelle oder mit einem Argument, oder kürzer als einstelliges Prädikat, weil das Zeichen für *einen* Gegenstand hinter das Prädikatzeichen gesetzt werden muß, damit eine Aussage zustande kommt. Entsprechend nennen wir „<"

§ 2. Methodische Grundgedanken des Prädikatenkalküls 69

und „$=$" Prädikate mit zwei Leerstellen oder zweistellige Prädikate, während „Zw", „Ad" und „Mult" dreistellige Prädikate sind.

Auf die in dieser Weise dargestellten Aussagen lassen sich nun natürlich die Verknüpfungen des Aussagenkalküls anwenden, was keiner weiteren Erläuterung bedarf. So bedeutet „$\neg \Pi 5$" „5 ist keine Primzahl"; die Bedeutung von „$< (2,3) \wedge < (3,7) \rightarrow < (2,7)$" ist klar und „Zw $\alpha \beta \gamma \rightarrow$ Zw $\alpha \gamma \beta$" bedeutet „wenn α zwischen β und γ liegt, so liegt auch α zwischen γ und β".

Es sei übrigens bemerkt, daß die sprachliche Form eines Satzes durchaus irreführend sein kann. Betrachten wir die beiden Sätze „Hans und Erich sind intelligent" und „Hans und Erich sind verwandt", die beide die gleiche grammatische Form haben. Aber der erste Satz ist nur eine Abkürzung für „Hans ist intelligent, und Erich ist intelligent". Bezeichnen wir also das (einstellige) Prädikat „intelligent sein" mit „Int", so schreibt sich der erste Satz „Int (Hans) $\wedge$ Int (Erich)". Dagegen drückt der zweite Satz eine Beziehung zwischen zwei Personen aus. Bezeichnen wir das (zweistellige) Prädikat „verwandt sein" mit „Verw", so lautet der Satz „Verw (Hans, Erich)". Im übrigen steckt in jedem mehrstelligen Prädikat auch ein solches mit weniger Leerstellen und immer ein einstelliges. Die Aussage „$< (2,3)$" drückt zunächst eine Beziehung zwischen den beiden Gegenständen 2 und 3 aus. Sie drückt aber auch eine Eigenschaft von 2 aus, nämlich „kleiner als 3 sein", und auch eine Eigenschaft von 3, nämlich die Eigenschaft von 3, die auch jedem anderen Gegenstand zukommt, für den 2 kleiner als der Gegenstand ist, eine Eigenschaft, die wir gewöhnlich mit „größer als 2 sein" bezeichnen.

Mit dem bisherigen sind wir noch nicht wesentlich über den Aussagenkalkül hinausgekommen; es fehlt uns ein symbolischer Ausdruck für die *Allgemeinheit* von Aussagen. Um einen solchen zu bekommen, führen wir *Individuenvariable (Variable für Gegenstände)* ein, für die wir kleine lateinische Buchstaben $x, y, z, \ldots$ verwenden. Diese Variable können hinter den Prädikatzeichen an den Stellen stehen, wo sonst Zeichen für bestimmte Gegenstände sind; man kann damit die Leerstellen der Prädikatzeichen ausfüllen.

Nehmen wir nun irgendeinen so entstehenden symbolischen Ausdruck, wie etwa „$\neg (x < x)$", so stellt dieser keine Aussage dar, sondern nur eine Aussageform. Er wird erst dann zu einer Aussage, wenn wir für x bestimmte Gegenstände (in diesem Falle etwa bestimmte natürliche Zahlen oder bestimmte reelle Zahlen) einsetzen. Um nun ausdrücken zu können, daß für beliebige Zahlen x „$\neg (x < x)$" richtig ist, führen wir ein besonderes *Allzeichen* oder *universellen Quantor* ein. Dieses Allzeichen besteht aus einem umgekehrten A, hinter das wir die Variable setzen, auf die sich die Allgemeinheit bezieht. Die dahinterstehende

Aussageform, für die die Allgemeinheit behauptet wird, schließen wir in Klammern ein. Daß für beliebige Zahlen x „$\neg (x < x)$" richtig ist, schreibt sich dann in der Form „$\forall x (\neg (x < x))$". Natürlich bedeutet „$\forall y (\neg (y < y))$" genau dasselbe, da die Benennung der Variablen beim Allzeichen gleichgültig ist. Die durch das Allzeichen ausgedrückte Allgemeinheit bezieht sich jedesmal auf einen bestimmten Individuenbereich, hier etwa auf den Bereich der (natürlichen oder reellen) Zahlen.

Ein anderes Beispiel. Mit Hilfe des Klassenkalküls konnten wir durch „$\alpha \subset \beta$" die Tatsache ausdrücken, indem wir die den Eigenschaften entsprechenden Klassen verwandten, daß alles, was eine gewisse Eigenschaft Φ hat, auch die Eigenschaft Ψ hat. Hier schreiben wir das in der Form „$\forall x (\Phi x \to \Psi x)$".

Die Allzeichen kann man ferner in bestimmter Weise kombinieren. Betrachten wir die Aussageform „$(x < y) \wedge (y < z) \to (x < z)$". Diese hängt von den Variablen x, y, z ab, von denen wir sagen, daß sie als *freie Variable* vorkommen. Bilden wir nun „$\forall x ((x<y) \wedge (y<z) \to (x<z))$", so hängt die entstandene Aussageform nur noch von y und z ab. Das heißt sie geht in eine Aussage über, falls y und z durch bestimmte Zahlen ersetzt werden. Wir sagen, y und z kommen in der Aussageform als *freie Variable* vor, während wir von der Variablen x sagen, daß sie durch den Quantor $\forall x$ *gebunden* ist. Bilden wir nun weiter $\forall y (\forall x ((x < y) \wedge (y<z) \to (x<z)))$" und „$\forall z (\forall y (\forall x ((x<y) \wedge (y<z) \to (x<z))))$", so kommt in der ersten Aussageform nur noch die Variable z in freier Form vor, während die beiden anderen durch Quantoren gebunden sind. Das letzte stellt eine wirkliche Aussage dar, in der alle Variablen gebunden sind. Sie sagt aus, daß „$(x < y) \wedge (y < z) \to (x < z)$" für beliebige Werte der x, y, z eine richtige Aussage darstellt. Da sich in diesem Falle der Wirkungsbereich der Quantoren immer bis zur gleichen Stelle, nämlich bis zum Ende des symbolischen Ausdrucks erstreckt, lassen wir die Klammern hinter den beiden ersten Quantoren fort. Wir schreiben also einfacher: „$\forall z \forall y \forall x ((x < y) \wedge (y < z) \to (x < z))$". Hierfür gebrauchen wir auch die einfachere Schreibweise „$\forall z y x ((x < y) \wedge (y < z) \to (x < z))$". Aus der Bedeutung der Formel geht übrigens hervor, daß man in „$\forall z y x$" die Reihenfolge der Variablen beliebig ändern kann, ohne daß sich an der Bedeutung der Aussage etwas ändert.

Wir führen weiter einen zweiten Quantor, das *Existenzzeichen* oder den *existentiellen Quantor*, der durch ein umgekehrtes E dargestellt wird. Ist Φ ein einstelliges Prädikat, so bedeutet „$\exists x \Phi x$": „Es gibt ein x mit der Eigenschaft Φ". Zum Beispiel können wir den Satz „einige A sind B" der traditionellen Logik auch in der Form aussprechen: „Es gibt ein (d. h. mindestens ein) x, das die Eigenschaften A und B hat". Stellen hier Φ und Ψ die Eigenschaften A und B dar, so läßt sich der Satz durch „$\exists x (\Phi x \wedge \Psi x)$" wiedergeben. Natürlich könnte man den Satz auch (wir erinnern an die Wiedergabe durch $\neg (\alpha \subset \beta)$ im Klassenkalkül] auch in der Form „$\neg (\forall x (\Phi x \to \neg \Psi x))$" ausdrücken, was mit „$\exists x (\Phi x \land \Psi x)$" gleichbedeutend ist. Bezüglich der Kombination von mehreren Existenzzeichen oder der Kombination von All- und Existenzzeichen gilt das Entsprechende wie das, was wir oben über die Kombination von Allzeichen gesagt hatten, besonders auch für den Begriff der freien und gebundenen Individuenvariablen, da auch die Existenzzeichen die zugehörigen Variablen in der nachstehenden Aussageform binden. Statt der Zeichenkombination „$\exists x_1 \ldots \exists x_n$", falls sich der Wirkungsbereich aller Quantoren bis zur gleichen Stelle erstreckt, schreiben wir auch „$\exists x_1 \ldots x_n$". Auch hier ist die Reihenfolge der $x_1, \ldots, x_n$ ohne Bedeutung.

Bei einem zweistelligen Prädikat Φ sind die folgenden Kombinationen von All- und Existenzzeichen möglich, die alle verschiedene Bedeutung haben:

$\forall x \forall y \, \Phi x y$, auch geschrieben $\forall x y \, \Phi x y$

(„für beliebige x und y ist $\Phi x y$ richtig");

$\forall x \exists y \, \Phi x y$

(„für beliebige x gibt es ein y, so daß $\Phi x y$ richtig ist");

$\exists x \forall y \, \Phi x y$

(„es gibt ein x, so daß für beliebige y $\Phi x y$ richtig ist");

$\exists x \exists y \, \Phi x y$, auch geschrieben $\exists x y \, \Phi x y$

(„es gibt ein x und ein y, so daß $\Phi x y$ richtig ist").

Geben wir nun einige Beispiele, die uns mit der Formulierung von Sätzen in unserer Symbolik vertrauter machen sollen.

1. Beispiel. Für die natürlichen Zahlen hat man die folgenden grundlegenden Eigenschaften:

a) Zu jeder Zahl gibt es eine und nur eine nächstfolgende.

b) Es gibt keine Zahl, auf welche 1 unmittelbar folgt.

c) Zu jeder von 1 verschiedenen Zahl gibt es eine und nur eine unmittelbar vorangehende.

Der Individuenbereich, auf den sich hier die Quantoren beziehen, ist der der natürlichen Zahlen. Es kommen zwei zweistellige Prädikate in den Sätzen vor: $\Phi x y$ („y folgt unmittelbar auf x") und $x = y$ („x ist gleich y"). Wir sprechen nun zunächst die Sätze so aus, daß die Formulierung mit Hilfe der Quantoren und der angegebenen Prädikate erkennbar wird.

a) „Zu jedem x gibt es ein y, das auf x unmittelbar folgt und das einem jeden z, das auf x unmittelbar folgt, gleich ist." In der zweiten

Hälfte des Satzes spricht sich die Eindeutigkeit des unmittelbaren Nachfolgers aus.
$$\forall x \, \exists y \, (\Phi xy \wedge \forall z \, (\Phi xz \to y = z)).$$

b) $\neg (\exists x \, \Phi x 1)$.

c) „Zu jedem x, das von 1 verschieden ist, gibt es ein y, auf welches x unmittelbar folgt und das einem jeden z, auf das x unmittelbar folgt, gleich ist."
$$\forall x \, (\neg (x = 1) \to \exists y \, (\Phi yx \wedge \forall z \, (\Phi zx \to y = z))).$$

2. Beispiel. Als *zweites Beispiel* nehmen wir einige Sätze über reelle Zahlen.

a) Für jede reelle Zahl gibt es mindestens zwei Zahlen, die kleiner als diese sind.

b) Es gibt mindestens drei reelle Zahlen.

c) Für alle Zahlen x und y besagen die beiden Sätze „x ist kleiner als y" und „alle Zahlen, die kleiner oder gleich x sind, sind auch kleiner als y" genau dasselbe.

Der Individuenbereich, auf den sich hier die Quantoren beziehen, ist der der reellen Zahlen. Die Prädikate sind „$x < y$" und „$x = y$".

a) „Für jedes x gibt es ein y und ein z, so daß y kleiner als x und z kleiner als x und y von z verschieden ist."
$$\forall x \, \exists yz \, (y < x \wedge z < x \wedge \neg (y = z))$$

b) „Es gibt ein x und ein y und ein z, so daß x von y und x von z und y von z verschieden ist."
$$\exists xyz \, (\neg (x = y) \wedge \neg (x = z) \wedge \neg (y = z)).$$

c) $\forall xy \, (x < y \leftrightarrow \forall z \, (z < x \vee z = x \to z < y))$.

3. Beispiel. Als *drittes Beispiel* nehmen wir die logische Analyse des Satzes „Wenn es ein Kind gibt, so gibt es einen Vater", die wir schon in § 1 kurz angedeutet hatten. Wir erwähnten schon, daß hier die Beziehung zugrunde liegt „x als Mann hat y zum Kinde", die wir durch Γxy wiedergeben wollen. Das Prädikat „x ist Kind" heißt nun genauer „es gibt ein y, so daß Γyx richtig ist"; es wird durch „$\exists y \, \Gamma yx$" wiedergegeben. Das Prädikat „x ist Vater" wird durch „$\exists y \, \Gamma xy$" wiedergegeben. „Wenn es ein Kind gibt, so gibt es einen Vater" drückt sich demnach aus durch „$\exists xy \, \Gamma yx \to \exists xy \, \Gamma xy$". Da die Benennung der gebundenen Variablen gleichgültig ist, kann man durch Umbenennung der Variablen in dem hinter „$\to$" stehenden Teil der Formel auch schreiben „$\exists xy \, \Gamma yx \to \exists yx \, \Gamma yx$". Übrigens erkennt man hieraus sofort den rein logischen Charakter des Satzes. Das Hinterglied der Implikation entsteht nämlich aus dem Vorderglied dadurch, daß die beiden Existenzzeichen ihre Stellung vertauschen, was immer möglich ist, ohne daß sich der Wahrheitswert ändert.

4. Beispiel. Als *viertes Beispiel* formulieren wir die mathematischen Formeln, in denen die rekursive Definition der Addition steckt. In gewöhnlicher mathematischer Schreibweise heißen sie $a + 0 = a$; $a + (b + 1) = (a + b) + 1$. — Wir haben hier folgendes zu beachten. Die Gleichung „$a + b = c$" entspricht einer Beziehung zwischen drei Gegenständen a, b, c. Da nun „$+$" eine Funktion von zwei Variablen ist, ist diese Beziehung bei gegebenen a und b in c eindeutig. Ferner gibt es zu jedem a und b immer ein c, das gleich $a + b$ ist. Mit dem Funktionsbegriff ist das ohne weiteres gegeben, nicht aber mit dem Beziehungsbegriff, so daß wir entsprechende Aussagen ausdrücklich hinzufügen müssen. Der Individuenbereich wird hier durch die natürlichen Zahlen gegeben. Das in „$x + y = z$" steckende dreistellige Prädikat werde mit „$\mathrm{Ad}\,x y z$" bezeichnet. Außerdem brauchen wir die Beziehung „$x = y$". Statt der obigen beiden mathematischen Formeln haben wir nun gleichwertig die folgenden vier Aussagen:
  a) $\forall x y\, \exists z\, \mathrm{Ad}\, x y z$
  b) $\forall x y z u\, (\mathrm{Ad}\, x y z \wedge \mathrm{Ad}\, x y u \to z = u)$
Diese beiden Aussagen stellen fest, daß das Prädikat „Ad" eine Funktion darstellt.
  c) $\forall x\, \mathrm{Ad}\, x 0 x$
Das ist die mathematische Formel $a + 0 = a$.
  d) $\forall x y z u v\, (\mathrm{Ad}\, y 1 z \wedge \mathrm{Ad}\, x z u \wedge \mathrm{Ad}\, x y v \to \mathrm{Ad}\, v 1 u)$.
„Wenn z das Ergebnis der Addition von y und 1, u das Ergebnis der Addition von x und z und v das Ergebnis der Addition von x und y ist, so ist u auch das Ergebnis der Addition von v und 1." Das ist der symbolische Ausdruck für „$a + (b + 1) = (a + b) + 1$".

§ 3. Ausdrücke und ihre Allgemeingültigkeit

Wir definieren den Begriff „Ausdruck des Prädikatenkalküls". Zu diesem Zweck führen wir neben den *Aussagevariablen* $A, B, C, \ldots$ und den *Individuenvariablen* $x, y, z, x_1, x_2, \ldots$ noch *Prädikatenvariable* ein. Prädikatenvariable werden ebenfalls durch große lateinische Buchstaben bezeichnet. Für einen zusammenhängenden Text setzen wir zu Anfang fest, welche der großen lateinischen Buchstaben wir als Aussagenvariable, welche wir als einstellige Prädikatenvariable, als zweistellige Prädikatenvariable usw. gebrauchen wollen. Übrigens geht das auch so aus den Formeln hervor, da eine einstellige Prädikatenvariable immer in Verbindung mit einer dahinterstehenden Individuenvariablen, eine zweistellige Prädikatenvariable in Verbindung mit zwei dahinterstehenden Individuenvariablen vorkommt usw., während bei den Aussagenvariablen die dahinter stehenden Individuenvariablen fehlen. Natürlich darf im gleichen Text ein großer lateinischer Buchstabe nur für eine Art von Variablen gebraucht werden.

Die *Definition der Ausdrücke* geschieht nun so, daß sich die komplizierteren Ausdrücke aus den einfacheren nach den folgenden Regeln aufbauen, wobei gleichzeitig der Begriff der freien und der gebundenen Individuenvariable mit definiert wird. Bei der Definition der Ausdrücke vermeiden wir übrigens, daß in einem Ausdruck dieselbe Variable gleichzeitig in freier und in gebundener Form auftritt, da dadurch nur unnötige Komplikationen entstehen und die Ausdrucksfähigkeit des Kalküls nicht vergrößert wird.

Unsere Regeln lauten:

1. Aussagenvariable sind Ausdrücke.

2. n-stellige Prädikatenvariable, hinter denen n Individuenvariable stehen, sind Ausdrücke.

Die Ausdrücke nach 1. und 2. nennen wir *Primformeln*. Die in den Primformeln vorkommenden Individuenvariablen kommen dort in freier Form vor.

3. Ist „$\mathfrak{A}$" ein Ausdruck, so ist „$\neg(\mathfrak{A})$" ein Ausdruck. Die in „$\neg(\mathfrak{A})$" vorkommenden Individuenvariablen sind darin frei oder gebunden, wenn sie in gleicher Eigenschaft in „$\mathfrak{A}$" vorkommen.

4. Sind „$\mathfrak{A}$" und „$\mathfrak{B}$" Ausdrücke von der Art, daß nicht die gleiche Individuenvariable in einem der Ausdrücke in freier und in dem anderen in gebundener Form vorkommt, so sind auch „$(\mathfrak{A}) \wedge (\mathfrak{B})$", „$(\mathfrak{A}) \vee (\mathfrak{B})$", „$(\mathfrak{A}) \to (\mathfrak{B})$" und „$(\mathfrak{A}) \leftrightarrow (\mathfrak{B})$" Ausdrücke. Eine Variable kommt in diesen Ausdrücken in freier oder gebundener Form vor, wenn sie in einem der Ausdrücke $\mathfrak{A}$, $\mathfrak{B}$ in eben dieser Weise vorkommt.

5. Es sei „$\mathfrak{A}$" ein Ausdruck, in dem die Variable x in freier Form vorkommt. Dann sind auch „$\forall x (\mathfrak{A})$" und „$\exists x (\mathfrak{A})$" Ausdrücke. „$\mathfrak{A}$" heißt der *Wirkungsbereich* des betreffenden Quantors. Die Variable x heißt in „$\forall x (\mathfrak{A})$" oder „$\exists x (\mathfrak{A})$" gebunden. Die übrigen Variablen in „$\forall x (\mathfrak{A})$" oder „$\exists x (\mathfrak{A})$" heißen darin frei oder gebunden, wenn sie in gleicher Eigenschaft in „$\mathfrak{A}$" auftreten. — Die gleichen Bestimmungen gelten entsprechend, falls statt der Variablen x irgendeine andere Variable, z. B. y oder z, genommen wird.

Ein Ausdruck ist nun das, was sich durch endliche Anwendung der Regeln 1.—5. als solcher erweist. Um nicht unnötig Klammern schreiben zu müssen, lassen wir diese in einigen Fällen fort, falls dadurch kein Zweifel am Aufbau der Formel entsteht. Zum Beispiel werden die Klammern um Primformeln fortgelassen, ferner die um einen Ausdruck der Form „$\neg(\mathfrak{A})$", „$\forall x (\mathfrak{A})$" oder „$\exists x (\mathfrak{A})$". „$\forall x F x \to \exists x F x$" bedeutet also dasselbe wie „$(\forall x (F x)) \to (\exists x (F x))$". Ferner beobachten wir auch jetzt die schon vom Aussagenkalkül her bekannte Konvention, daß „$\neg$", „$\wedge$" und „$\vee$" stärker binden als „$\to$" und „$\leftrightarrow$". Weiter machen wir auch jetzt von der schon in § 2 erwähnten Übereinkunft

§ 3. Ausdrücke und ihre Allgemeingültigkeit 75

Gebrauch: Wenn mehrere All- oder Existenzzeichen unmittelbar aufeinander folgen, ohne durch Klammern getrennt zu sein, so ist das so aufzufassen, daß sich die Wirkungsbereiche dieser Quantoren bis zur gleichen Stelle erstrecken, nämlich bis dahin, wo der Wirkungsbereich des letzten Quantors sein Ende findet.

Ausdrücke sind also z. B. „$A \rightarrow (B \rightarrow \exists x\, G x)$", „$\neg \exists x\, (F x \wedge G x)$", „$\forall x\, \exists y\, (A \wedge (\neg B \vee H x y))$".

Man kann übrigens den Begriff des Ausdrucks auch enger nehmen, indem man diejenigen Ausdrücke ausschließt, die Aussagenvariable enthalten.

$\mathfrak{A}, \mathfrak{B}, \mathfrak{C}, \ldots$ werden wie früher für beliebige Ausdrücke gebraucht, $\mathfrak{A}(x), \mathfrak{B}(x), \ldots$ für Ausdrücke, die die freie Variable x enthalten, $\mathfrak{A}(x, y), \ldots$ für Ausdrücke, die die freien Variablen x und y enthalten, usw.

Ein Ausdruck heißt *in einem Individuenbereich gültig*, wenn folgendes der Fall ist: Ersetzt man in dem Ausdruck die Aussagevariablen durch bestimmte Aussagen, die n-stelligen Prädikatvariablen durch Zeichen für bestimmte n-stellige, in dem Individuenbereich definierte Prädikate, die freien Individuenvariablen durch Gegenstände aus dem Individuenbereich, aber immer so, daß die gleiche Variable an allen Stellen, an denen sie vorkommt, auch immer in gleicher Weise ersetzt wird, so soll bei jeder derartigen Ersetzung der Ausdruck in eine richtige Aussage übergehen.

Insbesondere nennen wir einen Ausdruck *n-gültig*, wenn er in einem Bereich mit n Individuen gültig ist. *Ist n eine bestimmte Zahl, so können wir die n-Gültigkeit eines beliebigen Ausdrucks leicht feststellen.*

Es genügt, wenn wir dies an einem Beispiel erläutern. Wir wollen untersuchen, ob der Ausdruck „$\forall x\, \exists y\, (\neg G x x \vee \neg F x \vee G x y)$" 3-gültig ist.

Die drei Individuen des Bereichs, deren Benennung gleichgültig ist, können wir mit α, β, γ bezeichnen. Sind nun Φ und Ψ beliebige Prädikate in dem Individuenbereich, die den Variablen G und F entsprechen, so bedeutet die 3-Gültigkeit, daß immer „$\forall x\, \exists y\, (\neg \Phi x x \vee \neg \Psi x \vee \Phi x y)$" eine richtige Aussage darstellt. Ist nun Δ ein beliebiges einstelliges Prädikat in dem Individuenbereich, so ist offenbar „$\forall x\, \Delta x$" gleichbedeutend mit „$\Delta \alpha \wedge \Delta \beta \wedge \Delta \gamma$" und „$\exists x\, \Delta x$" gleichbedeutend mit „$\Delta \alpha \vee \Delta \beta \vee \Delta \gamma$". Daher können wir für „$\forall x\, \exists y\, (\neg \Phi x x \vee \neg \Psi x \vee \Phi x y)$" zunächst schreiben

„$\exists y\, (\neg \Phi \alpha \alpha \vee \neg \Psi \alpha \vee \Phi \alpha y) \wedge$
$\wedge \exists y\, (\neg \Phi \beta \beta \vee \neg \Psi \beta \vee \Phi \beta y) \wedge \exists y\, (\neg \Phi \gamma \gamma \vee \neg \Psi \gamma \vee \Phi \gamma y)$".

Lösen wir nun auch die Existenzzeichen auf, so erhalten wir

,,$((\neg \Phi\alpha\alpha \vee \neg \Psi\alpha \vee \Phi\alpha\alpha) \vee (\neg \Phi\alpha\alpha \vee \neg \Psi\alpha \vee \Phi\alpha\beta) \vee$
$\vee (\neg \Phi\alpha\alpha \vee \neg \Psi\alpha \vee \Phi\alpha\gamma)) \wedge ((\neg \Phi\beta\beta \vee \neg \Psi\beta \vee \Phi\beta\alpha) \vee$
$\vee (\neg \Phi\beta\beta \vee \neg \Psi\beta \vee \Phi\beta\beta) \vee (\neg \Phi\beta\beta \vee \neg \Psi\beta \vee \Phi\beta\gamma)) \wedge$
$\wedge ((\neg \Phi\gamma\gamma \vee \neg \Psi\gamma \vee \Phi\gamma\alpha) \vee (\neg \Phi\gamma\gamma \vee \neg \Psi\gamma \vee \Phi\gamma\beta) \vee$
$\vee (\neg \Phi\gamma\gamma \vee \neg \Psi\gamma \vee \Phi\gamma\gamma))$''.

Nun soll das bei beliebig gewählten Φ und Ψ eine richtige Aussage darstellen, d. h. aber bei beliebig gewählten Wahrheitswerten für die Aussagen $\Phi\alpha\alpha$, $\Phi\alpha\beta$, $\Phi\beta\gamma$, $\Psi\alpha$, $\Psi\beta$, $\Psi\gamma$ usw. Das ist dann und nur dann der Fall, wenn der letzte symbolische Ausdruck durch Einsetzung aus einem allgemeingültigen Ausdruck des Aussagenkalküls entsteht, d. h. wenn er eine Tautologie ist. Da das hier offenbar der Fall ist, so ist der Ausdruck 3-gültig.

Ein Ausdruck heißt *allgemeingültig*, wenn er in allen nicht leeren Individuenbereichen gültig ist.

Ein Ausdruck heißt *in einem Individuenbereich erfüllbar*, wenn es eine Ersetzung der Aussagevariablen durch bestimmte Aussagen, der n-stelligen Prädikatvariablen durch bestimmte n-stellige Prädikate in dem Individuenbereich und eine Ersetzung der freien Variablen durch bestimmte Gegenstände aus dem Individuenbereich gibt, so daß der Ausdruck in eine richtige Aussage übergeht.

Ein Ausdruck ist offenbar in einem Individuenbereich dann und nur dann erfüllbar, wenn der negierte Ausdruck in dem Bereich nicht gültig ist.

Ein Ausdruck heißt *erfüllbar schlechthin*, wenn es überhaupt einen nicht leeren Individuenbereich gibt, in dem er erfüllbar ist. *Ein Ausdruck ist dann und nur dann erfüllbar, wenn der negierte Ausdruck nicht allgemeingültig ist.*

Zwei Ausdrücke $\mathfrak{A}$ und $\mathfrak{B}$ heißen *äquivalent*, wenn ,,$\mathfrak{A} \leftrightarrow \mathfrak{B}$'' allgemeingültig ist. Ist $\mathfrak{A}$ äquivalent $\mathfrak{B}$, so erhält man aus einem beliebigen Ausdruck $\mathfrak{C}$, der $\mathfrak{A}$ als Teilausdruck enthält, wieder einen äquivalenten Ausdruck, wenn man darin den Teilausdruck $\mathfrak{A}$ durch $\mathfrak{B}$ ersetzt.

Wir hatten schon erwähnt, daß aufeinanderfolgende Allzeichen oder Existenzzeichen, die sich alle bis zur gleichen Stelle erstrecken, miteinander vertauschbar sind. Es gilt also ,,$\forall xy\, Fxy$'' äq ,,$\forall yx\, Fxy$'' und ,,$\exists xy\, Fxy$'' äq ,,$\exists yx\, Fxy$''. Bemerkenswert ist die Äquivalenz ,,$\exists x\, Fx$'' äq ,,$\neg \forall x \neg Fx$''. Ist nämlich Φ ein beliebiges einstelliges Prädikat, so ist ,,es gibt ein x mit der Eigenschaft Φx'' und ,,nicht für alle x ist nicht Φx der Fall'' in allen Bereichen gleichbedeutend. Desgleichen ist ,,$\forall x\, Fx$'' äq ,,$\neg \exists x \neg Fx$''. *Auf Grund dieser Äquivalenzen läßt sich entweder das Allzeichen oder das Existenzzeichen entbehren, da man das Allzeichen mit Hilfe des Existenzzeichens ausdrücken kann, und umgekehrt.* Für das Existenzzeichen erwähnen wir noch die Äquivalenz zwischen „$\exists x F x \lor F y$" und „$\exists x F x$". In der Tat, ist Φ ein einstelliges Prädikat und α ein bestimmter Gegenstand des betreffenden Bereichs, so folgt aus „$\exists x \Phi x \lor \Phi \alpha$", daß „$\exists x \Phi x$" richtig ist, da „$\exists x \Phi x$" sowohl aus „$\exists x \Phi x$" wie aus „$\Phi \alpha$" folgt. Daß aus „$\exists x \Phi x$" folgt „$\exists x \Phi x \lor \Phi \alpha$" ist schon nach dem Aussagenkalkül richtig.

§ 4. Ein Axiomensystem für die allgemeingültigen Ausdrücke

Wie wir noch genauer erläutern werden, gibt es im Prädikatenkalkül kein Kriterium, das uns bei einem beliebigen Ausdruck die Entscheidung darüber ermöglicht, ob er allgemeingültig ist oder nicht. Nach dem bisherigen können wir in der Hauptsache nur Feststellungen negativer Art in gewissen Fällen treffen, etwa von der Art, daß ein bestimmter Ausdruck nicht allgemeingültig ist, weil man zeigen kann, daß er nicht 5-gültig ist. Um so wesentlicher ist es daher, daß man adäquate Axiomensysteme für die allgemeingültigen Ausdrücke gefunden hat.

Wir geben im folgenden ein Axiomensystem an, das nur die Verknüpfungen „$\neg$", „$\lor$" und „$\exists x$" enthält, da man ja alle anderen Verknüpfungen durch diese drei ausdrücken kann. Dieses System ist eine Erweiterung des in Kapitel I, § 9 aufgestellten Axiomensystems für die allgemeingültigen Ausdrücke des Aussagenkalküls. Es kann gleicherweise dazu dienen, die allgemeingültigen Ausdrücke abzuleiten, in denen auch Aussagenvariable vorkommen, wie auch nur die allgemeingültigen Ausdrücke ohne Aussagenvariable. Im letzten Falle braucht man nur den Bereich der zugelassenen Grundformeln entsprechend einzuschränken.

Wir werden im folgenden die schon bei dem entsprechenden Axiomensystem des ersten Kapitels benutzte Schreibweise verwenden, bei der wir mehrgliedrige Disjunktionen ohne Klammern schreiben.

Als *Grundformeln* nehmen wir alle Ausdrücke, die aus einer Disjunktion „$\mathfrak{A}_1 \lor \cdots \lor \mathfrak{A}_n$" bestehen, bei der die folgenden Bedingungen erfüllt sind. Jedes $\mathfrak{A}_i$ ist eine Primformel oder eine negierte Primformel oder hat die Form „$\exists x \mathfrak{B}$" („$\exists y \mathfrak{B}$", „$\exists z \mathfrak{B}$", usw.). Ferner kommt ein $\mathfrak{A}_i$ und ein $\mathfrak{A}_j$ vor, so daß $\mathfrak{A}_i$ eine Primformel ist und $\mathfrak{A}_j$ die Gestalt „$\neg \mathfrak{A}_i$" hat. Weiter haben wir die folgenden *Ableitungsregeln*:

$$\frac{\mathfrak{M} \lor \mathfrak{A} \lor \mathfrak{N}}{\mathfrak{M} \lor \neg\neg \mathfrak{A} \lor \mathfrak{N}} \cdot \qquad (a)$$

Hier dürfen $\mathfrak{M}$ und $\mathfrak{N}$ alle beide oder eines von ihnen auch fehlen. Falls $\mathfrak{N}$ vorkommt, soll es kein Disjunktionsglied der Form „$\neg\neg \mathfrak{B}$" oder „$\neg(\mathfrak{B} \lor \mathfrak{C})$" oder „$\neg \exists x \mathfrak{B}$" („$\neg \exists y \mathfrak{B}$", usw.) enthalten und auch nicht selbst eine dieser Formen haben.

$$\frac{\mathfrak{M} \lor \neg \mathfrak{A} \lor \mathfrak{N} \quad \mathfrak{M} \lor \neg \mathfrak{B} \lor \mathfrak{N}}{\mathfrak{M} \lor \neg(\mathfrak{A} \lor \mathfrak{B}) \lor \mathfrak{N}} \cdot \qquad (b)$$

Bezüglich $\mathfrak{M}$ und $\mathfrak{N}$ gelten hier die gleichen Bedingungen wie bei (a). $\mathfrak{B}$ soll keine Disjunktion sein.

$$\frac{\mathfrak{M} \vee \neg \mathfrak{A}(y) \vee \mathfrak{N}}{\mathfrak{M} \vee \neg \exists x\, \mathfrak{A}(x) \vee \mathfrak{N}} \cdot \qquad (c)$$

Hier ist $\mathfrak{A}(y)$ ein Ausdruck, der die freie Variable y enthält. $\mathfrak{M}$ und $\mathfrak{N}$, falls sie vorkommen, dürfen nicht die Variable y enthalten und nicht die freie Variable x. Statt y und x können in Oberformel und Unterformel auch irgendwelche andere Variable (auch dieselbe in Oberformel und Unterformel) unter den gleichen Bedingungen auftreten. Im übrigen gelten für $\mathfrak{M}$ und $\mathfrak{N}$ die gleichen Bedingungen wie bei (a).

$$\frac{\mathfrak{M} \vee \exists x\, \mathfrak{A}(x) \vee \mathfrak{A}(y) \vee \mathfrak{N}}{\mathfrak{M} \vee \exists x\, \mathfrak{A}(x) \vee \mathfrak{N}} \qquad (d)$$

$\mathfrak{A}(x)$ ist irgendein Ausdruck, der die freie Variable x enthält; $\mathfrak{A}(y)$ entsteht, ebenso wie bei (c), aus $\mathfrak{A}(x)$, indem man x an allen Stellen durch y ersetzt. Bezüglich $\mathfrak{M}$ und $\mathfrak{N}$ gelten zunächst die gleichen Bedingungen wie bei (a); außerdem werden auch für $\mathfrak{M}$ nur die gleichen Gestalten zugelassen wie für $\mathfrak{N}$. Kommt die Variable y in der Unterformel nicht vor, so soll diese überhaupt keine freie Variable enthalten. Die Regel soll ebenso gelten, falls statt x und y zwei andere Variable im gleichen Sinne gebraucht werden. Ferner soll $\mathfrak{A}(y)$ in der Oberformel nicht noch einmal als Disjunktionsglied vorkommen.

Wir überzeugen uns zunächst, daß das Axiomensystem wirklich nur allgemeingültige Ausdrücke liefert. Die Grundformeln entstehen durch Einsetzung aus einer allgemeingültigen Formel des Aussagenkalküls, sind also ebenfalls allgemeingültig. Von der Richtigkeit der Regeln (a) und (b) hatten wir uns schon in § 9 von Kapitel I überzeugt. Bei (c) ist die Allgemeingültigkeit der Oberformel, wenn wir für einen Augenblick das Allzeichen benutzen, gleichbedeutend mit der Allgemeingültigkeit von „$\forall y\,(\mathfrak{M} \vee \neg \mathfrak{A}(y) \vee \mathfrak{N})$". Da nun $\mathfrak{M}$ und $\mathfrak{N}$ nicht die Variable y enthalten, ist das äquivalent mit „$\mathfrak{M} \vee \forall y\, \neg \mathfrak{A}(y) \vee \mathfrak{N}$". Nun ist „$\forall y\, \neg Fy$" äq „$\neg \exists y\, Fy$", also „$\mathfrak{M} \vee \forall y\, \neg \mathfrak{A}(y) \vee \mathfrak{N}$" äq „$\mathfrak{M} \vee \neg \exists y\, \mathfrak{A}(y) \vee \mathfrak{N}$", was, da die Benennung der gebundenen Variablen gleichgültig ist, dasselbe bedeutet wie „$\mathfrak{M} \vee \neg \exists x\, \mathfrak{A}(x) \vee \mathfrak{N}$". Für (d) benutzen wir die am Schluß von § 3 erwähnte Beziehung: „$\exists x\, Fx \vee Fy$" äq „$\exists x\, Fx$".

Übrigens geht daraus hervor, was für später wichtig ist, daß nicht nur die Allgemeingültigkeit der Oberformel(n) die Allgemeingültigkeit der Unterformel einschließt, sondern auch umgekehrt die Allgemeingültigkeit der Unterformel die Allgemeingültigkeit der Oberformel, bzw. bei (b) die Allgemeingültigkeit der beiden Oberformeln nach sich zieht.

§ 4. Ein Axiomensystem für die allgemeingültigen Ausdrücke

Wir wissen damit, daß *alle in dem Axiomensystem herleitbaren Ausdrücke auch allgemeingültig sind*. Die Herleitung der Ausdrücke in dem Axiomensystem geschieht aber entsprechend dem axiomatischen Standpunkt rein formal, ohne daß irgendein inhaltlicher Begriff der Allgemeingültigkeit verwendet wird und ohne daß überhaupt auf die Bedeutung der Formeln eingegangen wird.

Wir geben nun eine Reihe von Herleitungen.

$$\forall x \, (Fx \lor \neg Fx) \tag{1}$$

Da wir die Zeichen „$\land$", „$\to$", „$\leftrightarrow$" und „$\forall x$" nicht als Grundzeichen haben, sind diese als Abkürzungen für andere Zeichenkombinationen aufzufassen; nämlich „$\mathfrak{A} \land \mathfrak{B}$", „$\mathfrak{A} \to \mathfrak{B}$", „$\mathfrak{A} \leftrightarrow \mathfrak{B}$", „$\forall x \, \mathfrak{A}(x)$" sollen der Reihe nach „$\neg(\neg \mathfrak{A} \lor \neg \mathfrak{B})$", „$\neg \mathfrak{A} \lor \mathfrak{B}$", „$\neg(\mathfrak{A} \lor \mathfrak{B}) \lor \neg(\neg \mathfrak{A} \lor \neg \mathfrak{B})$", „$\neg \exists x \, \neg \mathfrak{A}(x)$" bedeuten. Man schreibt eine Formel, in der mehrere dieser Zeichen vorkommen, in der Weise um, daß man zunächst die innersten derartigen Zeichen entfernt, dann die nächstinnersten usw. Die obige Formel bedeutet also „$\neg \exists x \, \neg (Fx \lor \neg Fx)$".

Beweis. $Fx \lor \neg Fx$ (Grundformel); $\neg \neg (Fx \lor \neg Fx)$ [nach (a)]; $\neg \exists x \, \neg (Fx \lor \neg Fx)$ [nach (c)].

$$\forall x \, Fx \to \exists x \, Fx \tag{2}$$

Umschreibung. $\neg \neg (\exists x \, \neg Fx) \lor \exists x \, Fx$.
Beweis. $\exists x \, \neg Fx \lor \neg Fy \lor \exists x \, Fx \lor Fy$ (Grundformel); $\exists x \, \neg Fx \lor \exists x \, Fx \lor Fy$ [nach (d)]; $\exists x \, \neg Fx \lor \exists x \, Fx$ [nach (d)]; $\neg \neg (\exists x \, \neg Fx) \lor \exists x \, Fx$ [nach (a)].

$$\forall x \, (A \lor Fx) \to A \lor \forall x \, Fx \tag{3}$$

Umschreibung. $\neg \neg \exists x \, \neg (A \lor Fx) \lor A \lor \neg \exists x \, \neg Fx$.
Beweis. $\exists x \, \neg (A \lor Fx) \lor \neg A \lor A \lor Fy$ (Grundformel);
$\exists x \, \neg (A \lor Fx) \lor \neg Fy \lor A \lor Fy$ (Grundformel);
$\exists x \, \neg (A \lor Fx) \lor \neg (A \lor Fy) \lor A \lor Fy$ [nach (b)];
$\exists x \, \neg (A \lor Fx) \lor A \lor Fy$ [nach (d)];
$\neg \neg \exists x \, \neg (A \lor Fx) \lor A \lor Fy$ [nach (a)];
$\neg \neg \exists x \, \neg (A \lor Fx) \lor A \lor \neg \neg Fy$ [nach (a)];
$\neg \neg \exists x \, \neg (A \lor Fx) \lor A \lor \neg \exists x \, \neg Fx$ [nach (c)].

$$\forall x \, (A \to Fx) \to (A \to \forall x \, Fx) \tag{4}$$

Umschreibung. $\neg \neg \exists x \, \neg (\neg A \lor Fx) \lor \neg A \lor \neg \exists x \, \neg Fx$.
Beweis. $\exists x \, \neg (\neg A \lor Fx) \lor A \lor \neg A \lor Fy$ (Grundformel);
$\exists x \, \neg (\neg A \lor Fx) \lor \neg \neg A \lor \neg A \lor Fy$ [nach (a)];
$\exists x \, \neg (\neg A \lor Fx) \lor \neg Fy \lor \neg A \lor Fy$ (Grundformel);

Der Beweis geht nun weiter genau parallel dem von (3), indem die beiden letzten Formeln an die Stelle der beim Beweise von (3) benutzten Grundformeln treten und im übrigen der Beweisgang genau derselbe ist, indem überall $\neg A$ anstelle von A steht.

$$A \to \forall x (A \lor Fx) \tag{5}$$

Umschreibung. $\neg A \lor \neg \exists x \neg (A \lor Fx)$.
Beweis. $\neg A \lor A \lor Fx$ (Grundformel);
$\neg A \lor \neg \neg (A \lor Fx)$ [nach (a)]; $\neg A \lor \neg \exists x \neg (A \lor Fx)$ [nach (c)].

$$\forall x (A \lor Fx) \leftrightarrow A \lor \forall x Fx . \tag{6}$$

Umschreibung. $\neg (\neg \exists x \neg (A \lor Fx) \lor A \lor \neg \exists x \neg Fx) \lor$
$\lor \neg (\neg \neg \exists x \neg (A \lor Fx) \lor \neg (A \lor \neg \exists x \neg Fx))$.
Beweis. $\exists x \neg (A \lor Fx) \lor \neg Fy \lor A \lor Fy$ (Grundformel);
$\exists x \neg (A \lor Fx) \lor \neg A \lor A \lor Fy$ (Grundformel);
$\exists x \neg (A \lor Fx) \lor \neg (A \lor Fy) \lor A \lor Fy$ [nach (b)];
$\exists x \neg (A \lor Fx) \lor A \lor Fy$ [nach (d)];
$\neg \neg \exists x \neg (A \lor Fx) \lor A \lor Fy$ [nach (a)];
$\neg A \lor A \lor Fy$ (Grundformel);
$\neg (\neg \exists x \neg (A \lor Fx) \lor A) \lor A \lor Fy$ [nach (b)]*;
$\exists x \neg Fx \lor \neg Fy \lor A \lor Fy$ (Grundformel);
$\exists x \neg Fx \lor A \lor Fy$ [nach (d)]; $\neg \neg \exists x \neg Fx \lor A \lor Fy$ [nach (a)];
$\neg (\neg \exists x \neg (A \lor Fx) \lor A \lor \neg \exists x \neg Fx) \lor A \lor Fy$ [aus der letzten und der mit * bezeichneten Formel nach (b)]. Bei den weiteren Formeln bezeichnen wir den Ausdruck „$\neg (\neg \exists x \neg (A \lor Fx) \lor A \lor \neg \exists x \neg Fx)$" zur Abkürzung mit $\mathfrak{A}$. Die letzte Formel heißt also $\mathfrak{A} \lor A \lor Fy$.
$\mathfrak{A} \lor \neg \neg (A \lor Fy)$ [nach (a)]; $\mathfrak{A} \lor \neg \exists x \neg (A \lor Fx)$ [nach (c)];
$\mathfrak{A} \lor \neg \neg \neg \exists x \neg (A \lor Fx)$ [nach (a)]**; Aus $\mathfrak{A} \lor A \lor Fy$ erhält man ferner $\mathfrak{A} \lor A \lor \neg \neg Fy$ [nach (a)]; $\mathfrak{A} \lor A \lor \neg \exists x \neg Fx$ [nach (c)];
$\mathfrak{A} \lor \neg \neg (A \lor \neg \exists x \neg Fx)$ [nach (a)]; Aus der letzten Formel und ** erhält man nach (b) $\mathfrak{A} \lor \neg (\neg \neg \exists x \neg (A \lor Fx) \lor \neg (A \lor \neg \exists x \neg Fx))$.
Das ist die Behauptung.

$$\forall x Fx \to Fy . \tag{7}$$

Umschreibung. $\neg \neg \exists x \neg Fx \lor Fy$.
Beweis. $\exists x \neg Fx \lor \neg Fy \lor Fy$ (Grundformel);
$\exists x \neg Fx \lor Fy$ [nach (d)]; $\neg \neg \exists x \neg Fx \lor Fy$ [nach (a)].

$$Fy \to \exists x Fx . \tag{8}$$

Umschreibung. $\neg Fy \lor \exists x Fx$.
Beweis. $\neg Fy \lor \exists x Fx \lor Fy$ (Grundformel);
$\neg Fy \lor \exists x Fx$ [nach (d)].

$$\forall x (Fx \to A) \to (\exists x Fx \to A) . \tag{9}$$

§ 4. Ein Axiomensystem für die allgemeingültigen Ausdrücke

Umschreibung. $\neg \neg \exists x \neg (\neg Fx \lor A) \lor \neg \exists x Fx \lor A$.
Beweis. $\exists x \neg (\neg Fx \lor A) \lor Fy \lor \neg Fy \lor A$ (Grundformel);
$\exists x \neg (\neg Fx \lor A) \lor \neg \neg Fy \lor \neg Fy \lor A$ [nach (a)];
$\exists x \neg (\neg Fx \lor A) \lor \neg A \lor \neg Fy \lor A$ (Grundformel);
$\exists x \neg (\neg Fx \lor A) \lor \neg (\neg Fy \lor A) \lor \neg Fy \lor A$ [nach (b)];
$\exists x \neg (\neg Fx \lor A) \lor \neg Fy \lor A$ [nach (d)];
$\neg \neg \exists x \neg (\neg Fx \lor A) \lor \neg Fy \lor A$ [nach (a)];
$\neg \neg \exists x \neg (\neg Fx \lor A) \lor \neg \exists x Fx \lor A$ [nach (c)].

$$\forall x (A \land Fx) \leftrightarrow A \land \forall x Fx \tag{10}$$

Umschreibung.
$\neg (\neg \exists x \neg \neg (\neg A \lor \neg Fx) \lor \neg (\neg A \lor \neg \neg \exists x \neg Fx)) \lor$
$\lor \neg (\neg \neg \exists x \neg \neg (\neg A \lor \neg Fx) \lor \neg \neg (\neg A \lor \neg \neg \exists x \neg Fx))$.
Beweis. $\neg A \lor \exists x \neg Fx \lor A$ (Grundformel);
$\neg A \lor \neg \neg \exists x \neg Fx \lor A$ [nach (a)];
$\neg \neg (\neg A \lor \neg \neg \exists x \neg Fx) \lor A$ [nach (a)];
$\exists x \neg \neg (\neg A \lor \neg Fx) \lor \neg A \lor \neg Fy \lor A$ (Grundformel);
$\exists x \neg \neg (\neg A \lor \neg Fx) \lor \neg \neg (\neg A \lor \neg Fy) \lor A$ [nach (a)];
$\exists x \neg \neg (\neg A \lor \neg Fx) \lor A$ [nach (d)];
$\neg \neg \exists x \neg \neg (\neg A \lor \neg Fx) \lor A$ [nach (a)];
$\neg (\neg \exists x \neg \neg (\neg A \lor \neg Fx) \lor \neg (\neg A \lor \neg \neg \exists x \neg Fx)) \lor A$
[aus der letzten Formel und der 3. Formel des Beweises nach (b)];
$\neg A \lor \exists x \neg Fx \lor \neg Fy \lor Fy$ (Grundformel);
$\neg A \lor \exists x \neg Fx \lor Fy$ [nach (d)]; $\neg A \lor \neg \neg \exists x \neg Fx \lor Fy$ [nach (a)];
$\neg \neg (\neg A \lor \neg \neg \exists x \neg Fx) \lor Fy$ [nach (a)];
$\exists x \neg \neg (\neg A \lor \neg Fx) \lor \neg A \lor \neg Fy \lor Fy$ (Grundformel);
$\exists x \neg \neg (\neg A \lor \neg Fx) \lor \neg \neg (\neg A \lor \neg Fy) \lor Fy$ [nach (a)];
$\exists x \neg \neg (\neg A \lor \neg Fx) \lor Fy$ [nach (d)];
$\neg \neg \exists x \neg \neg (\neg A \lor \neg Fx) \lor Fy$ [nach (a)];
$\neg (\neg \exists x \neg \neg (\neg A \lor \neg Fx) \lor \neg (\neg A \lor \neg \neg \exists x \neg Fx)) \lor Fy$
[aus der letzten Formel und der 12. Formel des Beweises nach (b)].
Im folgenden bezeichnen wir den Ausdruck

„$\neg (\neg \exists x \neg \neg (\neg A \lor \neg Fx) \lor \neg (\neg A \lor \neg \neg \exists x \neg Fx))$"

zur Abkürzung mit $\mathfrak{A}$. Wir haben nun bewiesen „$\mathfrak{A} \lor A$" und „$\mathfrak{A} \lor Fy$".
Weiter erhalten wir $\mathfrak{A} \lor \neg \neg A$ [nach (a)]; $\mathfrak{A} \lor \neg \neg Fy$ [nach (a)];
$\mathfrak{A} \lor \neg \exists x \neg Fx$ [nach (c)]; $\mathfrak{A} \lor \neg \neg \neg \exists x \neg Fx$ [nach (a)];
$\mathfrak{A} \lor \neg (\neg A \lor \neg \neg \exists x \neg Fx)$ [aus der letzten Formel und
„$\mathfrak{A} \lor \neg \neg A$" nach (b)]; $\mathfrak{A} \lor \neg \neg \neg (\neg A \lor \neg \neg \exists x \neg Fx)$ [nach (a)];
$\mathfrak{A} \lor \neg (\neg A \lor \neg Fy)$ [aus „$\mathfrak{A} \lor \neg \neg A$" und „$\mathfrak{A} \lor \neg \neg Fy$" nach (b)];
$\mathfrak{A} \lor \neg \neg \neg (\neg A \lor \neg Fy)$ [nach (a)];
$\mathfrak{A} \lor \neg \exists x \neg \neg (\neg A \lor \neg Fx)$ [nach (c)];

$\mathfrak{A} \vee \neg\neg\neg \exists x \neg\neg (\neg A \vee \neg F x)$ [nach (a)];
$\mathfrak{A} \vee \neg (\neg\neg\neg \exists x \neg\neg (\neg A \vee \neg F x) \vee \neg\neg\neg (\neg A \vee \neg\neg \exists x \neg F x))$
[aus der letzten Formel und „$\mathfrak{A} \vee \neg\neg\neg\neg (\neg A \vee \neg\neg \exists x \neg F x)$"
nach (b)]. Das ist aber die Behauptung.

Nachdem wir uns im Ableiten von Formeln geübt haben, wollen wir ein Verfahren angeben, mit Hilfe dessen der Beweis weiterer Formeln, die wir nennen, selbst gefunden werden kann. Unser Axiomensystem hat nämlich auch etwas von den Qualitäten des Axiomensystems von Kapitel I, § 9, bei dem man für jeden Ausdruck entscheiden konnte, ob er ableitbar ist oder nicht, und gegebenenfalls die Herleitung finden konnte. *Bei dem vorliegenden Axiomensystem kann man zwar nicht immer entscheiden, ob ein Ausdruck herleitbar ist oder nicht, aber der Beweis eines überhaupt herleitbaren Ausdrucks läßt sich durch ein gewisses Verfahren (von allerdings von vorneherein nicht bestimmter Länge) finden.*

Für irgendeinen Ausdruck kommen nämlich, falls er ein Disjunktionsglied der Form „$\neg\neg \mathfrak{A}$", „$\neg (\mathfrak{B} \vee \mathfrak{C})$" oder „$\neg \exists x \mathfrak{A}(x)$" enthält, oder falls er selbst diese Form hat, nur Oberformeln nach (a), (b), (c) in Frage, und zwar haben wir diese Regeln so formuliert, daß jeweils nur eine derartige Oberformel in Frage kommt; diese ist genau bestimmt, abgesehen von der unwesentlichen Benennung der freien Variablen bei einer Oberformel von (c). Liegt dieser Fall nicht vor, so kann der Ausdruck nur Unterformel von (d) sein. Für die Oberformeln gibt es dann, abgesehen von der Benennung von freien Variablen in einigen Fällen, nur endlich viele Möglichkeiten. Durch Fortsetzung des Verfahrens, indem man wieder die Oberformeln der möglichen Oberformeln aufsucht usw., muß man bei einem Ausdruck, der überhaupt herleitbar ist, nach endlich vielen Schritten (deren Anzahl wir allerdings im allgemeinen nicht angeben können) zu Grundformeln als letzten Oberformeln gelangen, und erhalten dann den Beweis, indem wir die Reihenfolge der Formeln umkehren.

Es sei dies an einem Beispiel erläutert.

$$\exists x \exists y F x y \leftrightarrow \exists y \exists x F x y \qquad (11)$$

Umschreibung. $\neg (\exists x \exists y F x y \vee \exists y \exists x F x y) \vee$
$\vee \neg (\neg \exists x \exists y F x y \vee \neg \exists y \exists x F x y)$.

Die Formel kann nur nach (b) aus den beiden Oberformeln „$\neg (\exists x \exists y F x y \vee \exists y \exists x F x y) \vee \neg\neg \exists x \exists y F x y$" und „$\neg (\exists x \exists y F x y \vee \exists y \exists x F x y) \vee \neg\neg \exists y \exists x F x y$" zustande kommen. Die erste Formel hat die Oberformel „$\neg (\exists x \exists y F x y \vee \exists y \exists x F x y) \vee \exists x \exists y F x y$", diese die beiden Oberformeln „$\neg \exists x \exists y F x y \vee \exists x \exists y F x y$" und „$\neg \exists y \exists x F x y \vee \exists x \exists y F x y$". Von den beiden letzten Formeln hat die erste die Oberformel und Oberformel der Oberformel „$\neg \exists y F z y \vee \exists x \exists y F x y$" und (α) „$\neg F z u \vee \exists x \exists y F x y$", wobei

§ 4. Ein Axiomensystem für die allgemeingültigen Ausdrücke

statt z und u auch andere von x und y verschiedene Variable stehen können. Die zweite hat als Kette von Oberformeln „$\neg \exists x F xz \lor \exists x \exists y F x y$" und ($\beta$) „$\neg F u z \lor \exists x \exists y F x y$". In entsprechender Weise steigt man von „$\neg (\exists x \exists y F x y \lor \exists y \exists x F x y) \lor \neg \neg \exists y \exists x F x y$" in eindeutiger Weise zu den Formeln (γ) „$\neg F z u \lor \exists y \exists x F x y$" und ($\delta$) „$\neg F u z \lor \exists y \exists x F x y$" auf. Die Herleitbarkeit unserer Formel ist also darauf zurückgeführt, daß die Formeln (α), (β), (γ), (δ) herleitbar sind. (α) kann nur nach (d), und zwar entweder aus der Oberformel „$\neg F z u \lor \exists x \exists y F x y \lor \exists y F z y$" oder aus der Oberformel „$\neg F z u \lor \exists x \exists y F x y \lor \exists y F u y$" zustande kommen. Von diesen beiden Formeln hat die erste als mögliche Oberformeln

„$\neg F z u \lor \exists x \exists y F x y \lor \exists y F u y \lor \exists y F z y$",
„$\neg F z u \lor \exists x \exists y F x y \lor \exists y F z y \lor F z z$" und
„$\neg F z u \lor \exists x \exists y F x y \lor \exists y F z y \lor F z u$".

Da die letzte Formel Grundformel ist, haben wir damit den Beweis für (α) gefunden. In ganz analoger Weise finden wir den Beweis für (β), (γ) und (δ). Damit ist der Beweis für (11) gefunden.

Der Leser möge nun auf diese Weise den Beweis der folgenden herleitbaren Formeln selbst finden.

$$\forall x \forall y F x y \leftrightarrow \forall y \forall x F x y \tag{12}$$
$$\forall x (F x \land G x) \leftrightarrow \forall x F x \land \forall x G x \tag{13}$$
$$\forall x (F x \to G x) \to (\forall x F x \to \forall x G x) \tag{14}$$
$$\forall x (F x \leftrightarrow G x) \to (\forall x F x \leftrightarrow \forall x G x) \tag{15}$$
$$\exists x F x \leftrightarrow \neg \forall x \neg F x \tag{16}$$
$$\exists x \neg F x \leftrightarrow \neg \forall x F x \tag{17}$$
$$\neg \exists x \neg F x \leftrightarrow \forall x F x \tag{18}$$
$$\neg \exists x F x \leftrightarrow \forall x \neg F x \tag{19}$$
$$\forall x (F x \to G x) \to (\exists x F x \to \exists x G x) \tag{20}$$
$$\forall x (F x \leftrightarrow G x) \to (\exists x F x \leftrightarrow \exists x G x) \tag{21}$$
$$\exists x \forall y F x y \to \forall y \exists x F x y \tag{22}$$
$$\forall x \forall y F x y \to \forall x F x x \tag{23}$$
$$\exists x (A \land F x) \leftrightarrow A \land \exists x F x \tag{24}$$
$$\exists x (A \lor F x) \leftrightarrow A \lor \exists x F x \tag{25}$$
$$\exists x (F x \lor G x) \leftrightarrow \exists x F x \lor \exists x G x \tag{26}$$
$$\exists x (F x \lor A) \leftrightarrow \exists x F x \lor A \tag{27}$$
$$\forall x (F x \lor A) \leftrightarrow \forall x F x \lor A \tag{28}$$
$$\exists x F x x \to \exists x \exists y F x y \tag{29}$$
$$\exists x \neg \exists y \neg (F x \lor \neg F y) . \tag{30}$$

Ein erstes Axiomensystem der Art, bei der es zu jeder Unterformel nur endlich viele Oberformeln geben kann, wurde von G. GENTZEN [6] aufgestellt, und zwar legte er alle Verknüpfungen „¬", „∧", „∨", „→", „∃x" und „∀x" zugrunde und gebrauchte außerdem ein Hilfszeichen. Andere Systeme, die dem von uns gegebenen verwandter sind, stammen von K. SCHÜTTE [26] und [28]. Ein anderes Axiomensystem ohne die spezielle Eigenschaft der genannten Systeme, das wohl eines der ersten überhaupt aufgestellten Axiomensysteme für die allgemeingültigen Ausdrücke des Prädikatenkalküls ist und das von P. BERNAYS herrührt, findet der Leser in HILBERT-BERNAYS [11, § 4]. Dieses System wurde auch in den früheren Auflagen dieses Buches benutzt. Wir kommen in § 5 kurz darauf zurück.

§ 5. Sätze über das Axiomensystem

Wir beweisen nun gewisse Sätze über das Axiomensystem, die es uns ersparen, die Herleitung jedes Ausdrucks in extenso vorzunehmen. Diese Sätze haben alle die Gestalt: Wenn gewisse Ausdrücke herleitbar sind, so ist auch ein bestimmter anderer Ausdruck herleitbar.

I. Ist ein Ausdruck herleitbar, so auch jeder andere, der daraus durch *Umbenennung der gebundenen Variablen* entsteht. Unter dieser Umbenennung verstehen wir folgendes: In dem Ausdruck komme ein Allzeichen oder ein Existenzzeichen vor. Man ersetzt dann die Variable beim Quantor und innerhalb des zugehörigen Wirkungsbereichs durch eine andere Variable. Voraussetzung ist dabei, daß durch die Ersetzung überhaupt wieder ein Ausdruck entsteht und daß die neu eingesetzte Variable vorher in freier Form auch nicht in dem Wirkungsbereich des betreffenden Quantors vorkam.

Beispiel. Aus dem Ausdruck „∃xFx → ∃xFx" entsteht durch Umbenennung der gebundenen Variablen „∃xFx → ∃yFy".

II. Es sei ein Ausdruck herleitbar, in dem eine freie Individuenvariable vorkommt. Ersetzen wir die freie Individuenvariable an allen Stellen, an denen sie vorkommt, durch eine beliebige andere Individuenvariable, so entsteht wieder ein herleitbarer Ausdruck. Voraussetzung ist natürlich, daß die neu eingesetzte Individuenvariable an keiner Stelle in dem Ausdruck in gebundener Form vorkommt, da sonst kein Ausdruck entstehen würde.

Beispiel. Aus dem Ausdruck „∃zFxyz ∨ ¬∃zFxyz" entsteht durch Einsetzung für y „∃zFxxz ∨ ¬∃zFxxz" oder auch „∃zFxuz ∨ ¬∃zFxuz". — Wir beweisen die beiden Sätze simultan.

Durch die Veränderungen nach I oder II entsteht aus einer Grundformel offenbar wieder eine Grundformel. Macht man die Veränderungen bei einer Unterformel von (a) oder (b), so kann man diese veränderte

Formel aus den entsprechend veränderten Oberformeln nach (a) oder (b) beweisen. Entsprechendes gilt für (c) und (d). Ist bei (c) in der Unterformel durch Einsetzung für eine Individuenvariable die Variable y aufgetreten, so wird in der Oberformel die Variable y durch eine passende andere Variable ersetzt. Entsprechendes gilt für (d), falls hier die Variable x der Unterformel in y umbenannt wird. Durch Fortsetzung dieses Verfahrens erhält man für die veränderte Formel wieder eine Herleitung aus den Grundformeln.

Im folgenden wollen wir den Begriff der *Stufe* für eine Herleitung einführen. Eine Herleitung, die nur aus einer Grundformel besteht, hat die Stufe 0. Entsteht die Oberformel einer Formel gemäß (a), (c) oder (d) durch eine Herleitung der Stufe n, so hat die Herleitung für die Unterformel die Stufe $n+1$. Entstehen die Oberformeln einer Formel gemäß (b) durch Herleitungen der Stufen n_1 und n_2, so hat die Herleitung für die Formel die Stufe, die um 1 größer ist als die nicht kleinere der beiden Zahlen n_1 und n_2.

Aus dem Beweis der Sätze I und II geht übrigens hervor, daß bei den genannten Veränderungen die Stufe der Herleitung einer Formel unverändert bleibt.

III. Eine Formel $\mathfrak{M} \vee \mathfrak{A} \vee \mathfrak{N}$ sei herleitbar. Dann ist auch $\mathfrak{M} \vee \neg\neg \mathfrak{A} \vee \mathfrak{N}$ herleitbar, und zwar ist die Stufe der Herleitung für die zweite Formel genau um eins größer als die Stufe der Herleitung für die erste Formel. — Gegenüber der Regel (a) werden hier nicht die Beschränkungen in der Gestalt von $\mathfrak{N}$ vorausgesetzt.

Liegt der Fall der Regel (a) vor, so ist der Satz richtig. Andernfalls entsteht $\mathfrak{M} \vee \mathfrak{A} \vee \mathfrak{N}$ aus einer Oberformel $\mathfrak{M} \vee \mathfrak{A} \vee \mathfrak{N}_1$ nach (a) oder (c) oder aus zwei Oberformeln $\mathfrak{M} \vee \mathfrak{A} \vee \mathfrak{N}_2$ und $\mathfrak{M} \vee \mathfrak{A} \vee \mathfrak{N}_3$ nach (b). Setzen wir den Satz für die Oberformel als gültig voraus, so erhält man aus $\mathfrak{M} \vee \neg\neg \mathfrak{A} \vee \mathfrak{N}_1$ bzw. aus $\mathfrak{M} \vee \neg\neg \mathfrak{A} \vee \mathfrak{N}_2$ und $\mathfrak{M} \vee \neg\neg \mathfrak{A} \vee \mathfrak{N}_3$ die Formel nach den Regeln, und die Herleitung hat die angegebene Stufe. So wird der Satz schließlich auf den für Grundformeln $\mathfrak{M} \vee \mathfrak{A} \vee \mathfrak{N}$ zurückgeführt, für die nur der Fall der Regel (a) in Frage kommt.

IV. Zwei Formeln $\mathfrak{M} \vee \neg \mathfrak{A} \vee \mathfrak{N}$ und $\mathfrak{M} \vee \neg \mathfrak{B} \vee \mathfrak{N}$ seien herleitbar, dann ist auch $\mathfrak{M} \vee \neg (\mathfrak{A} \vee \mathfrak{B}) \vee \mathfrak{N}$ herleitbar, und zwar durch eine Herleitung, deren Stufe um eins größer ist als die größere der Stufen der Herleitungen von $\mathfrak{M} \vee \neg \mathfrak{A} \vee \mathfrak{N}$ und $\mathfrak{M} \vee \neg \mathfrak{B} \vee \mathfrak{N}$.

V. Eine Formel $\mathfrak{M} \vee \neg \mathfrak{A}(y) \vee \mathfrak{N}$ sei herleitbar, wobei y in $\mathfrak{M}$ und $\mathfrak{N}$ nicht vorkommt. Dann ist auch $\mathfrak{M} \vee \neg \exists x \mathfrak{A}(x) \vee \mathfrak{N}$ mit einer um 1 größeren Stufe herleitbar.

VI. Eine Formel $\mathfrak{M} \vee \exists x \mathfrak{A}(x) \vee \mathfrak{A}(y) \vee \mathfrak{N}$ sei herleitbar, dann ist auch $\mathfrak{M} \vee \exists x \mathfrak{A}(x) \vee \mathfrak{N}$ mit einer um 1 größeren Stufe herleitbar.

Der Beweis von IV, V und VI entspricht dem von III.

Die Sätze III—V lassen sich ferner in der folgenden Weise umkehren:
III'. Ist eine Formel $\mathfrak{M} \vee \neg\neg \mathfrak{A} \vee \mathfrak{N}$ herleitbar, so auch $\mathfrak{M} \vee \mathfrak{A} \vee \mathfrak{N}$, und zwar durch eine Herleitung mit um eins geringerer Stufe.

Der Beweis ist entsprechend wie der von III. Entsprechend haben IV und V ihre Gegenstücke IV' und V'.

VII. Ist ein Ausdruck herleitbar, der eine Disjunktion darstellt, so auch jeder Ausdruck, der aus jenem durch Vertauschung von Disjunktionsgliedern entsteht, und zwar durch eine Herleitung der gleichen Stufe.

Ist der Ausdruck eine Grundformel, so ist auch der durch Vertauschung der Disjunktionsglieder entstehende Ausdruck eine Grundformel. Sonst ist der Ausdruck mit den vertauschten Disjunktionsgliedern gemäß III—V oder nach VI durch die gleiche Stufe ableitbar, falls man den Satz für die Oberformeln voraussetzt.

VIII. Ist ein Ausdruck $\mathfrak{M} \vee \mathfrak{A} \vee \mathfrak{A}$ herleitbar, so auch $\mathfrak{M} \vee \mathfrak{A}$, und zwar durch eine Herleitung nicht höherer Stufe. $\mathfrak{M}$ kann hier auch fehlen.

Wir beweisen den Satz durch Induktion nach der Stufe der Herleitung für $\mathfrak{M} \vee \mathfrak{A} \vee \mathfrak{A}$.

1. $\mathfrak{M} \vee \mathfrak{A} \vee \mathfrak{A}$ sei Grundformel, dann ist auch $\mathfrak{M} \vee \mathfrak{A}$ Grundformel.

2. Der Fall, daß $\mathfrak{A}$ eine Disjunktion ist, wird darauf zurückgeführt, daß $\mathfrak{A}$ weniger Disjunktionsglieder enthält. Sei nämlich $\mathfrak{A}$ gleich $\mathfrak{B} \vee \mathfrak{C}$. Ist $\mathfrak{M} \vee \mathfrak{B} \vee \mathfrak{C} \vee \mathfrak{B} \vee \mathfrak{C}$ ableitbar, so nach Satz VII auch $\mathfrak{M} \vee \mathfrak{C} \vee \mathfrak{C} \vee \mathfrak{B} \vee \mathfrak{B}$ durch eine Herleitung der gleichen Stufe. Nach Voraussetzung ist dann $\mathfrak{M} \vee \mathfrak{C} \vee \mathfrak{C} \vee \mathfrak{B}$ durch eine Herleitung nicht höherer Stufe ableitbar und nach Satz VII auch $\mathfrak{M} \vee \mathfrak{B} \vee \mathfrak{C} \vee \mathfrak{C}$, endlich nach Voraussetzung auch $\mathfrak{M} \vee \mathfrak{B} \vee \mathfrak{C}$.

Wir können uns daher weiter auf den Fall beschränken, daß $\mathfrak{A}$ keine Disjunktion ist. n sei die Stufe der Herleitung für $\mathfrak{M} \vee \mathfrak{A} \vee \mathfrak{A}$.

3. $\mathfrak{A}$ habe die Form $\neg\neg \mathfrak{B}$ oder $\neg \exists x \mathfrak{B}(x)$; dann sind nach III' und V' die Formeln $\mathfrak{M} \vee \mathfrak{B} \vee \mathfrak{B}$ bzw. $\mathfrak{M} \vee \neg \mathfrak{B}(y) \vee \neg \mathfrak{B}(z)$ durch Herleitungen der Stufe $n-2$ ableitbar. Nach Voraussetzung ist dann $\mathfrak{M} \vee \mathfrak{B}$ durch eine Herleitung von höchstens der Stufe $n-2$ ableitbar, bzw. ist nach Satz II $\mathfrak{M} \vee \neg \mathfrak{B}(y) \vee \neg \mathfrak{B}(y)$ durch eine Herleitung der Stufe $n-2$ ableitbar, also nach Voraussetzung $\mathfrak{M} \vee \neg \mathfrak{B}(y)$ durch eine Herleitung von höchstens dieser Stufe. In beiden Fällen ist also nach Satz III und V $\mathfrak{M} \vee \mathfrak{A}$ durch eine Herleitung von höchstens der Stufe $n-1$ ableitbar.

4. $\mathfrak{A}$ habe die Form $\neg(\mathfrak{B} \vee \mathfrak{C})$. Es sind dann nach Satz IV' $\mathfrak{M} \vee \neg \mathfrak{B} \vee \neg \mathfrak{B}$ und $\mathfrak{M} \vee \neg \mathfrak{C} \vee \neg \mathfrak{C}$ durch Herleitungen der Stufe $n-2$ ableitbar, also nach Voraussetzung $\mathfrak{M} \vee \neg \mathfrak{B}$ und $\mathfrak{M} \vee \neg \mathfrak{C}$ durch Herleitungen nicht höherer Stufe. $\mathfrak{M} \vee \neg(\mathfrak{B} \vee \mathfrak{C})$ ist daher durch eine Herleitung von höchstens der Stufe $n-1$ ableitbar.

§ 5. Sätze über das Axiomensystem 87

5. Kommt $\mathfrak{M} \vee \mathfrak{A} \vee \mathfrak{A}$ aus einer Oberformel $\mathfrak{M}_1 \vee \mathfrak{A} \vee \mathfrak{A}$ bzw. aus Oberformeln $\mathfrak{M}_2 \vee \mathfrak{A} \vee \mathfrak{A}$ und $\mathfrak{M}_3 \vee \mathfrak{A} \vee \mathfrak{A}$ zustande, so haben die Herleitungen für diese Oberformeln höchstens die Stufe $n-1$. Eine Herleitung von höchstens dieser Stufe gibt es dann nach Voraussetzung auch für $\mathfrak{M}_1 \vee \mathfrak{A}$ bzw. $\mathfrak{M}_2 \vee \mathfrak{A}$ und $\mathfrak{M}_3 \vee \mathfrak{A}$. Eine Herleitung von höchstens der Stufe n gibt es dann für $\mathfrak{M} \vee \mathfrak{A}$, da diese Formeln aus den genannten Oberformeln nach den Ableitungsregeln entstehen.

6. $\mathfrak{A}$ habe die Form $\exists x \mathfrak{B}(x)$ und $\mathfrak{M} \vee \mathfrak{A} \vee \mathfrak{A}$ sei eine Unterformel von (d), wobei die bereits behandelten Fälle ausgeschlossen sein sollen. $\mathfrak{M} \vee \mathfrak{A} \vee \mathfrak{A}$ entsteht dann aus $\mathfrak{M} \vee \exists x \mathfrak{B}(x) \vee \mathfrak{B}(y) \vee \exists x \mathfrak{B}(x)$ oder aus $\mathfrak{M} \vee \exists x \mathfrak{B}(x) \vee \exists x \mathfrak{B}(x) \vee \mathfrak{B}(y)$, wobei die Herleitungen für diese Formeln die Stufe $n-1$ haben. Eine Herleitung von höchstens dieser Stufe gibt es dann nach Satz VII und Voraussetzung für $\mathfrak{M} \vee \exists x \mathfrak{B}(x) \vee \mathfrak{B}(y)$, eine solche von höchstens der Stufe n für $\mathfrak{M} \vee \exists x \mathfrak{B}(x)$.

IX. Ist eine Formel $\mathfrak{A}$ herleitbar, so auch $\exists x \mathfrak{B}(x) \vee \mathfrak{A}$, wo $\exists x \mathfrak{B}(x)$ beliebig ist. Die Stufe für die 2. Herleitung ist nicht größer geworden.

Für die Grundformeln ist die Behauptung klar, da dadurch wieder eine Grundformel entsteht. Bei allen anderen Formeln kann die Behauptung darauf zurückgeführt werden, daß sie für die entsprechenden Oberformeln gilt.

X. Eine Disjunktion $\mathfrak{A}_1 \vee \cdots \vee \mathfrak{A}_n$ ist herleitbar, falls es ein i und j gibt, so daß $\mathfrak{A}_j$ gleich $\neg \mathfrak{A}_i$ ist. Wir machen eine Induktion nach der Gesamtzahl der in $\mathfrak{A}_1 \vee \cdots \vee \mathfrak{A}_n$ vorkommenden Zeichen „$\neg$", „$\vee$" und „$\exists$". Diese Anzahl muß mindestens 2 sein.

1. Ist die Anzahl gleich 2, so handelt es sich um eine Disjunktion der Form $\mathfrak{A}_i \vee \neg \mathfrak{A}_i$, wo $\mathfrak{A}_i$ eine Primformel ist. $\mathfrak{A}_i \vee \neg \mathfrak{A}_i$ ist dann Grundformel. Das gleiche gilt für $\neg \mathfrak{A}_i \vee \mathfrak{A}_i$.

2. $\mathfrak{A}_i$ sei Primformel und in der Disjunktion komme kein Glied der Form $\neg \neg \mathfrak{B}$, $\neg (\mathfrak{B} \vee \mathfrak{C})$ oder $\neg \exists x \mathfrak{B}(x)$ vor. Dann handelt es sich um eine Grundformel.

3. Es komme in $\mathfrak{A}_1 \vee \cdots \vee \mathfrak{A}_n$ ein Disjunktionsglied der Form $\neg \neg \mathfrak{B}$, $\neg (\mathfrak{B} \vee \mathfrak{C})$ oder $\neg \exists x \mathfrak{B}(x)$ vor, das von $\mathfrak{A}_i$ und $\neg \mathfrak{A}_i$ verschieden ist. Wir ersetzen dann in $\mathfrak{A}_1 \vee \cdots \vee \mathfrak{A}_n$ das Glied $\neg \neg \mathfrak{B}$ durch $\mathfrak{B}$, bzw. $\neg (\mathfrak{B} \vee \mathfrak{C})$ einmal durch $\neg \mathfrak{B}$ und einmal durch $\neg \mathfrak{C}$, bzw. $\neg \exists x \mathfrak{B}(x)$ durch $\neg \mathfrak{B}(y)$, wo y sonst nicht vorkommt. Da die entstehenden Formeln ebenfalls $\mathfrak{A}_i$ und $\neg \mathfrak{A}_i$ als Disjunktionsglieder und andererseits weniger Zeichen enthalten, so sind sie nach Voraussetzung herleitbar. Nach Satz III—V ist dann auch $\mathfrak{A}_1 \vee \cdots \vee \mathfrak{A}_n$ herleitbar.

4. $\mathfrak{A}_i$ habe die Form $\neg \mathfrak{D}$. Wir ersetzen in $\mathfrak{A}_1 \vee \cdots \vee \mathfrak{A}_n$ das Glied $\neg \mathfrak{A}_i$, also $\neg \neg \mathfrak{D}$ durch $\mathfrak{D}$. In der entstehenden Disjunktion kommt ebenfalls $\neg \mathfrak{D}$ vor. Nach Voraussetzung ist sie herleitbar, nach Satz III auch $\mathfrak{A}_1 \vee \cdots \vee \mathfrak{A}_n$.

5. $\mathfrak{A}_i$ habe die Form $\mathfrak{B} \lor \mathfrak{C}$. Wir ersetzen in $\mathfrak{A}_1 \lor \cdots \lor \mathfrak{A}_n$ das Glied $\neg(\mathfrak{B} \lor \mathfrak{C})$ einmal durch $\neg\mathfrak{B}$ und einmal durch $\neg\mathfrak{C}$. Beide entstandenen Formeln sind nach Voraussetzung herleitbar, da die erste $\mathfrak{B}$ und $\neg\mathfrak{B}$, die zweite $\mathfrak{C}$ und $\neg\mathfrak{C}$ als Disjunktionsglieder enthält. Nach Satz IV ist $\mathfrak{A}_1 \lor \cdots \lor \mathfrak{A}_n$ herleitbar.

6. $\mathfrak{A}_i$ habe die Form $\exists x \mathfrak{D}(x)$, wobei der Fall 3. ausgeschlossen sein soll. Wir ersetzen in $\mathfrak{A}_1 \lor \cdots \lor \mathfrak{A}_n$ das Glied $\neg \exists x \mathfrak{D}(x)$ durch $\neg \mathfrak{D}(y)$ und das Glied $\exists x \mathfrak{D}(x)$ durch $\mathfrak{D}(y)$. Die entstandene Formel ist nach Voraussetzung herleitbar. Nach Satz IX und VII bleibt die Herleitbarkeit bestehen, wenn man vor $\mathfrak{D}(y)$ das Disjunktionsglied $\exists x \mathfrak{D}(x)$ hinzufügt. Nach (c) kann man das Glied $\neg \mathfrak{D}(y)$ durch $\neg \exists x \mathfrak{D}(x)$ ersetzen, nach Satz VI ist dann auch $\mathfrak{A}_1 \lor \cdots \lor \mathfrak{A}_n$ herleitbar.

XI. Sind zwei Ausdrücke $\mathfrak{G} \lor \mathfrak{D}$ und $\neg\mathfrak{D} \lor \mathfrak{H}$ ableitbar, so ist auch $\mathfrak{G} \lor \mathfrak{H}$ ableitbar. — Der Satz ist so zu verstehen, daß $\mathfrak{G}$ oder $\mathfrak{H}$ auch fehlen darf. Insbesondere ist darin eingeschlossen, daß mit $\mathfrak{D}$ und $\neg\mathfrak{D} \lor \mathfrak{H}$ auch $\mathfrak{H}$ herleitbar ist, d. h. also, daß die sog. *Abtrennungsregel* gilt.

Es sei m die Stufe der Herleitung von $\mathfrak{G} \lor \mathfrak{D}$, n die Stufe der Herleitung von $\neg\mathfrak{D} \lor \mathfrak{H}$ und $m + n = k$. Die Gesamtzahl der in $\mathfrak{D}$ vorkommenden Zeichen „$\neg$", „$\lor$" und „$\exists$" sei r. Wir beweisen den Satz zunächst für $k = 0$ und $r = 0$. Ferner führen wir die Richtigkeit des Satzes für irgendein k und r entweder zurück auf die Richtigkeit des Satzes für ein kleineres r und beliebiges k, oder auf die Richtigkeit des Satzes für dasselbe r und kleineres k. Die in den Ableitungsregeln auftretenden Formeln $\mathfrak{M}$ und $\mathfrak{N}$ wollen wir die *Nebenformeln* dieser Regeln nennen, die anderen in Oberformel(n) und Unterformel auftretenden Formeln die *Hauptformeln*.

1. Es sei $k = 0$ und $r = 0$.

$\mathfrak{G} \lor \mathfrak{D}$ und $\neg\mathfrak{D} \lor \mathfrak{H}$ sind dann Grundformeln. Entweder ist nun $\mathfrak{G}$ oder $\mathfrak{H}$ Grundformel, dann ist auch $\mathfrak{G} \lor \mathfrak{H}$ Grundformel. Andernfalls enthält $\mathfrak{H}$ das Disjunktionsglied $\mathfrak{D}$, so daß $\mathfrak{G} \lor \mathfrak{H}$ auch jetzt Grundformel ist.

2. Die Formel $\neg\mathfrak{D} \lor \mathfrak{H}$ komme nach (a)—(d) zustande, und es sei $\neg\mathfrak{D}$ ein Bestandteil der betreffenden Nebenformel $\mathfrak{M}$. Ist nun $\mathfrak{A}$ eine Oberformel von $\neg\mathfrak{D} \lor \mathfrak{H}$, so enthält sie ebenfalls den Bestandteil $\neg\mathfrak{D}$. Nach Voraussetzung ist mit $\mathfrak{G} \lor \mathfrak{D}$ und $\mathfrak{A}$ auch die Formel $\mathfrak{B}$ beweisbar, die aus $\mathfrak{A}$ dadurch entsteht, daß man in ihr $\neg\mathfrak{D}$ durch $\mathfrak{G}$ ersetzt, da die Zahl k in diesem Falle kleiner ist, während r gleich geblieben ist. Wegen $\mathfrak{B}$, bzw. zweier derartiger Formeln ist dann nach III—VI auch $\mathfrak{G} \lor \mathfrak{H}$ herleitbar.

3. Die Formel $\mathfrak{G} \lor \mathfrak{D}$ komme nach (a)—(d) zustande und es sei $\mathfrak{D}$ ein Bestandteil der betreffenden Nebenformel $\mathfrak{N}$. Dieser Fall wird wie der Fall 2. auf den für ein kleineres k und gleiches r zurückgeführt.

§ 5. Sätze über das Axiomensystem

Es seien nun die vorigen Fälle ausgeschlossen.

4. $\neg \mathfrak{D} \vee \mathfrak{H}$ komme nach (a) zustande. Es hat dann $\neg \mathfrak{D} \vee \mathfrak{H}$ die Form $\neg\neg \mathfrak{E} \vee \mathfrak{H}$ und die Oberformel ist $\mathfrak{E} \vee \mathfrak{H}$. Da $\mathfrak{G} \vee \neg \mathfrak{E}$ herleitbar ist, ist nach Voraussetzung (man beachte Satz VII) auch $\mathfrak{G} \vee \mathfrak{H}$ herleitbar, da es sich um den Fall eines kleineren r handelt.

5. $\neg \mathfrak{D} \vee \mathfrak{H}$ komme nach (b) zustande aus zwei Oberformeln $\neg \mathfrak{E} \vee \mathfrak{H}$ und $\neg \mathfrak{F} \vee \mathfrak{H}$, wobei also $\mathfrak{D}$ gleich $\mathfrak{E} \vee \mathfrak{F}$ ist. $\mathfrak{G} \vee \mathfrak{D}$ hat die Form $\mathfrak{G} \vee \mathfrak{E} \vee \mathfrak{F}$. Wegen $\mathfrak{G} \vee \mathfrak{E} \vee \mathfrak{F}$ und $\neg \mathfrak{F} \vee \mathfrak{H}$ ist nach Voraussetzung $\mathfrak{G} \vee \mathfrak{E} \vee \mathfrak{H}$ herleitbar (kleineres r); wegen $\mathfrak{G} \vee \mathfrak{E} \vee \mathfrak{H}$ und $\neg \mathfrak{E} \vee \mathfrak{H}$ ist nach Satz VII und Voraussetzung (kleineres r) auch $\mathfrak{G} \vee \mathfrak{H} \vee \mathfrak{H}$ herleitbar und nach Satz VIII auch $\mathfrak{G} \vee \mathfrak{H}$.

6. $\neg \mathfrak{D} \vee \mathfrak{H}$ komme nach (c) aus der Oberformel $\neg \mathfrak{E}(y) \vee \mathfrak{H}$ zustande und $\mathfrak{D}$ sei gleich $\exists x\, \mathfrak{E}(x)$. $\mathfrak{G} \vee \mathfrak{D}$ hat die Form $\mathfrak{G} \vee \exists x\, \mathfrak{E}(x)$. Ist dies eine Grundformel, so muß auch $\mathfrak{G}$ Grundformel sein und nach Satz X ist $\mathfrak{G} \vee \mathfrak{H}$ herleitbar. Sonst kann $\mathfrak{G} \vee \exists x\, \mathfrak{E}(x)$ nur aus einer Oberformel $\mathfrak{G} \vee \exists x\, \mathfrak{E}(x) \vee \mathfrak{E}(y)$ entstehen. Da $\neg \exists x\, \mathfrak{E}(x) \vee \mathfrak{H}$ herleitbar ist und auch $\mathfrak{G} \vee \exists x\, \mathfrak{E}(x) \vee \mathfrak{E}(y)$, ist nach Voraussetzung und Satz VII auch $\mathfrak{G} \vee \mathfrak{H} \vee \mathfrak{E}(y)$ herleitbar (kleineres k und gleiches r). Da $\mathfrak{G} \vee \mathfrak{H} \vee \mathfrak{E}(y)$ und $\neg \mathfrak{E}(y) \vee \mathfrak{H}$ herleitbar sind, ist nach Voraussetzung (kleineres r) auch $\mathfrak{G} \vee \mathfrak{H} \vee \mathfrak{H}$ und nach Satz VIII auch $\mathfrak{G} \vee \mathfrak{H}$ herleitbar.

$\neg \mathfrak{D} \vee \mathfrak{H}$ kann weiter nicht nach (d) zustande kommen, da dies in dem Fall 2. enthalten ist. Es bleibt also nur übrig, daß $\neg \mathfrak{D} \vee \mathfrak{H}$ Grundformel ist. In diesem Falle ist $\mathfrak{D}$ Primformel. Da wir den Fall, daß auch $\mathfrak{G} \vee \mathfrak{D}$ Grundformel ist, schon erledigt haben, bliebe nur übrig, daß $\mathfrak{G} \vee \mathfrak{D}$ nach (a)—(d) zustande kommt. Das würde aber in diesem Falle bedeuten, daß der Fall 3. vorliegt.

Damit ist die Induktion vollständig.

XII. Aus einem herleitbaren Ausdruck erhält man wieder einen solchen, wenn man darin eine *Aussagenvariable* an allen Stellen, an denen sie vorkommt, *durch ein- und denselben Ausdruck ersetzt*. Voraussetzung ist dabei natürlich, daß durch die Einsetzung überhaupt wieder ein Ausdruck entsteht. Ferner soll die Ersetzung nur dann zulässig sein, falls der einzusetzende Ausdruck keine freie Individuenvariable enthält, die in der Ausgangsformel gebunden vorkommen.

Beispiel. Aus der herleitbaren Formel „$A \vee \neg A \vee B$" entsteht durch Einsetzung für A die Formel „$\forall x\, \exists y\, F x y \vee \neg \forall x\, \exists y\, F x y \vee B$".

Die Behauptung stimmt zunächst für Grundformeln, da durch die Einsetzung ein Ausdruck entsteht, der nach Satz X herleitbar ist. Falls die Einsetzung in einer Unterformel von (a)—(d) vorgenommen wird, können wir voraussetzen, daß die Einsetzung in die Oberformel(n) das gewünschte Ergebnis gibt. Die aus der Unterformel durch Einsetzung entstehende Formel ist dann nach Satz III—VI herleitbar.

XIII. Aus einem herleitbaren Ausdruck entsteht wieder ein herleitbarer, wenn wir darin eine *Einsetzung für eine Prädikatenvariable* vornehmen. Darunter ist folgendes zu verstehen. In dem Ausdruck, der $\mathfrak{A}$ heißen möge, möge die n-stellige Prädikatenvariable F vorkommen. Es sei $\mathfrak{B}(x_1, \ldots, x_n)$ irgendein Ausdruck, der die freien Variablen $x_1, \ldots, x_n$ enthält. Die übrigen etwa in $\mathfrak{B}(x_1, \ldots, x_n)$ noch vorkommenden freien Variablen mögen in $\mathfrak{A}$ an keiner Stelle in gebundener Form vorkommen. Ferner mögen in $\mathfrak{A}$ die Leerstellen von F an keiner Stelle mit Variablen besetzt sein, die in $\mathfrak{B}(x_1, \ldots, x_n)$ in gebundener Form vorkommen. Wir ersetzen nun in $\mathfrak{A}$ jede Primformel $F\mathfrak{a}_1, \ldots, \mathfrak{a}_n$, wo $\mathfrak{a}_1, \ldots, \mathfrak{a}_n$ irgendwelche Individuenvariable sind, durch $\mathfrak{B}(\mathfrak{a}_1, \ldots, \mathfrak{a}_n)$. $\mathfrak{B}(\mathfrak{a}_1, \ldots, \mathfrak{a}_n)$ entsteht dabei aus $\mathfrak{B}(x_1, \ldots, x_n)$, indem man jedes x_i an allen vorkommenden Stellen durch $\mathfrak{a}_i$ ersetzt. Es ist natürlich darauf zu achten, daß durch die Einsetzung für die Prädikatenvariable überhaupt wieder ein Ausdruck entsteht.

Beispiel. Aus dem Ausdruck „$\exists x \forall y (Fxx \lor \neg Fyy)$" entsteht durch Einsetzung für F der Ausdruck „$\exists x \forall y (\exists z\, Gxxz \lor \neg \exists z\, Gyyz)$".

Der Beweis von Satz XIII geht genauso wie der von Satz XII.

XIV. Ist ein Ausdruck $\mathfrak{A}(x)$, der die freie Variable x enthält, herleitbar, so auch $\forall x\, \mathfrak{A}(x)$.

$\forall x\, \mathfrak{A}(x)$ ist eine Abkürzung für $\neg \exists x\, \neg \mathfrak{A}(x)$. Da $\mathfrak{A}(x)$ herleitbar ist, ist nach (a) auch $\neg\neg \mathfrak{A}(x)$ herleitbar. Aus $\neg\neg \mathfrak{A}(x)$ erhält man nach (c) $\neg \exists x\, \neg \mathfrak{A}(x)$.

Wir wollen jetzt das am Schluß von § 4 erwähnte Bernayssche Axiomensystem für die allgemeingültigen Ausdrücke des Prädikatenkalküls angeben. Dieses besteht aus:

1. Grundformeln und Regeln, die es uns ermöglichen, die allgemeingültigen Ausdrücke des Aussagenkalküls herzuleiten. Es können auch beliebige allgemeingültige Ausdrücke des Aussagenkalküls als Grundformeln zugelassen werden, da wir ja stets z. B. durch die Bewertungsmethode die Allgemeingültigkeit feststellen können.

2. Als weitere Grundformeln hat man „$\forall x\, Fx \to Fy$" und „$Fy \to \exists x\, Fx$". [Vgl. die Formeln (7) und (8) von § 4.]

3. An Ableitungsregeln sind vorhanden die axiomatisch vorausgesetzten Sätze I (Umbenennungsregel für die gebundenen Variablen), II (Einsetzungsregel für die freien Individuenvariablen), XII (Einsetzungsregel für die Aussagenvariablen), XIII (Einsetzungsregel für die Prädikatenvariablen), XI (Abtrennungsregel) in der einfacheren Form, daß man aus $\mathfrak{A}$ und $\mathfrak{A} \to \mathfrak{B}$ auf $\mathfrak{B}$ schließen darf. Ferner die beiden Regeln, daß man von $\mathfrak{A} \to \mathfrak{B}(x)$ auf $\mathfrak{A} \to \forall x\, \mathfrak{B}(x)$ und von $\mathfrak{B}(x) \to \mathfrak{A}$ auf $\exists x\, \mathfrak{B}(x) \to \mathfrak{A}$ schließen darf, falls $\mathfrak{A}$ nicht die Variable x enthält. [Vgl. die Formeln (4) und (9) von § 4, aus denen die Regeln unter Berücksichtigung der von uns bewiesenen Sätze leicht zu gewinnen sind.]

Aus unseren Sätzen geht hervor, daß wir in unserem System alle Ausdrücke herleiten können, die in dem Bernaysschen System herleitbar sind. Die nicht schwierige Aufgabe, auch das Umgekehrte zu zeigen — es handelt sich darum, die Grundformeln unseres Systems in dem Bernaysschen System abzuleiten und darin die Gültigkeit der Regeln (a)—(d) zu zeigen —, sei als Übungsaufgabe gestellt.

§ 6. Die Ersetzungsregel; Bildung des Gegenteils eines Ausdrucks; das Dualitätsprinzip

Wir beweisen im folgenden einige weitere Sätze über die in dem Axiomensystem herleitbaren Formeln.

XV. Ist $\mathfrak{A} \leftrightarrow \mathfrak{B}$ und auch $\mathfrak{A}$ herleitbar, so ist auch $\mathfrak{B}$ herleitbar.

Der Ausdruck „$A \to ((A \leftrightarrow B) \to B)$" ist in dem Axiomensystem herleitbar, wie man nach der Methode von Kapitel I, § 9 feststellt. Durch Einsetzung für die Aussagenvariablen erhält man $\mathfrak{A} \to ((\mathfrak{A} \leftrightarrow \mathfrak{B}) \to \mathfrak{B})$, und durch zweimalige Anwendung der Abtrennungsregel $\mathfrak{B}$.

XVI. (*Ersetzungsregel.*) Es seien $\mathfrak{A}(x_1, \ldots, x_n)$ und $\mathfrak{B}(x_1, \ldots, x_n)$ Ausdrücke, die die freien Variablen $x_1, \ldots, x_n$, aber sonst keine freien Individuenvariablen enthalten. Ferner sei $\mathfrak{A}(x_1, \ldots, x_n) \leftrightarrow \mathfrak{B}(x_1, \ldots, x_n)$ herleitbar. Hat man nun einen Ausdruck $\mathfrak{C}$, in dem als Teilausdruck ein Ausdruck $\mathfrak{A}(\mathfrak{a}_1, \ldots, \mathfrak{a}_n)$ auftritt, wo $\mathfrak{a}_1, \ldots, \mathfrak{a}_n$ irgendwelche Individuenvariable sind, und entsteht $\mathfrak{C}'$ aus $\mathfrak{C}$ dadurch, daß $\mathfrak{A}(\mathfrak{a}_1, \ldots, \mathfrak{a}_n)$ durch $\mathfrak{B}(\mathfrak{a}_1, \ldots, \mathfrak{a}_n)$ ersetzt wird, so ist auch $\mathfrak{C} \leftrightarrow \mathfrak{C}'$ ein herleitbarer Ausdruck. Bei dieser Ersetzung sind dieselben Vorsichtsmaßregeln zu beachten, die für die Einsetzung für eine Prädikatenvariable maßgebend waren.

Darin ist übrigens enthalten, daß mit $\mathfrak{A} \leftrightarrow \mathfrak{B}$ auch $\mathfrak{B} \leftrightarrow \mathfrak{A}$ herleitbar ist. Ist nämlich das erste der Fall, so entsteht aus der herleitbaren Formel $\mathfrak{A} \leftrightarrow \mathfrak{A}$ nach der Ersetzungsregel die Formel $\mathfrak{B} \leftrightarrow \mathfrak{A}$. Die Ersetzungsregel gilt übrigens auch entsprechend für den Fall, daß die obige Anzahl n der freien Variablen gleich 0 ist.

Wir beweisen den Satz XVI durch Induktion nach der Anzahl der in $\mathfrak{C}$ auftretenden Zeichen „$\neg$", „$\lor$" und „$\exists$", wobei die Zeichen von $\mathfrak{A}(\mathfrak{a}_1, \ldots, \mathfrak{a}_n)$ nicht mitzählen.

1. Ist diese Anzahl 0, so hat $\mathfrak{C}$ die Form $\mathfrak{A}(\mathfrak{a}_1, \ldots, \mathfrak{a}_n)$. $\mathfrak{A}(\mathfrak{a}_1, \ldots, \mathfrak{a}_n) \leftrightarrow \mathfrak{B}(\mathfrak{a}_1, \ldots, \mathfrak{a}_n)$ entsteht aber aus $\mathfrak{A}(x_1, \ldots, x_n) \leftrightarrow \mathfrak{B}(x_1, \ldots, x_n)$ durch Einsetzung für die Individuenvariablen.

2. $\mathfrak{C}$ habe die Form $\neg \mathfrak{D}$, wo das Zeichen „$\neg$" nicht zu $\mathfrak{A}(\mathfrak{a}_1, \ldots, \mathfrak{a}_n)$ gehört. Nach Voraussetzung ist $\mathfrak{D} \leftrightarrow \mathfrak{D}'$ herleitbar, wobei der Strich hier und im folgenden immer bedeuten soll, daß die mit dem Strich versehene Formel aus der ohne Strich durch die angegebene Ersetzung entsteht. Nun ist „$(A \leftrightarrow B) \to (\neg A \leftrightarrow \neg B)$" eine herleitbare Formel, wie sich z. B. durch die Methode von Kapitel I, § 9 feststellen läßt. Durch

Einsetzung für die Aussagenvariablen erhält man die herleitbare Formel „$(\mathfrak{D} \leftrightarrow \mathfrak{D}') \to (\neg \mathfrak{D} \leftrightarrow \neg \mathfrak{D}')$", und da $\mathfrak{D} \leftrightarrow \mathfrak{D}'$ herleitbar ist, ist nach Satz XI von § 5 auch $\neg \mathfrak{D} \leftrightarrow \neg \mathfrak{D}'$ herleitbar.

3. $\mathfrak{C}$ habe die Form $\mathfrak{D} \vee \mathfrak{E}$. Der Beweis ist entsprechend wie der von 2., indem statt der Aussagenformel „$(A \leftrightarrow B) \to (\neg A \leftrightarrow \neg B)$" die Aussagenformel „$(A \leftrightarrow B) \to (A \vee C \leftrightarrow B \vee C)$" bzw. „$(A \leftrightarrow B) \to (C \vee A \leftrightarrow C \vee B)$" herangezogen wird.

4. $\mathfrak{C}$ habe die Form $\exists x \, \mathfrak{D}(x)$. Nach Voraussetzung ist $\mathfrak{D}(x) \leftrightarrow \mathfrak{D}'(x)$ herleitbar. Ferner ist $\forall x \, (\mathfrak{D}(x) \leftrightarrow \mathfrak{D}'(x))$ nach Satz XIV von § 5 herleitbar. Durch Einsetzung für F und G in die herleitbare Formel „$\forall x \, (Fx \leftrightarrow Gx) \to (\exists x \, Fx \leftrightarrow \exists x \, Gx)$" [Formel (21) von § 5] erhält man „$\forall x \, (\mathfrak{D}(x) \leftrightarrow \mathfrak{D}'(x)) \to (\exists x \, \mathfrak{D}(x) \leftrightarrow \exists x \, \mathfrak{D}'(x))$" und dann $\exists x \, \mathfrak{D}(x) \leftrightarrow \exists x \, \mathfrak{D}'(x)$ nach Satz IX von § 5.

XVII. (Bildung des Gegenteils eines Ausdrucks.) Es sei $\mathfrak{A}$ eine Formel, in der die Abkürzungen „$\to$" und „$\leftrightarrow$" nicht vorkommen, wohl aber eventuell die Abkürzungen „$\wedge$" und „$\forall x$". $\mathfrak{A}_1$ entstehe aus $\mathfrak{A}$, indem man jedes Zeichen „$\wedge$", „$\vee$", „$\forall$", „$\exists$" bzw. durch „$\vee$", „$\wedge$", „$\exists$", „$\forall$" ersetzt, ferner jede negierte Primformel durch die unnegierte und jede unnegierte Primformel durch die negierte. Dann ist $\neg \mathfrak{A} \leftrightarrow \mathfrak{A}_1$ herleitbar.

Beispiel. $\neg \forall x \, \exists y \, (\neg F x y \vee \exists z \, G x y z) \leftrightarrow \exists x \, \forall y \, (F x y \wedge \forall z \, \neg G x y z)$ ist herleitbar.

Im folgenden bezeichnet jedesmal der an eine Formelbezeichnung angehängte Index 1 die Formel, die aus der Formel mit Bezeichnung ohne Index in der gleichen Weise entsteht, wie $\mathfrak{A}_1$ aus $\mathfrak{A}$. Wir beweisen den Satz durch Induktion nach der Gesamtzahl der in $\mathfrak{A}$ auftretenden Zeichen „$\neg$", „$\vee$", „$\wedge$", „$\exists$" und „$\forall$".

1. Ist diese Anzahl 0, so handelt es sich um eine Primformel. Die herleitbare Formel entsteht dann durch Einsetzung für A aus „$A \leftrightarrow A$".

2. $\mathfrak{A}$ habe die Form $\neg \mathfrak{B}$. Nach Voraussetzung ist $\neg \mathfrak{B} \leftrightarrow \mathfrak{B}_1$ herleitbar. Aus der herleitbaren Formel $\neg \neg \mathfrak{B} \leftrightarrow \mathfrak{B}$ erhalten wir dann nach der Ersetzungsregel $\neg \neg \mathfrak{B} \leftrightarrow \neg \mathfrak{B}_1$.

3. $\mathfrak{A}$ habe die Form $\mathfrak{B} \vee \mathfrak{C}$, bzw. $\mathfrak{B} \wedge \mathfrak{C}$. Nach Voraussetzung sind $\neg \mathfrak{B} \leftrightarrow \mathfrak{B}_1$ und $\neg \mathfrak{C} \leftrightarrow \mathfrak{C}_1$ herleitbar. Aus den beiden herleitbaren Formeln „$\neg (A \vee B) \leftrightarrow \neg A \wedge \neg B$" und „$\neg (A \wedge B) \leftrightarrow \neg A \vee \neg B$" erhält man durch Einsetzung $\neg (\mathfrak{B} \vee \mathfrak{C}) \leftrightarrow \neg \mathfrak{B} \wedge \neg \mathfrak{C}$ und $\neg (\mathfrak{B} \wedge \mathfrak{C}) \leftrightarrow \neg \mathfrak{B} \vee \neg \mathfrak{C}$. Nach der Ersetzungsregel erhält man $\neg (\mathfrak{B} \vee \mathfrak{C}) \leftrightarrow \mathfrak{B}_1 \wedge \mathfrak{C}_1$ bzw. $\neg (\mathfrak{B} \wedge \mathfrak{C}) \leftrightarrow \mathfrak{B}_1 \vee \mathfrak{C}_1$.

4. $\mathfrak{A}$ habe die Form $\exists x \, \mathfrak{B}(x)$.

Nach Voraussetzung ist $\neg \mathfrak{B}(x) \leftrightarrow \mathfrak{B}_1(x)$ herleitbar. Daraus ergibt sich nach Satz XIV von § 5 $\forall x \, (\neg \mathfrak{B}(x) \leftrightarrow \mathfrak{B}_1(x))$. Unter Benutzung der herleitbaren Formel „$\forall x \, (Fx \leftrightarrow Gx) \to (\forall x \, Fx \leftrightarrow \forall x \, Gx)$" [vgl. Formel (15) von § 4] ergibt sich daraus $\forall x \, \neg \mathfrak{B}(x) \leftrightarrow \forall x \, \mathfrak{B}_1(x)$. Nun ist

§ 6. Die Ersetzungsregel; Bildung des Gegenteils eines Ausdrucks 93

$\forall x \neg \mathfrak{B}(x) \leftrightarrow \neg \exists x \mathfrak{B}(x)$ herleitbar [vgl. Formel (19) von § 4]. Nach der Ersetzungsregel erhält man aus $\forall x \neg \mathfrak{B}(x) \leftrightarrow \forall x \mathfrak{B}_1(x)$ die herleitbare Formel $\neg \exists x \mathfrak{B}(x) \leftrightarrow \forall x \mathfrak{B}_1(x)$, d. h. die Behauptung.

5. $\mathfrak{A}$ habe die Form $\forall x \mathfrak{B}(x)$.

Nach Voraussetzung ist $\neg \mathfrak{B}(x) \leftrightarrow \mathfrak{B}_1(x)$ herleitbar. Daraus ergibt sich $\forall x (\neg \mathfrak{B}(x) \leftrightarrow \mathfrak{B}_1(x))$. Unter Benutzung der herleitbaren Formel „$\forall x (Fx \leftrightarrow Gx) \to (\exists x Fx \leftrightarrow \exists x Gx)$" [Formel (21) von § 4] erhält man $\exists x \neg \mathfrak{B}(x) \leftrightarrow \exists x \mathfrak{B}_1(x)$. Weiter ist $\exists x \neg \mathfrak{B}(x) \leftrightarrow \neg \forall x \mathfrak{B}(x)$ herleitbar [vgl. Formel (17) von § 4]. Nach der Ersetzungsregel erhält man dann $\neg \forall x \mathfrak{B}(x) \leftrightarrow \exists x \mathfrak{B}_1(x)$, d. h. die Behauptung.

XVIII. *(Dualitätsprinzip.)* Es sei ein Ausdruck $\mathfrak{A} \leftrightarrow \mathfrak{B}$ herleitbar. In $\mathfrak{A}$ und $\mathfrak{B}$ mögen nicht die Abkürzungen „$\to$" und „$\leftrightarrow$" vorkommen. Man ersetze nun in $\mathfrak{A}$ und $\mathfrak{B}$ die Zeichen „$\vee$", „$\wedge$", „$\exists$", „$\forall$" jeweils durch die Zeichen „$\wedge$", „$\vee$", „$\forall$", „$\exists$". Dann entsteht aus $\mathfrak{A} \leftrightarrow \mathfrak{B}$ wieder eine herleitbare Formel.

Beispiele. Aus den herleitbaren Formeln „$\exists x \exists y Fxy \leftrightarrow \exists y \exists x Fxy$" und „$\forall x (Fx \wedge Gx) \leftrightarrow \forall x Fx \wedge \forall x Gx$" entstehen durch die duale Umformung die herleitbaren Formeln „$\forall x \forall y Fxy \leftrightarrow \forall y \forall x Fxy$" und „$\exists x (Fx \vee Gx) \leftrightarrow \exists x Fx \vee \exists x Gx$".

XIX. Es sei ein Ausdruck $\mathfrak{A} \to \mathfrak{B}$ herleitbar. $\mathfrak{A}$ und $\mathfrak{B}$ mögen wieder weder „$\to$" noch „$\leftrightarrow$" enthalten. Durch die im vorigen Satz beschriebene duale Umformung mögen $\mathfrak{A}$ und $\mathfrak{B}$ in $\mathfrak{C}$ und $\mathfrak{D}$ übergehen. Dann ist auch $\mathfrak{D} \to \mathfrak{C}$ herleitbar.

Beispiele. Aus den herleitbaren Formeln „$\exists x Fxx \to \exists x \exists y Fxy$" und „$\forall x Fx \vee \forall x Gx \to \forall x (Fx \vee Gx)$" entstehen nach XIX die herleitbaren Formeln „$\forall x \forall y Fxy \to \forall x Fxx$" und „$\exists x (Fx \wedge Gx) \to \exists x Fx \wedge \exists x Gx$". Satz XVII und XVIII sind eine Erweiterung der früher für den Aussagenkalkül (Kapitel I, § 6) aufgestellten Gesetze. Geben wir nun den Beweis für die letzten beiden Sätze. Ist $\mathfrak{A} \to \mathfrak{B}$ herleitbar, so ist auch $\neg \mathfrak{B} \to \neg \mathfrak{A}$ herleitbar, da „$(A \to B) \to (\neg B \to \neg A)$" eine herleitbare Formel ist. Es mögen $\mathfrak{A}_1$ und $\mathfrak{B}_1$ die Bedeutungen wie beim Satz XVII haben. Da $\neg \mathfrak{A} \leftrightarrow \mathfrak{A}_1$ und $\neg \mathfrak{B} \leftrightarrow \mathfrak{B}_1$ herleitbar sind, ist nach der Ersetzungsregel $\mathfrak{B}_1 \to \mathfrak{A}_1$ herleitbar. In dieser Formel ersetzen wir nun die Aussagevariablen bzw. die Prädikatenvariablen so, daß jede Primformel durch die negierte Primformel ersetzt wird. Das heißt wir ersetzen die Aussagevariablen $A, B, C, \ldots$ durch $\neg A, \neg B, \neg C, \ldots$. Kommt ferner eine n-stellige Prädikatenvariable F vor, so wird jede vorkommende Primformel $F\mathfrak{a}_1 \ldots \mathfrak{a}_n$ durch $\neg F\mathfrak{a}_1 \ldots \mathfrak{a}_n$ ersetzt. Dies ist in Übereinstimmung mit der Einsetzungsregel für die Prädikatenvariablen. Nun können wir eine doppelt negierte Primformel durch die einfache ersetzen. Ist nämlich $\mathfrak{C}$ eine derartige Primformel, so ist mit „$\neg \neg A \leftrightarrow A$" auch „$\neg \neg \mathfrak{C} \leftrightarrow \mathfrak{C}$" herleitbar, so daß wir nur die Ersetzungsregel anzuwenden brauchen. Durch Ersetzung von doppelt negierten Primformeln durch nicht negierte kommen wir aber gerade zu dem Ausdruck, dessen Herleitbarkeit in Satz XIX behauptet wird.

Nehmen wir z. B. die oben erwähnte herleitbare Formel „$\exists x F x x \to \exists x \exists y F x y$". Hier ist dann auch „$\neg \exists x \exists y F x y \to \neg \exists x F x x$" herleitbar. Durch Anwendung von XVII und der Ersetzungsregel erhält man „$\forall x \forall y \neg F x y \to \forall x \neg F x x$", weiter durch Einsetzung für die Prädikatenvariable „$\forall x \forall y \neg \neg F x y \to \forall x \neg \neg F x x$", und indem wir die doppelte Negation bei den Primformeln fortlassen, „$\forall x \forall y F x y \to \forall x F x x$".

Ganz analog ist der Beweis von XVIII. Aus der Herleitbarkeit von $\mathfrak{A} \leftrightarrow \mathfrak{B}$ gelangen wir zur Herleitbarkeit von $\neg \mathfrak{A} \leftrightarrow \neg \mathfrak{B}$, und im übrigen gehen wir so vor wie beim Beweis von XIX.

§ 7. Die pränexe Normalform; die Skolemsche Normalform

Wir beweisen zunächst einen weiteren Satz über die herleitbaren Ausdrücke.

XX. Zu jedem Ausdruck $\mathfrak{A}$ gibt es einen Ausdruck $\mathfrak{A}'$, so daß in $\mathfrak{A}'$ etwaige Negationszeichen sich nur auf Primformeln beziehen und $\mathfrak{A} \leftrightarrow \mathfrak{A}'$ herleitbar ist. Die Ausdrücke $\mathfrak{A}$ und $\mathfrak{A}'$ sind dabei so zu verstehen, daß in ihnen evtl. die Abkürzungen „$\wedge$" und „$\forall x$" vorkommen, nicht aber „$\to$" und „$\leftrightarrow$".

Wir beweisen den Satz durch Induktion nach der Anzahl der in $\mathfrak{A}$ vorkommenden Zeichen „$\neg$", „$\vee$", „$\wedge$", „$\exists$" und „$\forall$". Der Beweis gibt zugleich die Methode an, wie man zu einem gegebenen Ausdruck $\mathfrak{A}$ einen Ausdruck $\mathfrak{A}'$ finden kann. Allgemein soll $\mathfrak{C}'$ einen Ausdruck bezeichnen, der zu $\mathfrak{C}$ im gleichen Verhältnis steht wie $\mathfrak{A}'$ zu $\mathfrak{A}$.

1. Enthält $\mathfrak{A}$ keine der obigen Zeichen, so ist es eine Primformel. Die Richtigkeit des Satzes ergibt sich in diesem Falle daraus, daß $\mathfrak{A} \leftrightarrow \mathfrak{A}$ herleitbar ist.

2. $\mathfrak{A}$ habe die Form $\mathfrak{B} \vee \mathfrak{C}$ oder $\mathfrak{B} \wedge \mathfrak{C}$ oder $\exists x \mathfrak{B}(x)$ oder $\forall x \mathfrak{B}(x)$. Nach Voraussetzung kann man Ausdrücke $\mathfrak{B}'$, $\mathfrak{C}'$, $\mathfrak{B}'(x)$ finden, so daß $\mathfrak{B} \leftrightarrow \mathfrak{B}'$, $\mathfrak{C} \leftrightarrow \mathfrak{C}'$, $\mathfrak{B}(x) \leftrightarrow \mathfrak{B}'(x)$ herleitbar sind. Mit Hilfe der Ersetzungsregel ergibt sich dann die Herleitbarkeit von $\mathfrak{B} \vee \mathfrak{C} \leftrightarrow \mathfrak{B}' \vee \mathfrak{C}'$ oder $\mathfrak{B} \wedge \mathfrak{C} \leftrightarrow \mathfrak{B}' \wedge \mathfrak{C}'$ oder $\exists x \mathfrak{B}(x) \leftrightarrow \exists x \mathfrak{B}'(x)$ oder $\forall x \mathfrak{B}(x) \leftrightarrow \forall x \mathfrak{B}'(x)$.

3. $\mathfrak{A}$ habe die Form $\neg \mathfrak{B}$. Nach Voraussetzung ist $\mathfrak{B} \leftrightarrow \mathfrak{B}'$ herleitbar. Hieraus ergibt sich die Herleitbarkeit von $\neg \mathfrak{B} \leftrightarrow \neg \mathfrak{B}'$. Nach Satz XVII ist $\neg \mathfrak{B}' \leftrightarrow \mathfrak{C}$ herleitbar, wo $\mathfrak{C}$ die gewünschte Form hat. Mit Hilfe der Ersetzungsregel erhalten wir dann $\neg \mathfrak{B} \leftrightarrow \mathfrak{C}$, d. h. $\mathfrak{A} \leftrightarrow \mathfrak{A}'$. Als Beispiel können wir die bei Satz XVII als solche angegebene Formel nehmen.

§ 7. Die pränexe Normalform; die Skolemsche Normalform

Bei der Behandlung des Aussagenkalküls zeigte es sich, daß es möglich ist, die Ausdrücke auf die konjunktive oder die disjunktive Normalform zu bringen. Eine gewisse Normalform gibt es nun auch im Prädikatenkalkül, wie der folgende Satz näher angibt.

XXI. Zu jedem Ausdruck $\mathfrak{A}$, der überhaupt Quantoren enthält, gibt es einen Ausdruck $\mathfrak{B}$, der mit lauter Quantoren beginnt, deren Wirkungsbereiche sich bis zum Ende des Ausdrucks erstrecken, so daß $\mathfrak{A} \leftrightarrow \mathfrak{B}$ herleitbar ist. $\mathfrak{B}$ enthält weiter keine Quantoren außer den genannten.

Wir sagen in diesem Falle, $\mathfrak{B}$ ist eine *pränexe Normalform* von $\mathfrak{A}$. $\mathfrak{B}$ ist dadurch keineswegs eindeutig bestimmt; d. h. es gibt mehrere pränexe Normalformen von $\mathfrak{A}$. Bei einem Ausdruck wie $\mathfrak{B}$, bei dem also alle Quantoren am Anfang stehen und Wirkungsbereiche bis zum Ende des Ausdrucks haben, nennen wir die Reihenfolge der Quantoren das *Präfix* des Ausdrucks, während der quantorenfreie Teil des Ausdrucks als die *Matrix* des Ausdrucks bezeichnet wird. Im übrigen kann ein Ausdruck wie $\mathfrak{B}$ noch weiter normiert werden. Zum Beispiel ist $\mathfrak{B} \leftrightarrow \mathfrak{C}$ herleitbar, wo $\mathfrak{C}$ aus $\mathfrak{B}$ dadurch entsteht, daß die Matrix von $\mathfrak{B}$ auf die konjunktive oder auch auf die disjunktive Normalform gebracht wird. Diese Tatsache ergibt sich aus den früheren Ergebnissen über die konjunktive bzw. die disjunktive Normalform zusammen mit der Ersetzungsregel.

Wir geben nun eine Methode an, wie man zu $\mathfrak{A}$ einen Ausdruck $\mathfrak{B}$ gemäß Satz XXI finden kann. Soweit $\mathfrak{A}$ zunächst die Abkürzungen „$\rightarrow$" und „$\leftrightarrow$" enthält, werden diese durch ihre Bedeutung ersetzt. Nach Satz XX gibt es zu $\mathfrak{A}$ einen Ausdruck $\mathfrak{A}'$, so daß darin vorkommende Negationszeichen sich nur auf Primformeln beziehen und so daß $\mathfrak{A} \leftrightarrow \mathfrak{A}'$ herleitbar ist. $\mathfrak{A}'$ ändern wir durch Umbenennung der gebundenen Variablen in einen Ausdruck $\mathfrak{A}''$ ab, in dem bei jedem Quantor eine andere Variable steht. $\mathfrak{A}''$ verändern wir weiter so, daß wir die Quantoren in der Reihenfolge, wie sie in $\mathfrak{A}''$ vorkommen, an den Anfang des Ausdrucks stellen und ihre Wirkungsbereiche sich bis zum Ende des Ausdrucks erstrecken lassen. Der dadurch entstehende Ausdruck $\mathfrak{B}$ ist der gewünschte.

Wir brauchen zum Beweise nur zu zeigen, daß $\mathfrak{A}'' \leftrightarrow \mathfrak{B}$ herleitbar ist. Im folgenden bezeichnen wir mit $\mathfrak{C}_1$ einen solchen Ausdruck, der aus irgendeinem $\mathfrak{C}$ so entsteht wie $\mathfrak{B}$ aus $\mathfrak{A}''$. Wir machen eine Induktion nach der Anzahl der in $\mathfrak{A}''$ vorkommenden Zeichen „$\exists$" und „$\forall$".

1. $\mathfrak{A}''$ habe die Form $\exists x \, \mathfrak{C}(x)$ oder $\forall x \, \mathfrak{C}(x)$. Enthält $\mathfrak{C}(x)$ keine Quantoren, so ist $\mathfrak{B}$ gleich $\mathfrak{A}''$. Sonst ist $\mathfrak{C}(x) \leftrightarrow \mathfrak{C}_1(x)$ nach Voraussetzung herleitbar. Mit Hilfe der Ersetzungsregel erhält man $\exists x \, \mathfrak{C}(x) \leftrightarrow \exists x \, \mathfrak{C}_1(x)$ bzw. $\forall x \, \mathfrak{C}(x) \leftrightarrow \forall x \, \mathfrak{C}_1(x)$, und $\exists x \, \mathfrak{C}_1(x)$ bzw. $\forall x \, \mathfrak{C}_1(x)$ ist der Ausdruck $\mathfrak{B}$.

2. $\mathfrak{A}''$ habe nicht die Form $\exists x\, \mathfrak{C}(x)$ oder $\forall x\, \mathfrak{C}(x)$. Wir haben nun die herleitbaren Formeln

$$A \lor \exists x\, Fx \leftrightarrow \exists x\, (A \lor Fx), \quad A \lor \forall x\, Fx \leftrightarrow \forall x\, (A \lor Fx),$$

$$A \land \exists x\, Fx \leftrightarrow \exists x\, (A \land Fx), \quad A \land \forall x\, Fx \leftrightarrow \forall x\, (A \land Fx),$$

$$\exists x\, Fx \lor A \leftrightarrow \exists x\, (Fx \lor A), \quad \forall x\, Fx \lor A \leftrightarrow \forall x\, (Fx \lor A),$$

$$\exists x\, Fx \land A \leftrightarrow \exists x\, (Fx \land A), \quad \forall x\, Fx \land A \leftrightarrow \forall x\, (Fx \land A).$$

Indem wir in diesen Formeln passende Einsetzungen für die Aussagen- und die Prädikatenvariable vornehmen, gelangen wir zu herleitbaren Formeln, mit deren Hilfe wir den ersten Quantor von $\mathfrak{A}''$ an den Anfang des Ausdrucks verschieben können und seinen Wirkungsbereich über den ganzen Ausdruck erstrecken können. Wir kommen damit auf den Fall 1. zurück.

Die pränexe Normalform bietet den Vorteil, daß bei allgemeinen Untersuchungen im Prädikatenkalkül der Bereich der in Betracht zu ziehenden Formeln wesentlich eingeschränkt werden kann. Immerhin sind die Möglichkeiten für das Präfix eines in der pränexen Normalform befindlichen Ausdrucks noch verwirrend umfangreich. In dieser Hinsicht ist nun ein Ergebnis von TH. SKOLEM [30] von Interesse, das jedem Ausdruck $\mathfrak{A}$ einen anderen $\mathfrak{B}$ in der pränexen Normalform zuordnet, bei dem das Präfix so beschaffen ist, daß alle Existenzzeichen den Allzeichen vorangehen. Allerdings ist dann nicht mehr $\mathfrak{A} \leftrightarrow \mathfrak{B}$ herleitbar, sondern nur noch die Herleitbarkeit von $\mathfrak{A}$ und von $\mathfrak{B}$ bedingen sich gegenseitig. Der Skolemsche Satz (in der Formulierung, wie wir sie hier brauchen) heißt also:

XXII. Zu jedem Ausdruck $\mathfrak{A}$ des Prädikatenkalküls kann man einen anderen $\mathfrak{B}$ angeben, der die pränexe Normalform hat und in dessen Präfix alle Existenzzeichen den Allzeichen vorangehen, und zwar so, daß $\mathfrak{A}$ dann und nur dann herleitbar ist, wenn $\mathfrak{B}$ herleitbar ist.

Wir bezeichnen einen Ausdruck $\mathfrak{B}$ der genannten Art als einen Ausdruck in der *Skolemschen Normalform*. Nach Satz XXI genügt es, den Beweis für Ausdrücke $\mathfrak{A}$ in der pränexen Normalform zu führen. Ferner können wir uns auf Ausdrücke beschränken, die keine freie Individuenvariable haben. Nach Satz XIV von § 5 ist nämlich mit einem Ausdruck $\mathfrak{A}(x)$, der die freie Individuenvariable x enthält, auch $\forall x\, \mathfrak{A}(x)$ herleitbar. Ferner erhalten wir durch Einsetzung in die herleitbare Formel „$\forall x\, Fx \rightarrow Fy$" [vgl. Formel (7) von § 4] die herleitbare Formel $\forall x\, \mathfrak{A}(x) \rightarrow \mathfrak{A}(y)$, wobei, falls das kein Ausdruck ist, statt y eine andere Variable stehen kann. Mit $\forall x\, \mathfrak{A}(x)$ ist also gemäß der Abtrennungsregel auch $\mathfrak{A}(y)$ herleitbar, und wegen Satz II von § 5 auch $\mathfrak{A}(x)$. Demnach ist die Herleitbarkeit eines Ausdrucks mit freien Variablen damit gleichbedeutend, daß der Ausdruck herleitbar ist, der aus jenem dadurch

§ 7. Die pränexe Normalform; die Skolemsche Normalform

entsteht, daß die zu diesen freien Variablen gehörigen Allzeichen in irgendeiner Reihenfolge an den Anfang des Präfixes gesetzt werden.

Unter dem Grad einer derartigen Formel wollen wir die Anzahl der Allzeichen verstehen, auf die noch Existenzzeichen folgen. Wir beweisen unseren Satz durch eine Induktion nach dem Grade der umzuformenden Formel.

Ist der Grad von $\mathfrak{A}$ 0, so ist nichts zu beweisen, da der Ausdruck schon die Skolemsche Normalform hat. Es sei der Grad von $\mathfrak{A}$ jetzt n ($n \neq 0$). Das Präfix von $\mathfrak{A}$ beginne mit m ($m \geq 0$) Existenzzeichen. $\mathfrak{A}$ hat also die Gestalt $\exists x_1 \ldots \exists x_m \forall y\, \mathfrak{C}(x_1, \ldots, x_m, y)$. $\mathfrak{C}(x_1, \ldots, x_m, y)$ ist hier ein Ausdruck in der pränexen Normalform, der als freie Individuenvariable nur $x_1, \ldots, x_m, y$ enthält; sein Präfix enthält mindestens ein Existenzzeichen, da sonst $\mathfrak{A}$ schon in der Skolemschen Normalform wäre. Falls $m = 0$, sind in den nachfolgenden Überlegungen die Quantoren $\exists x_1 \ldots \exists x_m$ und die Variablen $x_1, \ldots, x_m$ überall fortzulassen. Es sei nun H eine Prädikatenvariable mit $m + 1$ Leerstellen, die in $\mathfrak{C}(x_1, \ldots, x_m, y)$ nicht vorkommt. $\mathfrak{D}$ sei eine Abkürzung für den Ausdruck $\exists x_1 \ldots \exists x_m [\exists z\, (\mathfrak{C}(x_1, \ldots, x_m, z) \wedge \neg H x_1 \ldots x_m z) \vee \forall y\, H x_1 \ldots x_m y]$. Wir behaupten dann, $\mathfrak{D}$ ist dann und nur dann herleitbar, falls $\mathfrak{A}$ herleitbar ist.

Sei zunächst $\mathfrak{D}$ herleitbar. Durch Einsetzung für die Prädikatenvariable H erhalten wir die herleitbare Formel
$$\exists x_1 \ldots \exists x_m [\exists z\, (\mathfrak{C}(x_1, \ldots, x_m, z) \wedge \neg \mathfrak{C}(x_1, \ldots, x_m, z)) \vee \forall y\, \mathfrak{C}(x_1, \ldots, x_m, y)].$$
Nun ist $(\exists z\, (Fz \wedge \neg Fz) \vee A) \leftrightarrow A$ eine herleitbare Formel, wie man an Hand unseres Axiomensystems feststellen kann. Durch Einsetzung erhält man daraus
$$\exists z\, (\mathfrak{C}(x_1, \ldots, x_m, z) \wedge \neg \mathfrak{C}(x_1, \ldots, x_m, z)) \vee \forall y\, \mathfrak{C}(x_1, \ldots, x_m, y) \leftrightarrow$$
$$\leftrightarrow \forall y\, \mathfrak{C}(x_1, \ldots, x_m, y),$$
und nach der Ersetzungsregel
$$\exists x_1 \ldots \exists x_m [\exists z\, (\mathfrak{C}(x_1, \ldots, x_m, z) \wedge \neg \mathfrak{C}(x_1, \ldots, x_m, z)) \vee$$
$$\vee \forall y\, \mathfrak{C}(x_1, \ldots, x_m, y)] \leftrightarrow \exists x_1 \ldots \exists x_m \forall y\, \mathfrak{C}(x_1, \ldots, x_m, y).$$
Demnach ist also auch $\mathfrak{A}$ herleitbar.

Nun sei $\exists x_1 \ldots \exists x_m \forall y\, \mathfrak{C}(x_1, \ldots, x_m, y)$ herleitbar. Da „$\forall y (Fy \to Gy) \to (\forall y Fy \to \forall y Gy)$" [vgl. Formel (14) von § 4] und „$(A \to (B \to C)) \to (B \to \neg A \vee C)$" herleitbar ist, erhält man zunächst aus der letzten Formel durch Einsetzung für die Aussagevariablen
„$(\forall y\, (Fy \to Gy) \to (\forall y Fy \to \forall y Gy)) \to$
$\to (\forall y Fy \to \neg \forall y\, (Fy \to Gy) \vee \forall y Gy)$",
so daß sich nach der Abtrennungsregel ergibt „$\forall y Fy \to \neg \forall y (Fy \to Gy) \vee$
$\vee \forall y Gy$". Benutzt man die Regel über die Bildung des Gegenteils

einer Formel und die Ersetzungsregel, so erhält man „$\forall y\, Fy \rightarrow$
$\rightarrow \exists y\, (Fy \wedge \neg Gy) \vee \forall y\, Gy$". Durch Einsetzung für die Prädikatenvariablen entsteht

$$\forall y\, \mathfrak{C}(x_1, \ldots, x_m, y) \rightarrow \exists y\, (\mathfrak{C}(x_1, \ldots, x_m, y) \wedge \neg Hx_1 \ldots x_m y) \vee \forall y\, Hx_1 \ldots x_m y\,.$$

Nach Satz XIV kann vor die Formel $\forall x_m$ gesetzt werden. Nimmt man eine Einsetzung in die Formel „$\forall x_m (Fx_m \rightarrow Gx_m) \rightarrow (\exists x_m Fx_m \rightarrow \exists x_m Gx_m)$" vor [vgl. Formel (20) von § 4], so kann man mit Hilfe der Abtrennungsregel $\exists x_m \forall y\, \mathfrak{C}(x_1, \ldots, x_m, y) \rightarrow$
$\rightarrow \exists x_m\, [\exists y\, (\mathfrak{C}(x_1, \ldots, x_m, y) \wedge \neg Hx_1 \ldots x_m y) \vee \forall y\, Hx_1 \ldots x_m\, y]$
als herleitbare Formel gewinnen. Durch Wiederholung des letzten Verfahrens erhält man die Herleitbarkeit von $\exists x_1 \ldots \exists x_m \forall y\, \mathfrak{C}(x_1, \ldots, x_m, y) \rightarrow$
$\rightarrow \exists x_1 \ldots \exists x_m\, [\exists y\, (\mathfrak{C}(x_1, \ldots, x_m, y) \wedge \neg Hx_1 \ldots x_m y) \vee \forall y\, Hx_1 \ldots x_m, y]$.
Da $\exists x_1 \ldots \exists x_m \forall y\, \mathfrak{C}(x_1, \ldots, x_m, y)$ herleitbar ist, ist nach der Abtrennungsregel auch der hinter dem Zeichen „$\rightarrow$" stehende Teil der Formel herleitbar. Aus dieser Formel entsteht $\mathfrak{D}$ durch Umbenennung einer gebundenen Variablen.

Wir haben damit gezeigt, daß sich die Herleitbarkeit von $\mathfrak{A}$ und die von $\mathfrak{D}$ sich gegenseitig bedingen. $\mathfrak{D}$ bringen wir nun auf die pränexe Normalform, deren Präfix mit $\exists x_1 \ldots \exists x_m \exists z$ beginnt. Anschließend kommen die All- und Seinszeichen von $\mathfrak{C}(x_1, \ldots, x_m, z)$ in unveränderter Reihenfolge und zum Schluß das Allzeichen $\forall y$. Der Grad der so entstehenden Formel ist um eins niedriger als der von $\mathfrak{A}$, da auf das Allzeichen $\forall y$ keine Existenzzeichen mehr folgen. Nach Voraussetzung können wir diese Formel auf die Skolemsche Normalform bringen. Damit ist die Induktion vollständig.

Als einfaches Beispiel geben wir die Skolemsche Normalform von $\forall x\, \exists y\, \exists z\, Fxyz$ an. Diese Formel wird zunächst umgewandelt in „$\exists u\, (\exists y\, \exists z\, Fuyz \wedge \neg Hu) \vee \forall x\, Hx$". Die in der angegebenen Weise hergestellte pränexe Normalform hiervon ergibt

$$\text{„}\exists u\, \exists y\, \exists z\, \forall x\, ((Fuyz \wedge \neg Hu) \vee Hx)\text{"}$$

als Skolemsche Normalform.

§ 8. Die Widerspruchsfreiheit, Unabhängigkeit und Vollständigkeit des Axiomensystems

Die Fragestellungen, die immer wiederkehren, sobald ein Axiomensystem aufgestellt wird, sind die nach der *Widerspruchsfreiheit, Unabhängigkeit und Vollständigkeit* des Systems. Was zunächst die Frage nach der Widerspruchsfreiheit des in § 4 gegebenen Axiomensystems betrifft, so könnte sie in diesem Falle als unsinnig oder wenigstens jede positive Beantwortung als zirkelhaft erscheinen, und zwar aus dem

§ 8. Die Widerspruchsfreiheit und Vollständigkeit des Axiomensystems 99

Grunde, weil es sich um ein Axiomensystem für die Logik handelt und weil jede Untersuchung der Widerspruchsfreiheit selbst mit logischen Mitteln arbeitet. In diesem Falle handelt es sich genauer um ein Axiomensystem für die Prädikatenlogik. Die Ablehnung eines Widerspruchsfreiheitsbeweises wäre nun in der Tat gerechtfertigt, wenn bei ihm wieder mit Mitteln der Prädikatenlogik gearbeitet würde; denn wenn man überhaupt einen Widerspruchsfreiheitsbeweis unternimmt, so setzt das wenigstens als methodische Grundhaltung voraus, daß man an der Widerspruchsfreiheit des aufgestellten Systems zweifelt. Anders ist es aber, wenn man den Widerspruchsfreiheitsbeweis mit primitiveren Mitteln führen kann. Das ist hier der Fall. Bei dem aufgestellten Axiomensystem können wir für die Herleitung von Ausdrücken ganz von ihrer Bedeutung absehen. Es handelt sich nur um ein formales Operieren mit gewissen Symbolkomplexen, vergleichbar etwa einem Spiel, bei dem die Figuren des Spieles in gesetzmäßiger Weise verschoben werden. Bei den Überlegungen über dieses Operieren brauchen wir keine Prädikatenlogik.

Um die Frage nach der Widerspruchsfreiheit in Angriff nehmen zu können, müssen wir erst eine formale Definition des Widerspruchs geben. Gewöhnlich wird darunter verstanden, daß man gleichzeitig zwei Ausdrücke $\mathfrak{A}$ und $\neg \mathfrak{A}$ herleiten kann. In der Tat wäre das verhängnisvoll, denn da $A \to (\neg A \to B)$ eine herleitbare Formel ist, ist auch $\mathfrak{A} \to (\neg \mathfrak{A} \to \mathfrak{B})$ eine herleitbare Formel, wo $\mathfrak{B}$ ein beliebiger Ausdruck ist. Durch zweimalige Anwendung der Abtrennungsregel würden wir auch die beliebige Formel $\mathfrak{B}$ als herleitbare Formel erhalten. Das heißt der ganze Kalkül wäre zur Bedeutungslosigkeit verurteilt, da man in ihm alle Ausdrücke herleiten könnte. Wir können also genau so gut als Definition der formalen Widerspruchsfreiheit nehmen, daß man irgendeine Formel angeben kann, die nicht herleitbar ist. So gelangen wir zur folgenden Definition der Widerspruchsfreiheit: *Das Axiomensystem soll formal widerspruchsfrei heißen, wenn der Ausdruck „A" nicht herleitbar ist.*

Die Widerspruchsfreiheit in diesem Sinne ergibt sich aber sofort. Denn „A" ist keine Grundformel, ferner kann A auch nicht Unterformel einer der Regeln a)—d) sein, da jede derartige Unterformel mindestens eines der Zeichen „$\neg$", „$\vee$", „$\exists$" enthalten muß.

Wenden wir uns nun der Frage der *Unabhängigkeit* des Axiomensystems zu. Wir haben hier darunter zu verstehen, daß man von den Regeln a)—d) keine fortlassen kann, ohne den Bestand der herleitbaren Formeln zu gefährden und daß man auch die Grundformeln nicht entbehren kann. Dies ist leicht einzusehen. Ohne die Regel a) können offenbar keine Ausdrücke der Form $\neg\neg\mathfrak{A}$ hergeleitet werden, also auch nicht der sonst herleitbare Ausdruck „$\neg\neg(A \vee \neg A)$". Ohne die Regel (b) können keine Ausdrücke der Form $\neg(\mathfrak{B} \vee \mathfrak{C})$ hergeleitet

7*

werden, also auch nicht der sonst herleitbare Ausdruck „$\neg((A \wedge \neg A) \vee \vee (A \wedge \neg A))$. Ohne die Regel (c) können keine Ausdrücke der Form $\neg \exists x \mathfrak{A}(x)$ hergeleitet werden, also auch nicht der sonst herleitbare Ausdruck „$\neg \exists x (F x \wedge \neg F x)$". Endlich ist es nicht möglich, ohne (d) den sonst herleitbaren Ausdruck „$\exists x F x \vee \neg F y$" herzuleiten. Die Grundformeln können wir nicht entbehren, da wir sonst keinen Ausgangspunkt für die Herleitungen haben. Es sei dabei dahingestellt, ob man etwa den Bereich der zugelassenen Grundformeln in irgendeiner Weise einschränken kann. Jedenfalls würde aber eine derartige Einschränkung kaum im Sinne einer einfachen Formulierung des Axiomensystems sein.

Die *Vollständigkeit* des Axiomensystems ließe sich in verschiedener Weise definieren. Als eine scharfe formale Definition könnten wir nehmen, daß das System dann vollständig heißt, wenn es einen formalen Widerspruch liefert, sobald eine bisher nicht ableitbare Formel als Grundformel hinzugefügt wird. Diese Vollständigkeit ist nicht vorhanden. Nehmen wir den Ausdruck „$\neg F x \vee F y$". Dieser ist nicht herleitbar, da er weder eine Grundformel ist, noch Unterformel einer der Regeln (a)—(d) sein kann. Fügen wir nun „$\neg F x \vee F y$" als weitere Grundformel hinzu, so bleibt das System widerspruchsfrei; denn die Überlegungen, mit denen wir vorher zeigten, daß der Ausdruck „A" nicht abgeleitet werden kann, bleiben auch jetzt gültig. Diese Unvollständigkeit des Axiomensystems ist aber ganz im Sinne der Intentionen, die wir damit verbinden. Denn die Formel „$\neg F x \vee F y$" ist 1-gültig, nicht aber 2- oder mehrgültig, also nicht allgemeingültig. Unser Axiomensystem war aber als solches für die allgemeingültigen Ausdrücke gedacht. Deswegen würde sich auch an dem Tatbestand bezüglich „$\neg F x \vee F y$" nichts ändern, wenn wir zu der Grundformel „$\neg F x \vee F y$" noch die in § 5 abgeleiteten Regeln für das Axiomensystem hinzunehmen würden.

Sinngemäß wird die Vollständigkeit des Axiomensystems so definiert, daß wir von ihm verlangen, daß der Begriff der herleitbaren Formel sich mit dem Begriff der allgemeingültigen Formel deckt. Das kann allerdings nicht durch rein formale Überlegungen gezeigt werden, sondern wir müssen den in § 3 entwickelten inhaltlichen Begriff der Allgemeingültigkeit heranziehen. Wir hatten schon in § 4 gezeigt, daß alle herleitbaren Formeln auch allgemeingültig sind. Wir müssen also noch zeigen, daß eine nicht herleitbare Formel auch nicht allgemeingültig ist. Nach Satz XXII von § 6 können wir uns darauf beschränken zu zeigen, daß eine nicht herleitbare Formel in der Skolemschen Normalform nicht allgemeingültig ist. Nehmen wir einen Spezialfall vorweg.

1. $\mathfrak{A}$ sei ein Ausdruck ohne Quantoren, der nicht herleitbar ist. Wir steigen von $\mathfrak{A}$ aus immer wieder zu den möglichen Oberformeln auf; das geht nur endlich oft, weil beim Übergang zu den Oberformeln [es

§ 8. Die Widerspruchsfreiheit und Vollständigkeit des Axiomensystems 101

kommen nur die Regeln (a) und (b) in Frage] sich die Anzahl der Zeichen vermindert. Die letzten Oberformeln sind nicht alle herleitbar, weil sonst auch $\mathfrak{A}$ herleitbar wäre. Haben wir eine derartige, nicht herleitbare Oberformel, so besteht sie aus einer Disjunktion von negierten und unnegierten Primformeln, wobei aber ein und dieselbe Primformel nicht gleichzeitig negiert und unnegiert vorkommen kann, da es sich um keine Grundformel handelt. Wir nehmen nun einen Individuenbereich, der aus so viel Elementen besteht, wie in der Formel verschiedene Individuenvariable vorhanden sind. Ersetzen wir nun die verschiedenen Individuenvariablen durch verschiedene Elemente aus diesem Bereich, so können wir weiter die Aussagevariablen so durch „$\vee$" oder „$\wedge$" und ferner die Prädikatenvariable so durch bestimmte Prädikate aus dem Individuenbereich ersetzen, daß jede unnegiert vorkommende Primformel den Wert „$\wedge$" und jede negiert vorkommende Primformel den Wert „$\vee$" erhält. Das heißt aber der ganze Ausdruck wird bei dieser Ersetzung falsch, er ist also nicht allgemeingültig. Nun sind aber die Regel (a) und (b) so gebaut, wie wir schon in Kapitel I, § 9 ausführten, daß die Unterformel von (a) nur dann allgemeingültig ist, wenn die Oberformel allgemeingültig ist, und daß das gleiche für eine Unterformel von (b) nur dann der Fall ist, wenn beide Oberformeln allgemeingültig sind. Wendet man das auf den vorliegenden Fall an, so ergibt sich, daß $\mathfrak{A}$ nicht allgemeingültig ist.

2. Es sei $\mathfrak{A}$, d. h. $\exists x_1 \ldots \exists x_k \forall y_1 \ldots \forall y_l \mathfrak{B}(x_1, \ldots, x_k; y_1, \ldots, y_l)$ nicht herleitbar. Der Fall $k = 0$ oder $l = 0$ ist in den nachfolgenden Überlegungen eingeschlossen. Unter $\mathfrak{C}(u_1, \ldots, u_k)$ verstehen wir die Disjunktion aus den Gliedern $\exists x_1 \ldots \exists x_k \forall y_1 \ldots \forall y_l \mathfrak{B}(x_1, \ldots, x_k; y_1, \ldots, y_l)$, $\exists x_2 \ldots \exists x_k \forall y_1 \ldots \forall y_l \mathfrak{B}(u_1, x_2, \ldots, x_k; y_1, \ldots, y_l)$, $\exists x_3 \ldots \exists x_k \forall y_1 \ldots \forall y_l \mathfrak{B}(u_1, u_2, x_3, \ldots, x_k; y_1, \ldots, y_l)$, $\ldots$, $\exists x_k \forall y_1 \ldots \forall y_l \mathfrak{B}(u_1, \ldots, u_{k-1}, x_k; y_1, \ldots, y_l)$.

Wir bemerken nun weiter, daß man die aus der unbegrenzten Reihe von Individuenvariablen $z_0, z_1, z_2, z_3, \ldots$ gebildeten k-tupel $(z_{i_1}, \ldots, z_{i_k})$ abzählen, d. h. in eine fortlaufende Reihe bringen kann. An erster Stelle steht das k-tupel, dessen Indexsumme $i_1 + \cdots + i_k$ gleich 0 ist, also das k-tupel $(z_0, \ldots, z_0)$. Dann kommen die k-tupel mit der Indexsumme $i_1 + \cdots + i_k = 1$, die ihrerseits lexikographisch geordnet werden. Das heißt zuerst kommt das k-tupel $(z_0, \ldots, z_0, z_1)$, dann $(z_0, \ldots, z_0, z_1, z_0)$, usw. bis $(z_1, z_0, \ldots, z_0)$. Es folgen die lexikographisch geordneten k-tupel mit der Indexsumme 2, dann ebenso die mit der Indexsumme 3, 4, usw. Das n-te k-tupel in dieser Reihenfolge werde mit $(z_{n_1}, \ldots, z_{n_k})$ bezeichnet. Unter $\mathfrak{D}_n$ verstehen wir die Formel $\mathfrak{B}(z_{n_1}, \ldots, z_{n_k}; z_{(n-1)l+1}, z_{(n-1)l+2}, \ldots, z_{nl})$. Wir beachten dabei, daß die in dieser Formel hinter dem Semikolon stehenden Individuenvariablen von den vor diesen Zeichen stehenden, sowie von allen Individuenvariablen, die in einer Formel $\mathfrak{D}_p$ mit $p < n$

vorkommen, verschieden sind. Dagegen kommt für $n > 1$ jede der Variablen $z_{n_1}, \ldots, z_{n_k}$ schon in einer Formel $\mathfrak{D}_p$ mit $p < n$ vor. Unter $\mathfrak{E}_n$ verstehen wir die Formel $\mathfrak{C}\,(z_{n_1}, \ldots, z_{n_k}) \vee \mathfrak{D}_n$. Wir behaupten zunächst folgendes:

a) Für jedes n ist die Disjunktion $\mathfrak{D}_1 \vee \mathfrak{D}_2 \vee \cdots \vee \mathfrak{D}_n$ nicht herleitbar.

Nach den Sätzen VII und IX von § 5 ist mit $\mathfrak{D}_1 \vee \cdots \vee \mathfrak{D}_n$ auch $\mathfrak{E}_1 \vee \cdots \vee \mathfrak{E}_n$ herleitbar. Es genügt also zu zeigen, daß $\mathfrak{E}_1 \vee \cdots \vee \mathfrak{E}_n$ nicht herleitbar ist.

Dies zeigen wir durch eine Induktion nach n. Wäre $\mathfrak{E}_1 \vee \cdots \vee \mathfrak{E}_n$ herleitbar, d. h.

$$\mathfrak{E}_1 \vee \cdots \vee \mathfrak{E}_{n-1} \vee \mathfrak{C}\,(z_{n_1}, \ldots, z_{n_k}) \vee \mathfrak{B}\,(z_{n_1}, \ldots, z_{n_k}; z_{(n-1)\,l+1}, \ldots, z_{n_l}),$$

so würden wir, wie es sich aus den Sätzen II und V von § 5 ergibt, auch
$\mathfrak{E}_1 \vee \cdots \vee \mathfrak{E}_{n-1} \vee \mathfrak{C}\,(z_{n_1}, \ldots, z_{n_k}) \vee \forall y_1 \ldots \forall y_l\, \mathfrak{B}\,(z_{n_1}, \ldots, z_{n_k}; y_1, \ldots, y_l)$
als herleitbare Formel erhalten, weiter unter mehrfacher Anwendung des Satzes VI von § 5 auch $\mathfrak{E}_1 \vee \cdots \vee \mathfrak{E}_{n-1} \vee \mathfrak{A}$, und unter Benutzung von Satz VII und VIII von § 5 auch $\mathfrak{E}_1 \vee \cdots \vee \mathfrak{E}_{n-1}$. Durch Fortsetzung des Verfahrens erhalten wir, daß mit $\mathfrak{E}_1 \vee \cdots \vee \mathfrak{E}_n$ auch $\mathfrak{A}$ herleitbar sein müßte. Da aber $\mathfrak{A}$ nicht herleitbar ist, ist $\mathfrak{E}_1 \vee \cdots \vee \mathfrak{E}_n$ und auch $\mathfrak{D}_1 \vee \cdots \vee \mathfrak{D}_n$ nicht herleitbar.

b) Da $\mathfrak{D}_1 \vee \cdots \vee \mathfrak{D}_n$ nicht herleitbar ist, so ist es nach 1. nicht allgemeingültig und es gibt eine Ersetzung für die Aussagen-, Individuen- und Prädikatvariablen in dem Bereich der Zahlen $(0, 1, \ldots, n \cdot l)$, die der Formel den Wert „falsch" erteilt. Bei dieser Ersetzung können, wie aus 1. hervorgeht, die Individuenvariablen $z_0, z_1, z_2, \ldots$ durch $0, 1, 2, \ldots$ ersetzt werden. Wir können für jedes n ein bestimmtes falschmachendes Ersetzungssystem für $\mathfrak{D}_1 \vee \cdots \vee \mathfrak{D}_n$ herausgreifen, das wir Φ_n nennen wollen.

Wir geben nun eine Ersetzung für die in $\mathfrak{A}$ vorkommenden Aussage- und Prädikatvariablen im Bereiche der nichtnegativen ganzen Zahlen an. Diese Ersetzung muß so beschaffen sein, daß einmal jeder Aussagevariablen der Wert „$\vee$" oder „$\wedge$" zugeordnet wird, ferner muß auch jeder Formel $F\alpha_1 \ldots \alpha_p$, wo F eine p-stellige Prädikatvariable ist und $\alpha_1, \ldots, \alpha_p$ irgendwelche Zahlen sind, der Wert „$\vee$" oder „$\wedge$" zugeordnet werden. Wir können diese Einzelformeln, für die Wahrheitswerte zu geben sind, in eine bestimmte abzählbare Reihenfolge bringen. Dabei ist es zweckmäßig, wenn wir für die Aussagenvariablen die Bezeichnungen $A_1, \ldots, A_r$, für die Prädikatvariablen die Bezeichnungen $F_1, \ldots, F_s$ wählen. Die Reihenfolge wollen wir nun folgendermaßen wählen: Zuerst kommen $A_1, \ldots, A_r$; dann kommen Formeln, in denen es sich um die Bestimmung der Werte der Prädikatvariablen für den Gegenstand 0 handelt, und zwar zuerst die Formeln mit F_1, dann mit $F_2, \ldots, F_s$, wobei innerhalb jeder Gruppe noch lexikographisch geordnet

§ 8. Die Widerspruchsfreiheit und Vollständigkeit des Axiomensystems 103

werden kann. Dann kommt die Bestimmung der Werte der Prädikatenvariablen für die Gegenstände 0 und 1, soweit diese Werte nicht schon vorher festgelegt sind. Innerhalb dieser Einzelformeln wird entsprechend wie oben geordnet. Dann kommen die Formeln, in denen es sich um die Bestimmung der Werte der Prädikatenvariablen für die Gegenstände 0, 1, 2 handelt, usw. Jede andere Reihenfolge leistet übrigens dieselben Dienste.

Nun wird die Wertung der erwähnten Formeln in der folgenden Weise vorgenommen. Falls die erste Formel bei unendlich vielen Φ_n den Wert „$\vee$" erhält, so erhält sie den Wert „$\vee$", sonst den Wert „$\wedge$". Es seien ferner schon für die ersten n derartigen Formeln die Wahrheitswerte festgelegt. Falls die $(n + 1)$-te Formel bei unendlichen vielen Φ_n, in denen die ersten n Formeln die festgelegten Wahrheitswerte bekommen, den Wert „$\vee$" erhält, so wird für sie der Wert „$\vee$" genommen, andernfalls der Wert „$\wedge$".

Wir behaupten nun, bei dieser Ersetzung im Bereiche der nicht-negativen ganzen Zahlen erhält $\exists x_1 \ldots \exists x_k \forall y_1 \ldots \forall y_l \mathfrak{B}(x_1, \ldots, x_k; y_1, \ldots, y_l)$ den Wert „$\wedge$". In der Tat nehmen wir irgendein k-tupel $(n_1, \ldots, n_k)$ von Zahlen, so wird $\mathfrak{B}(n_1, \ldots, n_k; (n-1) \cdot l + 1, \ldots, n \cdot l)$ bei allen Φ_n, die überhaupt so weit gehen, falsch, d. h. auch bei der Ersetzung im Bereiche der nicht-negativen ganzen Zahlen. Demnach wird $\forall x_1 \ldots \forall x_k \exists y_1 \ldots \exists y_l \mathfrak{B}(x_1, \ldots, x_k; y_1, \ldots, y_l)$ bei dieser Ersetzung richtig, oder was das gleiche ist, $\overline{\forall x_1 \ldots \forall x_k \exists y_1 \ldots \exists y_l \mathfrak{B}(x_1, \ldots, x_k; y_1, \ldots, y_l)}$ oder $\exists x_1 \ldots \exists x_k \forall y_1 \ldots \forall y_l \mathfrak{B}(x_1, \ldots, x_k; y_1, \ldots, y_l)$ wird falsch.

Daher ist die Formel $\mathfrak{A}$ nicht allgemeingültig, weil sie im Bereiche der nicht-negativen ganzen Zahlen nicht allgemeingültig ist. Die Vollständigkeit des Axiomensystems ist damit bewiesen.

Wir dürfen also in Zukunft die Begriffe „in dem Axiomensystem herleitbarer Ausdruck" und „allgemeingültiger Ausdruck" im gleichen Sinne gebrauchen. Zum Beispiel gelten die § 5—§ 7 abgeleiteten Sätze, falls man darin das Wort „herleitbar" durch „allgemeingültig" ersetzt.

Wir sahen, daß eine nicht herleitbare, d. h. nicht allgemeingültige Formel, nicht gültig ist im Bereiche der nicht-negativen ganzen Zahlen. Statt des Bereiches der nicht-negativen ganzen Zahlen können wir auch den Bereich der natürlichen Zahlen nehmen, da der Bereich der natürlichen Zahlen aus dem der nicht-negativen ganzen Zahlen durch bloße Umbenennung hervorgeht. Streng genommen haben wir dies aber nur für die Formeln in der Skolemschen Normalform gezeigt, was für den obigen Vollständigkeitsbeweis genügte. Zum vollständigen Beweise, daß ein nicht allgemeingültiger Ausdruck nicht im Bereiche der nicht-negativen ganzen Zahlen gültig ist, brauchen wir noch den folgenden Satz:

XXIII. Zu jedem Ausdruck $\mathfrak{A}$ kann man einen anderen $\mathfrak{B}$ in der Skolemschen Normalform angeben, so daß in einem beliebigen Bereich $\mathfrak{A}$ dann und nur dann gültig ist, wenn $\mathfrak{B}$ darin gültig ist.

Der Beweis dieses Satzes macht keine Mühe, wenn wir den Beweis von XXII verfolgen und überlegen, daß man „herleitbar" durch „allgemeingültig" ersetzen kann und daß die Allgemeingültigkeit die Gültigkeit in jedem Bereich nach sich zieht. Demnach haben wir den folgenden Satz:

XXIV. Ist ein Ausdruck für den Bereich der natürlichen Zahlen gültig, so ist er allgemeingültig. — Man kann das auch mit dem Begriff „erfüllbar" ausdrücken (vgl. § 3). Dann lautet der Satz: Ist ein Ausdruck überhaupt erfüllbar, so auch im Bereiche der natürlichen Zahlen.

Der letzte wichtige Satz, der hier als ein Nebenergebnis unseres Vollständigkeitsbeweises herausgekommen ist, läßt sich für sich einfacher gewinnen. Er wurde zuerst von L. LÖWENHEIM [20] und dann wesentlich einfacher von TH. SKOLEM [30] bewiesen, so daß man ihn auch den *Löwenheim-Skolemschen* Satz nennt.

Wir bemerken noch, daß die Vollständigkeit des Prädikatenkalküls in ausgesprochener Form zuerst von K. GÖDEL [7] gezeigt wurde, obwohl sie auch schon in den Untersuchungen von J. HERBRAND [10] enthalten ist. Andere Vollständigkeitsbeweise sind später von L. HENKIN [9] und K. SCHÜTTE [28] gegeben worden.

§ 9. Der Prädikatenkalkül mit Identität

Der Prädikatenkalkül mit Identität entsteht aus dem gewöhnlichen Prädikatenkalkül, indem man zu den Aussagen- und Prädikatenvariablen das zweistellige Prädikat der Identität „$x = y$" hinzunimmt. Dies ist insofern berechtigt, als das Prädikat der Identität ein rein logisches Prädikat ist.

Um die Ausdrücke dieses Kalküls zu definieren, brauchen wir den Regeln 1.—5. von § 3 nur die folgende Regel hinzuzufügen:

6. Man erhält einen Ausdruck, indem man vor und hinter das Zeichen „=" eine Individuenvariable setzt. — Derartige Ausdrücke werden ebenfalls als Primformeln bezeichnet.

Die Identität ist dadurch charakterisiert, daß einmal „$x = x$" und andererseits „$x = y \rightarrow (Fx \rightarrow Fy)$" eine allgemeingültige Formel ist. Mit der Hinzunahme der Identität haben wir die Möglichkeit, Angaben über die Anzahl der Elemente des zugrunde liegenden Individuenbereichs zu machen. So besagt die Richtigkeit des Ausdrucks „$\forall x \forall y \, (x = y)$", daß der Individuenbereich nur ein einziges Element enthält, da die Formel nur in einem solchen Bereiche richtig ist. Ferner können wir ausdrücken, daß der Individuenbereich höchstens zwei, höchstens drei, usw. Elemente enthält. Dies geschieht durch die Formeln „$\forall x \exists y \exists z \, (x = y \lor x = z)$", „$\forall x \exists y \exists z \exists u \, (x = y \lor x = z \lor x = u)$", usw. Ebenso können wir auch zum Ausdruck bringen, daß der Individuenbereich mindestens zwei, mindestens drei, usw. Elemente enthält. Dazu dienen die Formeln „$\exists x \exists y \neg (x = y)$", „$\exists x \exists y \exists z (\neg (x = y) \wedge \wedge \neg (x = z) \wedge \neg (y = z))$", „$\exists x \exists y \exists z \exists u (\neg (x = y) \wedge \neg (x = z) \wedge \wedge \neg (x = u) \wedge \neg (y = z) \wedge \neg (y = u) \wedge \neg (z = u))$", usw. Durch Konjunktion dieser Formeln vermögen wir auch auszudrücken, daß der Individuenbereich genau zwei, genau drei, usw. Elemente enthält. Daß z. B. der Individuenbereich genau zwei Elemente enthält, drückt sich aus durch „$\forall x \exists y \exists z (x = y \vee x = z) \wedge \exists x \exists y \neg (x = y)$". Denn das erste Konjunktionsglied ist nur dann richtig, wenn höchstens zwei Elemente vorhanden sind, das zweite nur dann, wenn mindestens zwei Elemente vorhanden sind. Die ganze Konjunktion ist also nur dann richtig, wenn genau zwei Elemente vorhanden sind. Entsprechend läßt sich ausdrücken, daß genau drei Elemente vorhanden sind, usw.

Die obige Art, die genaue n-Zahligkeit eines Individuenbereichs wiederzugeben, ist nicht die einzige. So läßt sich z. B. die genaue 2-Zahligkeit eines Individuenbereichs auch ausdrücken durch die Formel „$\forall x \exists y \exists z (\neg (y = z) \wedge (x = y \vee x = z))$". Wir sind jetzt auch imstande, die Aussage, daß ein bestimmter Ausdruck 1-gültig, 2-gültig usw. ist, durch die Allgemeingültigkeit eines anderen Ausdrucks zur Darstellung zu bringen. Nehmen wir etwa den Ausdruck „$\neg Fx \vee Fy$", von dem wir früher erwähnten, daß er 1-gültig ist. Die 1-Gültigkeit dieses Ausdrucks besagt genau dasselbe wie die Allgemeingültigkeit des Ausdrucks „$\forall z \forall u (z = u) \to \neg Fx \vee Fy$". Denn hat der Individuenbereich mehr als ein Element, so wird das Vorderglied der Implikation falsch, der ganze Ausdruck also bei beliebigen Einsetzungen für F, x und y richtig. Ist genau ein Element vorhanden, so werden Vorder- und Hinterglied der Implikation, letzteres bei beliebigen Einsetzungen, richtig. Ist andererseits „$\forall z \forall u (z = u) \to \neg Fx \vee Fy$" allgemeingültig, so ist es auch 1-gültig. Da das Vorderglied der Implikation in einem Bereich mit nur einem Element richtig ist, muß dasselbe für das Hinterglied bei beliebigen Einsetzungen der Fall sein. Bedeutet allgemein $\mathfrak{Z}_n$ diejenige Formel, die ausdrückt, daß der Individuenbereich genau n Elemente enthält, so ist die n-Gültigkeit einer Formel $\mathfrak{A}$ gleichbedeutend mit der Allgemeingültigkeit von $\mathfrak{Z}_n \to \mathfrak{A}$. Bedeuten ferner $\mathfrak{M}_n$ und $\mathfrak{H}_n$ diejenigen Formeln, die ausdrücken, daß der Individuenbereich mindestens n bzw. höchstens n Elemente enthält, so bedeutet die Allgemeingültigkeit von $\mathfrak{M}_n \to \mathfrak{A}$, daß $\mathfrak{A}$ in allen Bereichen gültig ist, die mindestens n Elemente besitzen, und die Allgemeingültigkeit von $\mathfrak{H}_n \to \mathfrak{A}$, daß $\mathfrak{A}$ in allen Bereichen gültig ist, die höchstens n Elemente haben.

Ein *Axiomensystem*, das uns die allgemeingültigen Ausdrücke des Prädikatenkalküls mit Identität liefert, erhalten wir durch eine einfache Erweiterung des Axiomensystems für die allgemeingültigen Ausdrücke des Prädikatenkalküls ohne Identität. Das letzte hatte die folgenden

Grundformeln (vgl. § 4): Grundformeln sind alle Ausdrücke der Form $\mathfrak{A}_1 \vee \cdots \vee \mathfrak{A}_n$, bei denen jedes $\mathfrak{A}_i$ eine Primformel oder eine negierte Primformel oder ein Ausdruck der Form $\exists x \mathfrak{B}$ ($\exists y \mathfrak{B}$ usw.) ist und bei denen außerdem zwei Disjunktionsglieder $\mathfrak{A}_i$ und $\overline{\mathfrak{A}_i}$ auftreten, wo dann $\mathfrak{A}_i$ eine Primformel sein muß.

Wir erweitern jetzt den Bereich der zugelassenen *Grundformeln* in der folgenden Weise:

1. Grundformeln sind alle Ausdrücke der Form $\mathfrak{A}_1 \vee \cdots \vee \mathfrak{A}_n$, bei denen jedes $\mathfrak{A}_i$ eine Primformel oder eine negierte Primformel oder ein Ausdruck der Form $\exists x \mathfrak{B}$ ($\exists y \mathfrak{B}$ usw.) ist und bei denen außerdem mindestens eine der folgenden Bedingungen erfüllt ist: Es gibt ein i, so daß die Primformel $\mathfrak{A}_i$ und $\overline{\mathfrak{A}_i}$ als Disjunktionsglieder vorkommen; es kommt ein Disjunktionsglied „$x = x$" (oder „$y = y$" usw.) vor.

2. Weiter sind solche Ausdrücke Grundformeln, die sich auf die Grundformeln 1. reduzieren lassen. Unter der Reduktion eines Ausdrucks verstehen wir folgendes: Es kommen in dem Ausdruck ein Disjunktionsglied „$\overline{(x = y)}$" vor. Wir reduzieren den Ausdruck, indem wir das Disjunktionsglied „$\overline{(x = y)}$" fortlassen und in dem Restausdruck überall x durch y ersetzen. Das gleiche gilt entsprechend, falls statt x und y andere Variable stehen. Diese Reduktion wird evtl. mehrmals vorgenommen, bis der Ausdruck kein Disjunktionsglied $\overline{(\mathfrak{a} = \mathfrak{b})}$, wo $\mathfrak{a}$ und $\mathfrak{b}$ Individuenvariable sind, mehr enthält.

Eine Grundformel 2) ist z. B. „$\overline{(x=y)} \vee \overline{(z=u)} \vee Fxz \vee \overline{Fyu}$". Denn durch die Reduktion erhält man zunächst „$\overline{(z=u)} \vee Fyz \vee \overline{Fyu}$" und weiter „$Fyu \vee \overline{Fyu}$", also eine Grundformel der 1. Art.

Was die *Ableitungsregeln* anbetrifft, so werden die Regeln (a)—(d) des Systems von § 4 in unveränderter Form übernommen. Geben wir ein einfaches Beispiel für eine Herleitung, nämlich die Herleitung des oben als allgemeingültig bezeichneten Ausdrucks „$\forall z \forall u (z=u) \to \overline{Fx} \vee Fy$". Der Ausdruck lautet ohne Abkürzungen „$\overline{\overline{\exists z (\overline{\overline{\exists u} \overline{(z=u)}})}} \vee \overline{Fx} \vee Fy$".

Herleitung.

$\exists z (\overline{\overline{\exists u} \overline{(z=u)}}) \vee \exists u \overline{(x=u)} \vee \overline{(x=y)} \vee \overline{Fx} \vee Fy$.

(Dies ist eine Grundformel 2), da sie sich auf

„$\exists z (\overline{\overline{\exists u} \overline{(z=u)}}) \vee \exists u \overline{(y=u)} \vee \overline{Fy} \vee Fy$"

reduzieren läßt)

$\exists z (\overline{\overline{\exists u} \overline{(z=u)}}) \vee \exists u \overline{(x=u)} \vee \overline{Fx} \vee Fy$ [nach (d)]

$\exists z (\overline{\overline{\exists u} \overline{(z=u)}}) \vee \overline{\overline{\exists u} \overline{(x=u)}} \vee \overline{Fx} \vee Fy$ [nach (a)]

$\exists z (\overline{\overline{\exists u} \overline{(z=u)}}) \vee \overline{Fx} \vee Fy$ [nach (d)]

$\overline{\overline{\exists z (\overline{\overline{\exists u} \overline{(z=u)}})}} \vee \overline{Fx} \vee Fy$ [nach (a)].

§ 9. Der Prädikatenkalkül mit Identität   107

Zeigen wir nun, daß das Axiomensystem so beschaffen ist, daß alle allgemeingültigen Formeln des Prädikatenkalküls mit Identität und nur solche herzuleiten sind. Zunächst ist leicht einzusehen, daß nur allgemeingültige Formeln hergeleitet werden können. Für die Grundformeln 1) ist die Allgemeingültigkeit ohne weiteres klar. Eine Grundformel 2) hat, abgesehen von der Reihenfolge der Disjunktionsglieder die Form $\neg(x = y) \vee \mathfrak{B}$. Ersetzt man x durch y, so gehe $\mathfrak{B}$ in $\mathfrak{B}'$ über, das wir als allgemeingültig voraussetzen können. Nimmt man nun in irgendeinem Individuenbereich eine Ersetzung aller nicht gebundenen Variablen durch entsprechende bestimmte Dinge (Prädikate, Aussagen, Gegenstände) vor, so werden dabei entweder x und y durch verschiedene Gegenstände ersetzt. Dann ist die entstehende Aussage richtig, da „$\neg(x = y)$" richtig wird. Oder x und y werden durch die gleichen Gegenstände ersetzt. Die Ersetzung für $\mathfrak{B}$ ist in diesem Falle die gleiche wie eine für $\mathfrak{B}'$, so daß $\mathfrak{B}$ und damit der ganze Ausdruck richtig wird. Demnach hat die Allgemeingültigkeit von $\mathfrak{B}'$ immer die von $\neg(x = y) \vee \mathfrak{B}$ zur Folge. Mit den Grundformeln 1) sind demnach auch die Grundformeln 2) allgemeingültig. Von den Regeln (a)—(d) hatten wir schon in § 4 gezeigt, daß bei beliebigen Einsetzungen die Unterformel eine Konsequenz der Oberformel, bzw. der beiden Oberformeln ist, so daß also die Regeln (a)—(d) von allgemeingültigen Formeln wieder zu allgemeingültigen führen.

Schwieriger ist es, die *Vollständigkeit* des Axiomensystems zu zeigen, d. h. zu zeigen, daß es *alle* allgemeingültigen Formeln liefert. Wir beweisen zunächst den folgenden Satz:

XXV. Zu jedem Ausdruck $\mathfrak{A}$ des Prädikatenkalküls mit Identität kann man einen Ausdruck $\mathfrak{B}$ angeben, der die Identität nicht enthält, so daß $\mathfrak{A}$ dann und nur dann allgemeingültig ist, wenn $\mathfrak{B}$ allgemeingültig ist.

Die in dem Ausdruck $\mathfrak{A}$ vorkommenden Prädikatenvariablen wollen wir mit $F_1, \ldots, F_r$ bezeichnen. H sei eine in dem Ausdruck nicht vorkommende zweistellige Prädikatenvariable. Ferner mögen die Individuenvariablen $z_0, z_1, z_2, \ldots$ nicht in freier Form in $\mathfrak{A}$ vorkommen. Wir definieren nun für jedes der F_i einen Ausdruck $\mathfrak{J}(F_i, H)$. Ist F_i eine p-stellige Prädikatenvariable, so bedeutet $\mathfrak{J}(F_i, H)$ den folgenden Ausdruck:

$$\exists z_0 \exists z_1 \ldots \exists z_p [(H z_0 z_1 \wedge F_i z_0 z_2 \ldots z_p \wedge \neg F_i z_1 z_2 \ldots z_p) \vee$$
$$\vee (H z_0 z_2 \wedge F_i z_1 z_0 z_3 \ldots z_p \wedge \neg F_i z_1 z_2 z_3 \ldots z_p) \vee \cdots$$
$$\vee (H z_0 z_p \wedge F_i z_1 z_2 \ldots z_{p-1} z_0 \wedge \neg F_i z_1 z_2 \ldots z_{p-1} z_p)].$$

Dieser Ausdruck $\mathfrak{J}(F_i, H)$ hat die folgende Eigenschaft: Wird darin H durch das zweistellige Prädikat der Identität ersetzt, so wird der Ausdruck bei beliebiger Ersetzung der Prädikatenvariablen F_i durch bestimmte Prädikaten in jedem Individuenbereich falsch. Man berücksichtige nämlich, daß $\overline{}(z_0 = z_1) \vee \overline{} F_i z_0 z_2 \ldots z_p \vee F_i z_1 z_2 \ldots z_p$ eine allgemeingültige Formel ist, mithin $z_0 = z_1 \wedge F_i z_0 z_2 \ldots z_p \wedge \overline{} F_i z_1 z_2 \ldots z_p$ bei jeder Ersetzung in jedem Bereich falsch wird. Das gleiche gilt für $z_0 = z_2 \wedge F_i z_1 z_0 z_3 \ldots z_p \wedge \overline{} F_i z_1 z_2 \ldots z_p, \ldots, z_0 = z_p \wedge F_i z_1 \ldots z_{p-1} z_0 \wedge \overline{} F_i z_1 \ldots z_p$.

Ersetzt man in $\mathfrak{A}$ das Prädikat „$=$" durch H, d. h. schreibt man für jede Primformel $\mathfrak{a} = \mathfrak{b}$ von $\mathfrak{A}$, wo $\mathfrak{a}$ und $\mathfrak{b}$ Individuenvariable sind, $H\mathfrak{a}\mathfrak{b}$, so möge $\mathfrak{A}$ in $\mathfrak{A}'$ übergehen. Als den in XXV genannten Ausdruck $\mathfrak{B}$ geben wir nun den Ausdruck

$$\exists z_0 \overline{} H z_0 z_0 \vee \exists z_0 \exists z_1 \exists z_2 (H z_0 z_1 \wedge H z_2 z_1 \wedge \overline{} H z_0 z_2) \vee$$
$$\vee \mathfrak{J}(F_1, H) \vee \cdots \vee \mathfrak{J}(F_r, H) \vee \mathfrak{A}'$$

an.

Ist $\mathfrak{B}$ allgemeingültig, so muß auch der Ausdruck allgemeingültig sein, der aus $\mathfrak{B}$ dadurch entsteht, daß man H überall durch „$=$" ersetzt. Nun sind aber $\exists z_0 \overline{}(z_0 = z_0)$ und $\exists z_0 \exists z_1 \exists z_2 (z_0 = z_1 \wedge z_2 = z_1 \wedge \overline{}(z_0 = z_2))$ für jeden Bereich falsche Formeln. Ferner werden die Formeln $\mathfrak{J}(F_i, =)$ bei beliebiger Ersetzung der F_i durch bestimmte Prädikate und in jedem Bereich falsch. Da nun $\mathfrak{A}'$ bei der Ersetzung von H durch „$=$" in $\mathfrak{A}$ übergeht, ergibt sich, daß die Allgemeingültigkeit von $\mathfrak{B}$ die von $\mathfrak{A}$ zur Folge hat.

Sei ferner $\mathfrak{B}$ nicht allgemeingültig. Wir wollen $\mathfrak{A}$ genauer in der Form $\mathfrak{A}(F_1, \ldots, F_r, =, x_1, \ldots, x_k, A_1, \ldots, A_l)$ schreiben, wo $x_1, \ldots, x_k$ die etwa vorkommenden freien Individuenvariablen und $A_1, \ldots, A_l$ die Aussagevariablen sein mögen. $\mathfrak{A}'$ hätte dann die Form $\mathfrak{A}(F_1, \ldots, F_r, H, x_1, \ldots, x_k, A_1, \ldots, A_l)$. Da $\mathfrak{B}$ nicht allgemeingültig ist, gibt es einen Individuenbereich J und darin ein zweistelliges Prädikat Φ, Prädikate $\Psi_1, \ldots, \Psi_r$, Gegenstände $\alpha_1, \ldots, \alpha_k$ sowie Aussagen $\Theta_1, \ldots, \Theta_l$, so daß $\mathfrak{B}$ bei der Ersetzung von H durch Φ, von $F_1, \ldots, F_r$ durch $\Psi_1, \ldots, \Psi_r$, von $x_1, \ldots, x_k$ durch $\alpha_1, \ldots, \alpha_k$ und von $A_1, \ldots, A_l$ durch $\Theta_1, \ldots, \Theta_l$ falsch wird. Da $\mathfrak{B}$ eine Disjunktion ist, bedeutet das, daß die Aussagen $\exists z_0 \overline{} \Phi z_0 z_0$, $\exists z_0 \exists z_1 \exists z_2 (\Phi z_0 z_1 \wedge \Phi z_2 z_1 \wedge \overline{} \Phi z_0 z_2)$, $\mathfrak{J}(\Psi_1, \Phi), \ldots, \mathfrak{J}(\Psi_r, \Phi), \mathfrak{A}(\Psi_1, \ldots, \Psi_r, \Phi, \alpha_1, \ldots, \alpha_k, \Theta_1, \ldots, \Theta_l)$ alle falsch sind.

Da $\exists x \overline{} \Phi x x$ falsch ist, ist $\forall x \Phi x x$ richtig, d. h. Φ ist reflexiv. Da $\exists x \exists y \exists z (\Phi x y \wedge \Phi z y \wedge \overline{} \Phi x z)$ falsch ist, ist erst recht $\exists x \exists z (\Phi x x \wedge \Phi z x \wedge \overline{} \Phi x z)$ falsch, d. h. wegen der Reflexivität von Φ ist $\exists x \exists z (\Phi z x \wedge \overline{} \Phi x z)$ falsch, oder $\forall x \forall z (\Phi x z \to \Phi z x)$ ist richtig. Das heißt Φ ist symmetrisch. Da ferner $\exists x \exists y \exists z (\Phi x y \wedge \Phi z y \wedge \overline{} \Phi x z)$ falsch ist und wegen der Symmetrie von Φ auch $\exists x \exists y \exists z (\Phi x y \wedge \Phi y z \wedge \overline{} \Phi x z)$, ist $\forall x \forall y \forall z (\Phi x y \wedge \Phi y z \to \Phi x z)$ richtig, d. h. Φ ist transitiv.

Wir teilen nun die Gegenstände von J in sich ausschließende Klassen ein. Zwei Gegenstände α und β von J gehören dann und nur dann zur

§ 9. Der Prädikatenkalkül mit Identität

gleichen Klasse, wenn $\varPhi\alpha\beta$ der Fall ist. Wegen der Reflexivität, Symmetrie und Transitivität von $\varPhi$ ist diese Klasseneinteilung eindeutig. Falls $\varPsi_i$ ein p-stelliges Prädikat ist und $\beta_1, \ldots, \beta_p, \gamma_1, \ldots, \gamma_p$ irgendwelche Gegenstände aus J sind, haben $\varPsi_i \beta_1 \ldots \beta_p$ und $\varPsi_i \gamma_1 \ldots \gamma_p$ den gleichen Wahrheitswert, falls β_1 und $\gamma_1, \ldots, \beta_p$ und γ_p jeweils zur gleichen Klasse gehören. Das ergibt sich daraus, daß $\mathfrak{J}(\varPsi_i, \varPhi)$ falsch ist.

Wir nehmen nun einen neuen Individuenbereich J', dessen Elemente die angegebenen Klassen mit Elementen aus J sind. Zwei Elemente δ_1 und δ_2 von J' sind dann und nur dann identisch, falls $\varPhi\beta_1\beta_2$ der Fall ist, wo β_1 ein Element von δ_1 und β_2 ein Element von δ_2 ist. Wir definieren nun in J' Prädikate $\varPsi'_1, \ldots, \varPsi'_r$, die jeweils die gleiche Stellenzahl haben wie $\varPsi_1, \ldots, \varPsi_r$. Die Definition geschieht so: Ist $\varPsi'_i$ p-stellig und sind $\delta_1, \ldots, \delta_p$ irgendwelche Elemente von J', so ist $\varPsi'_i \delta_1 \ldots \delta_p$ dann und nur dann richtig, falls $\varPsi_i \beta_1 \ldots \beta_p$ richtig ist, wo β_1 ein Element von $\delta_1, \ldots, \beta_p$ ein Element von δ_p ist.

Wir behaupten nun, $\mathfrak{A}(\varPsi'_1, \ldots, \varPsi'_r, =, \zeta_1, \ldots, \zeta_k, \varTheta_1, \ldots, \varTheta_l)$ ist falsch. Dabei sind $\zeta_1, \ldots, \zeta_k$ die Klassen, zu denen die früher erwähnten Elemente $\alpha_1, \ldots, \alpha_k$ von J gehören. Um das zu beweisen, wollen wir die Behauptung allgemeiner formulieren. Irgendein Teilausdruck von $\mathfrak{A}(F_1, \ldots, F_r, =, x_1, \ldots, x_k, A_1, \ldots, A_l)$ hat die Form $\mathfrak{C}(F_1, \ldots, F_r, =, x_1, \ldots, x_k, y_1, \ldots, y_l, A_1, \ldots, A_l)$, da er ja weitere freie Variable enthalten kann, während die sonstigen Variablen nicht alle vorzukommen brauchen. Unter den Teilausdrücken von $\mathfrak{A}$ soll $\mathfrak{A}$ selbst eingeschlossen sein. Unsere verallgemeinerte Behauptung lautet nun: Falls $\alpha_1, \ldots, \alpha_k$, $\beta_1, \ldots, \beta_s$ Gegenstände aus J sind und $\delta_1, \ldots, \delta_k, \varepsilon_1, \ldots, \varepsilon_s$ Elemente von J', so daß immer α_i Element von δ_i und β_j Element von ε_j ist, so sollen die beiden Aussagen $\mathfrak{C}(\varPsi_1, \ldots, \varPsi_r, \varPhi, \alpha_1, \ldots, \alpha_k, \beta_1, \ldots, \beta_s, \varTheta_1, \ldots, \varTheta_l)$ und $\mathfrak{C}(\varPsi'_1, \ldots, \varPsi'_r, =, \delta_1, \ldots, \delta_k, \varepsilon_1, \ldots, \varepsilon_s, \varTheta_1, \ldots, \varTheta_l)$ den gleichen Wahrheitswert haben. Zur Abkürzung wollen wir die erste Aussage mit $\mathfrak{D}$ und die zweite mit $\mathfrak{E}$ bezeichnen.

Wir beweisen das durch Induktion nach der Gesamtzahl der in $\mathfrak{C}$ vorkommenden Zeichen „$\overrightarrow{}$", „$\vee$" und „$\exists$".

1. Diese Anzahl sei 0. $\mathfrak{D}$ und $\mathfrak{E}$ haben dann entweder beide eine Form $\varTheta_i$. Oder $\mathfrak{D}$ besteht aus $\varPsi_i$ mit dahinterstehenden speziellen Gegenständen aus J und $\mathfrak{E}$ aus $\varPsi'_i$ mit den dahinterstehenden entsprechenden Klassen, die Elemente von J' sind. Oder $\mathfrak{D}$ hat die Form $\varPhi \gamma_1 \gamma_2$ und $\mathfrak{E}$ die Form $\delta_1 = \delta_2$, wo γ_1 Element von δ_1 und γ_2 Element von δ_2 ist. In allen Fällen ergibt sich nach dem vorhergehenden der gleiche Wahrheitswert für $\mathfrak{D}$ und $\mathfrak{E}$.

2. Diese Anzahl sei n $(n \neq 0)$. Für kleinere Anzahlen sei die Richtigkeit der Behauptung schon gezeigt. Haben $\mathfrak{D}$ und $\mathfrak{E}$ die Formen $\overrightarrow{} \mathfrak{D}_1$ und $\overrightarrow{} \mathfrak{E}_1$, so haben $\mathfrak{D}$ und $\mathfrak{E}$ gleichen Wahrheitswert, weil nach Voraussetzung $\mathfrak{D}_1$ und $\mathfrak{E}_1$ den gleichen Wahrheitswert haben. Haben $\mathfrak{D}$ und $\mathfrak{E}$

die Formen $\mathfrak{D}_1 \lor \mathfrak{D}_2$ und $\mathfrak{E}_1 \lor \mathfrak{E}_2$, so haben $\mathfrak{D}$ und $\mathfrak{E}$ den gleichen Wahrheitswert, weil $\mathfrak{D}_1$ und $\mathfrak{E}_1$ und $\mathfrak{D}_2$ und $\mathfrak{E}_2$ nach Voraussetzung den gleichen Wahrheitswert haben. Endlich habe $\mathfrak{D}$ die Form $\exists x \mathfrak{D}_1(x)$ und $\mathfrak{E}$ die Form $\exists x \mathfrak{D}_2(x)$. Ist nun $\exists x \mathfrak{D}_1(x)$ richtig, so gibt es ein Element β von J, so daß $\mathfrak{D}_1(\beta)$ richtig ist. Ist δ die Klasse zu der β gehört, so ist nach Voraussetzung $\mathfrak{D}_2(\delta)$ richtig, d. h. auch $\exists x \mathfrak{D}_2(x)$ ist richtig. Ist $\exists x \mathfrak{D}_1(x)$ falsch, so ist $\mathfrak{D}_1(\beta)$ falsch, wo β ein beliebiges Element aus J bedeutet. Nach Voraussetzung ist $\mathfrak{D}_2(\delta)$ falsch, wo δ ein beliebiges Element von J' ist. Daher ist auch $\exists x \mathfrak{D}_2(x)$ falsch.

Als spezielle Anwendung der bewiesenen Behauptung ergibt sich, daß $\mathfrak{A}(\Psi_1, \ldots, \Psi_r, \Phi, \alpha_1, \ldots, \alpha_k, \Theta_1, \ldots, \Theta_l)$ und $\mathfrak{A}(\Psi_1', \ldots, \Psi_r', =, \zeta_1, \ldots, \zeta_k, \Theta_1, \ldots, \Theta_l)$ den gleichen Wahrheitswert haben, und da die erste Aussage falsch ist, ist es auch die zweite. Wir haben damit aus der Nichtallgemeingültigkeit von $\mathfrak{B}$ geschlossen, daß auch $\mathfrak{A}(F_1, \ldots, F_r, =, x_1, \ldots, x_k, A_1, \ldots, A_l)$ nicht allgemeingültig ist. Damit ist Satz XXV bewiesen.

Nun wollen wir zeigen, daß jede allgemeingültige Formel auch herleitbar ist. Es sei der Ausdruck $\mathfrak{A}$ allgemeingültig. Nach Satz XXV ist der Ausdruck

$$\exists z_0 \neg H z_0 z_0 \lor \exists z_0 z_1 z_2 (H z_0 z_1 \land H z_2 z_1 \land \neg H z_0 z_2) \lor$$
$$\lor \mathfrak{J}(F_1, H) \lor \cdots \lor \mathfrak{J}(F_r, H) \lor \mathfrak{A}'$$

allgemeingültig. Da er nicht die Identität enthält, ist er in dem Axiomensystem von § 4 und natürlich auch in dem umfassenderen jetzigen System herleitbar. Ersetzen wir nun in der Herleitung überall H durch „=", so bleibt das offenbar eine Herleitung. Demnach ist also

$$\exists z_0 \neg (z_0 = z_0) \lor \exists z_0 z_1 z_2 (z_0 = z_1 \land z_2 = z_1 \land \neg (z_0 = z_2)) \lor$$
$$\lor \mathfrak{J}(F_1, =) \lor \cdots \lor \mathfrak{J}(F_r, =) \lor \mathfrak{A} \quad *$$

herleitbar. Ferner sind $\neg \exists_0 \neg (z_0 = z_0)$, $\neg \exists_0 z_1 z_2 (z_0 = z_1 \land z_2 = z_1 \land \neg (z_0 = z_2))$, $\neg \mathfrak{J}(F_1, =), \ldots, \neg \mathfrak{J}(F_r, =)$ herleitbar. Die Herleitungen dieser Formeln sind leicht zu finden, da bei ihnen nur die Regeln (a)—(c) gebraucht werden, so daß man in ganz eindeutiger Weise zu den Oberformeln aufsteigt. Aus diesen Formeln erhält man unter alleiniger und mehrfacher Anwendung von (b)

$$\neg [\exists z_0 \neg (z_0 = z_0) \lor \exists z_0 z_1 z_2 (z_0 = z_1 \land z_2 = z_1 \land \neg (z_0 = z_2)) \lor$$
$$\lor \mathfrak{J}(F_1, =) \lor \cdots \lor \mathfrak{J}(F_r, =)] \quad **.$$

Nun gelten die in § 5 für das Axiomensystem von § 4 aufgestellten Sätze auch sämtlich für unser jetziges Axiomensystem. Wir wollen uns eine detaillierte Prüfung ersparen. Der Leser möge sich aber davon überzeugen, daß die Beweisanordnung unverändert für das jetzige System gilt. Was uns hier interessiert, ist, daß auch die Abtrennungsregel von herleitbaren Formeln wieder zu herleitbaren Formeln führt. Wenden wir das auf die Formeln * und ** an, so ergibt sich, daß $\mathfrak{A}$ herleitbar ist.

Damit ist die Vollständigkeit des Axiomensystems bewiesen.

§ 10. Axiomatik wissenschaftlicher Theorien; mehrsortiger Prädikatenkalkül; Axiomensysteme der ersten und zweiten Stufe

Wir wollen jetzt angeben, wie die *Axiomatik von wissenschaftlichen Theorien* (nicht logischer Natur) in unserem Kalkül durchgeführt wird. In der Mathematik und auch in anderen Gebieten, in denen man eine axiomatische Grundlegung wählt, werden die Schlußfolgerungen aus den Axiomen meist gezogen, ohne eine formalisierte Logik zu benutzen. Mit diesem Standpunkt können wir uns hier, wo es gerade um eine Präzisierung der logischen Schlußweisen geht, nicht begnügen.

In den Axiomen einer wissenschaftlichen Theorie kommen gewisse Prädikate vor, deren Verflechtung miteinander angegeben wird. Eventuell kommen auch bestimmte Gegenstände vor. Um die Darstellung in unserem Kalkül zu geben, müssen wir zunächst den zu gebrauchenden Formelbegriff angeben. Wir haben hier den neutralen Ausdruck „Formel" gewählt, da wir den Begriff „Ausdruck" für die Formeln reserviert hatten, die sich mit Hilfe von Aussagen-, Individuen- und Prädikatvariablen aufbauen. Zugrunde liegt in jedem Falle ein gewisser Individuenbereich, auf den sich die Individuenvariablen beziehen und dem die etwa vorkommenden bestimmten Gegenstände angehören. Die Individuenvariablen sind die einzigen Variablen, die gebraucht werden. Aussagen- und Prädikatenvariable kommen nicht vor. Der *Formelbegriff* sieht nun so aus:

Eine Primformel erhält man, wenn man die Leerstellen eines vorkommenden Prädikats mit Individuenvariablen oder auch mit den Zeichen für bestimmte Gegenstände ausfüllt. Die Individuenvariablen kommen in den Primformeln in freier Form vor. Unter den Prädikaten kommt häufig auch die Identität vor. Der weitere Aufbau der Formeln geschieht mit Hilfe der Regeln 3.—5. von § 3, wobei dann immer das Wort „Ausdruck" durch „Formel" zu ersetzen ist.

Soweit die Formeln keine freien Individuenvariablen enthalten, stellen sie wirkliche Aussagen, keine bloßen Aussageformen dar.

Als *Grundformeln* unserer Schlüsse haben wir zunächst die formalisierten Axiome der wissenschaftlichen Theorie. Nur diese wollen wir in diesem Zusammenhang als Axiome bezeichnen. Wir setzen von ihnen voraus, daß sie in endlicher Zahl vorhanden sind und daß sie sich alle durch Formeln in dem angegebenen Sinne wiedergeben lassen. An zweiter Stelle kommen Grundformeln rein logischer Natur. Dies sind die entsprechenden Grundformeln, wie wir sie in § 4 bzw. in § 9 hatten, wobei nur zu beachten ist, daß wir jetzt andere Primformeln haben. An *Ableitungsregeln* haben wir zunächst die Regeln (a)—(d) von § 4. Bei der Regel (d) ist zu beachten, daß an Stelle der dort in der Oberformel vorkommenden Variablen y auch ein Zeichen für einen bestimmten Gegenstand stehen kann. Dazu kommt als weitere Ableitungsregel die *Abtrennungsregel*: Wenn $\mathfrak{A}$ und $\neg \mathfrak{A} \lor \mathfrak{B}$ herleitbar sind, dann soll auch $\mathfrak{B}$ herleitbar sein.

Daß die Abtrennungsregel, die im Prädikatenkalkül von § 4 und § 9 zwar richtige Ergebnisse liefert, aber dort entbehrlich ist, hier notwendig ist, hatten wir schon in Kapitel I, § 9 bei den entsprechenden Ausführungen für den Aussagenkalkül gezeigt. Ohne diese hätten wir z. B. nicht die allgemeine Möglichkeit, von zwei Axiomen $\exists x\, \varPhi x$ und $\neg \exists x\, \varPhi x \lor \exists x\, \varPsi x$ auf $\exists x\, \varPsi x$ zu schließen, da die Regeln (a)—(d) hierfür nicht ausreichen.

Das System der Ableitungsregeln reicht aus, um alle Folgerungen aus den Axiomen zu gewinnen. Wir dürfen dabei annehmen, daß die Axiome ohne freie Individuenvariable geschrieben sind, da wir ja immer die nötige Anzahl von Allzeichen vorsetzen können. Im übrigen kann von der Formulierung mit freien Individuenvariablen zu der mit der entsprechenden Anzahl von Allzeichen und umgekehrt mit Hilfe unserer Ableitungsregeln immer übergehen. Der erste Übergang geschieht mit Hilfe der Regel (c). Bei dem entgegengesetzten Übergang haben wir zu beachten, daß für jede Formel $\mathfrak{A}(x)$ mit der freien Variablen x die Formel $\forall x\, \mathfrak{A}(x) \to \forall y\, \mathfrak{A}(y)$ allein aus den logischen Grundformeln mit Hilfe der Regeln (a)—(d) ableitbar ist, ferner auch die Formel $\forall y\, \mathfrak{A}(y) \to \mathfrak{A}(x)$, so daß man also, falls $\forall x\, \mathfrak{A}(x)$ hergeleitet werden kann, man durch zweimalige Anwendung der Abtrennungsregel auch $\mathfrak{A}(x)$ erhält. Für die folgenden Ausführungen ist es aber wesentlich, daß die Axiome ohne freie Individuenvariable geschrieben sind.

Die in den Axiomen vorkommenden Prädikate seien $\varPhi_1, \ldots, \varPhi_n$, wobei die Identität nicht mitgezählt ist. Ferner mögen darin die bestimmten Gegenstände $\alpha_1, \ldots, \alpha_m$ vorkommen. Die Konjunktion aller Axiome ist eine Formel, die wir durch $\mathfrak{A}(\varPhi_1, \ldots, \varPhi_n, \alpha_1, \ldots, \alpha_m)$ wiedergeben wollen. Es sei nun $\mathfrak{B}(\varPhi_1, \ldots, \varPhi_n, \alpha_1, \ldots, \alpha_m, x_1, \ldots, x_l)$ eine Formel, die (wenigstens zum Teil) ebenfalls $\varPhi_1, \ldots, \varPhi_n, \alpha_1, \ldots, \alpha_m$ und eventuelle freie Individuenvariable $x_1, \ldots, x_l$ enthält. Daß nun $\mathfrak{B}$ eine Konsequenz von $\mathfrak{A}$ ist, läßt sich durch $\mathfrak{A}(\varPhi_1, \ldots, \varPhi_n, \alpha_1, \ldots, \alpha_m) \to$
$\to \mathfrak{B}(\varPhi_1, \ldots, \varPhi_n, \alpha_1, \ldots, \alpha_m, x_1, \ldots, x_k)$ wiedergeben. Gemäß dem axiomatischen Standpunkt darf nun von den Prädikaten $\varPhi_1, \ldots, \varPhi_n$ und den Gegenständen $\alpha_1, \ldots, \alpha_m$ nur das bei den Schlußfolgerungen verwandt werden, was ausdrücklich in den Axiomen formuliert ist. Demgemäß ist $\mathfrak{B}$ nur dann eine Konsequenz von $\mathfrak{A}$, wenn das für beliebige Prädikate $\varPhi_1, \ldots, \varPhi_n$ und Gegenstände $\alpha_1, \ldots, \alpha_m$ gilt.

Das heißt aber: $\mathfrak{B}(\varPhi_1, \ldots, \varPhi_n, \alpha_1, \ldots, \alpha_m, x_1, \ldots, x_l)$ *ist dann und nur dann eine Konsequenz von* $\mathfrak{A}(\varPhi_1, \ldots, \varPhi_n, \alpha_1, \ldots, \alpha_m)$, *wenn* $\mathfrak{A}(F_1, \ldots, F_n, y_1, \ldots, y_m) \to \mathfrak{B}(F_1, \ldots, F_n, y_1, \ldots, y_m, x_1, \ldots, x_l)$

§ 10. Axiomatik wissenschaftlicher Theorien; mehrsortiger Prädikatenkalkül   113

eine allgemeingültige Formel ist. $F_1, \ldots, F_n$ sind dabei Prädikatenvariable, deren Stellenzahl denen von $\Phi_1, \ldots, \Phi_n$ entspricht.

Ist die letzte Formel allgemeingültig, so kann sie in dem Axiomensystem von § 4 bzw. von § 9 auch hergeleitet werden. In diesem Falle ist aber auch in dem jetzigen System die Formel

$\mathfrak{A}\ (\Phi_1, \ldots, \Phi_n, \alpha_1, \ldots, \alpha_m) \rightarrow \mathfrak{B}\ (\Phi_1, \ldots, \Phi_n, \alpha_1, \ldots, \alpha_m, x_1, \ldots, x_l)$

herleitbar. Wir brauchen ja nur in der Herleitung $F_1, \ldots, F_n, y_1, \ldots, y_m$ überall durch $\Phi_1, \ldots, \Phi_n, \alpha_1, \ldots, \alpha_m$ zu ersetzen, um eine Herleitung in unserem jetzigen System zu erhalten. Die Axiome als Grundformeln sowie die Abtrennungsregel werden dabei gar nicht benutzt. Weiter ist nun $\mathfrak{A}\ (\Phi_1, \ldots, \Phi_n, \alpha_1, \ldots, \alpha_m)$, also die Konjunktion der Axiome herleitbar. Dies geschieht allein mit den Regeln (a) und (b). Denn sind z. B. $\mathfrak{B}$ und $\mathfrak{C}$ die beiden Axiome, so erhält man daraus nach (a) $\neg\neg\mathfrak{B}$ und $\neg\neg\mathfrak{C}$, weiter nach (b) $\neg(\neg\mathfrak{B} \vee \neg\mathfrak{C})$, d. h. $\mathfrak{B} \wedge \mathfrak{C}$. Entsprechend ist es, falls mehr Axiome vorhanden sind. Da nun $\mathfrak{A}\ (\Phi_1, \ldots, \Phi_n, \alpha_1, \ldots, \alpha_m)$ und

$\mathfrak{A}\ (\Phi_1, \ldots, \Phi_n, \alpha_1, \ldots, \alpha_m) \rightarrow \mathfrak{B}\ (\Phi_1, \ldots, \Phi_n, \alpha_1, \ldots, \alpha_m, x_1, \ldots, x_l)$

herleitbar sind, so ist mit Hilfe der Abtrennungsregel auch $\mathfrak{B}\ (\Phi_1, \ldots, \Phi_n, \alpha_1, \ldots, \alpha_m, x_1, \ldots, x_l)$ herleitbar.

In unserem System ist also jede Konsequenz der Axiome auch wirklich herleitbar.

Daß nicht zu viel Formeln herleitbar sind, ergibt sich daraus, daß einmal alle Axiome eine Konsequenz der Konjunktion der Axiome sind, und daß die anderen Grundformeln durch Einsetzung aus einem allgemeingültigen Ausdruck des Prädikatenkalküls entstehen. Ferner haben wir uns die Richtigkeit der Regeln (a)—(d) schon mehrfach überlegt. Ebenso kann die Abtrennungsregel nur gültige Ergebnisse liefern.

Die *Widerspruchsfreiheit* eines Systems von Axiomen läßt sich auf das Problem der Allgemeingültigkeit eines Ausdrucks zurückführen. Bei den eben gebrauchten Bezeichnungen heißt das Axiomensystem widerspruchsfrei, wenn „$\neg\, \mathfrak{A}\ (F_1, \ldots, F_n, y_1, \ldots, y_n)$" keine allgemeingültige Formel ist oder mit anderen Worten, wenn „$\mathfrak{A}(F_1,\ldots,F_n,y_1,\ldots,y_n)$" erfüllbar ist.

Geben wir ein einfaches *Beispiel* für eine Herleitung. Es mögen für die *Addition von Größen* die folgenden beiden Axiome aufgestellt werden:

1. Zwei Größen lassen sich stets addieren.
2. Für die Größenaddition gilt das assoziative Gesetz, d. h. es ist bei drei Größen für das Ergebnis gleichgültig, ob man erst x und y und zu dem Ergebnis z addiert, oder ob man erst y und z addiert und das Ergebnis zu x addiert.

Der Individuenbereich besteht hier aus den „Größen", auf die sich also die Individuenvariable $x, y, z, \ldots$ beziehen. In den Axiomen

kommt ein einziges dreistelliges Prädikat Φ vor. „Φxyz" hat die Bedeutung „z ist ein Ergebnis der Addition von x und z". In der symbolischen Formulierung lauten die Axiome:
1. $\forall xy \exists z\, \Phi xyz$.
2. $\forall xyzuvw(\Phi xyu \wedge \Phi uzw \wedge \Phi yzv \rightarrow \Phi xvw)$.

Es soll nun hieraus der Satz von der Transitivität der Beziehung des Kleineren zum Größeren abgeleitet werden. Zu dem Zweck fassen wir „$x < y$" als eine Abkürzung für $\exists u\, \Phi xuy$ auf. Der in Frage stehende Satz wird durch die Formel „$x < y \wedge y < z \rightarrow x < z$" ausgedrückt. Ohne die Abkürzung „$<$" lautet die Formel „$\exists u\, \Phi xuy \wedge \wedge \exists u\, \Phi yuz \rightarrow \exists u\, \Phi xuz$", und ohne die Abkürzungen „$\wedge$" und „$\rightarrow$" „$\neg\neg(\neg \exists u\, \Phi xuy \vee \neg \exists u\, \Phi yuz) \vee \exists u\, \Phi xuz$". Wir bemerken zunächst, daß die folgenden Sätze auch jetzt gültig sind: Ist $\mathfrak{A}$ herleitbar, so auch $\mathfrak{A}'$, wo $\mathfrak{A}'$ aus $\mathfrak{A}$ durch Umbenennung der gebundenen Variablen entsteht. Ist eine Disjunktion herleitbar, so auch jede Formel, die durch Vertauschung der Disjunktionsglieder entsteht. Ist $\mathfrak{A}$ herleitbar, so auch $\mathfrak{A} \vee \mathfrak{B}$, wo $\mathfrak{B}$ beliebig ist.

Es ist nämlich $\mathfrak{A} \rightarrow \mathfrak{A}'$ bzw. $\mathfrak{A} \rightarrow \mathfrak{A} \vee \mathfrak{B}$, wo $\mathfrak{A}'$ aus $\mathfrak{A}$ durch Umbenennung oder Vertauschung der Disjunktionsglieder entsteht, ohne Benutzung der Axiome aus den rein logischen Grundformeln herleitbar, so daß man mit Hilfe der Abtrennungsregel $\mathfrak{A}'$ bzw. $\mathfrak{A} \vee \mathfrak{B}$ erhält. Ist ferner eine Formel $\forall x_1 \ldots x_n \mathfrak{A}(x_1, \ldots, x_n)$ herleitbar, so auch $\mathfrak{A}(x_1, \ldots, x_n)$, wie wir schon früher erwähnten. Übrigens gelten alle die Sätze von § 5, soweit sie hier überhaupt anwendbar sind, auch jetzt, wie man in entsprechender Weise durch Benutzung der Abtrennungsregel zeigt.

Die Herleitung sieht nun so aus:

Aus $\forall xyzuvw(\Phi xyu \wedge \Phi uzw \wedge \Phi yzv \rightarrow \Phi xvw)$

erhält man durch Umbenennung der gebundenen Variablen

$\forall xwvyaz(\Phi xwy \wedge \Phi yvz \wedge \Phi wva \rightarrow \Phi xaz)$,

und weiter durch Fortlassung der Allzeichen

$\Phi xwy \wedge \Phi yvz \wedge \Phi wva \rightarrow \Phi xaz$.

Da

$(\Phi xwy \wedge \Phi yvz \wedge \Phi wva \rightarrow \Phi xaz) \rightarrow \neg \Phi xwy \vee \neg \Phi yvz \vee \neg \Phi wva \vee \Phi xaz$

aus den logischen Grundformeln allein herleitbar ist, bekommt man nach der Abtrennungsregel $\neg \Phi xwy \vee \neg \Phi yvz \vee \neg \Phi wva \vee \Phi xaz$. Demnach ist auch die Formel $\neg \Phi xwy \vee \neg \Phi yvz \vee \neg \Phi wva \vee \exists u \Phi xuz \vee \Phi xaz$, die durch Hinzufügen eines Disjunktionsgliedes entsteht, herleitbar. Nach Regel (d) erhält man $\neg \Phi xwy \vee \neg \Phi yvz \vee \neg \Phi wva \vee \exists u\, \Phi xuz$. Weiter erhält man durch Anwendung der Regel (c)

$\neg \Phi xwy \vee \neg \Phi yvz \vee \neg \exists a\, \Phi wva \vee \exists u\, \Phi xuz$,

§ 10. Axiomatik wissenschaftlicher Theorien; mehrsortiger Prädikatenkalkül 115

$\exists a\, \Phi wva$ läßt sich aus dem ersten Axiom durch Umbenennung der gebundenen Variablen und Fortlassung der Allzeichen beweisen. Mit der vorigen Formel zusammen ergibt sich nach der Abtrennungsregel —man beachte, daß die Disjunktionsglieder umgestellt werden können— $\neg \Phi xwy \vee \neg \Phi yvz \vee \exists \Phi xuz$. Durch zweimalige Anwendung von (c) ergibt sich $\neg \exists u\, \Phi xuy \vee \neg \Phi yvz \vee \exists u\, \Phi xuz$ und $\neg \exists u\, \Phi xuy \vee$ $\vee \neg \exists u\, \Phi yuz \vee \exists u\, \Phi xuz$. Mit Hilfe der Regel (a) ergibt sich $\neg\neg(\neg \exists u\, \Phi xuy \vee \neg \exists u\, \Phi yuz) \vee \exists u\, \Phi xuz$, d. h. die Behauptung.

Bei einem *zweiten Beispiel* interessiert uns weniger die Art der Herleitungen, die genügend beschrieben ist, als ein Problem, das mit der Formulierung der Axiome zusammenhängt. Wir wollen diesmal geometrische Axiome aus HILBERTs „Grundlagen der Geometrie" nehmen, und zwar die sog. Axiome der Verknüpfung.

Es ist hier von drei verschiedenen Systemen von Dingen die Rede, nämlich den Punkten, Geraden und Ebenen. Zwischen Punkten und Geraden, und Punkten und Ebenen gibt es eine Beziehung, die mit „liegen" oder „zusammengehören" bezeichnet wird. Wir verändern hier den Text der Hilbertschen Formulierung nur so weit, daß wir immer „liegen in" gebrauchen, um die Formalisierung zu erleichtern. Die Axiome lauten:

I 1. Zu zwei Punkten A, B gibt es stets eine Gerade a, so daß jeder der beiden Punkte A, B in der Geraden liegt.

I 2. Zu zwei Punkten A, B gibt es nicht mehr als eine Gerade, so daß jeder der beiden Punkte A, B in der Geraden liegt.

(Hier sind unter zwei, drei Punkten, Geraden oder Ebenen immer zwei, drei verschiedene Punkte, Geraden oder Ebenen zu verstehen.)

I 3. Auf einer Geraden gibt es stets wenigstens zwei Punkte. Es gibt wenigstens drei Punkte, die nicht in einer Geraden liegen.

I 4. Zu irgend drei nicht in ein und derselben Geraden liegenden Punkten A, B, C gibt es stets eine Ebene α, so daß jeder der drei Punkte A, B, C in der Ebene liegt. Zu jeder Ebene gibt es stets einen Punkt, der in ihr liegt.

I 5. Zu irgend drei nicht in ein und derselben Geraden liegenden Punkten A, B, C gibt es nicht mehr als eine Ebene, so daß jeder der drei Punkte A, B, C in ihr liegt.

I 6. Wenn zwei Punkte A, B einer Geraden a in einer Ebene α liegen so liegt jeder Punkt von a in der Ebene α.

I 7. Wenn es zu zwei Ebenen α, β einen Punkt A gibt, der in beiden liegt, so gibt es noch einen weiteren Punkt B, der in α und β liegt.

I 8. Es gibt wenigstens vier nicht in einer Ebene gelegene Punkte.

Für die Formulierung haben wir zu beachten, daß hier von drei Individuenbereichen die Rede ist, nämlich denen der Punkte, Geraden und Ebenen. Wir können nun die drei Individuenbereiche zu einem

8*

einzigen vereinigen und drei Prädikate „Πx" (x ist ein Punkt), „Γx" (x ist eine Gerade) und „Δx" (x ist eine Ebene) einführen, mit Hilfe deren wir ausdrücken, auf welche Art von Individuenbereich sich die einzelnen Behauptungen beziehen. Die grundlegende Beziehung des Axiomensystems war „liegen in", die wir durch „$A x y$" (x liegt in y) wiedergeben. „x liegt in y" ist zunächst nur dann sinnvoll — und etwas anderes wird in den Axiomen nicht benutzt —, wenn für x ein Punkt und für y eine Gerade oder eine Ebene eingesetzt wird. Bilden wir nun aber die Primformeln in der vorher angegebenen Weise, so kommt darunter z. B. auch „$A x x$" vor, und überhaupt wird $A x y$ ganz allgemein gebraucht. Zum Beispiel haben wir als logische Grundformel „$\neg \Pi x \lor \neg \Pi y \lor A x y \lor \neg A x y$", die wir auch in der Form „$\Pi x \to (\Pi y \to A x y \lor \neg A x y)$" schreiben können und die die Bedeutung hat: „Wenn x ein Punkt ist und y ein Punkt ist, so liegt x in y oder x liegt nicht in y". Diese zusätzlichen Formeln müssen wir in Kauf nehmen. Die Rechtfertigung für ihren Gebrauch wird darin erblickt, daß sich „$A x y$" irgendwie so verallgemeinern läßt, daß „$A x y$" bei beliebiger Einsetzung für x und y sinnvoll bleibt, und zwar unbeschadet der Gültigkeit der Axiome. Die Art der Erweiterung, die in mannigfacher Weise vorgenommen werden könnte — etwa so, daß „$A x y$" immer den Wert „falsch" haben soll, wenn nicht für x ein Punkt und für y eine Gerade oder eine Ebene eingesetzt wird —, interessiert aber nicht, ebensowenig wie die jetzt herleitbaren Formeln, in denen die Annahme einer derartigen, aber unbestimmt gelassenen Erweiterung steckt.

Geben wir nun die symbolische Formulierung der Axiome. Wir können sie mit am Anfang stehenden Allzeichen schreiben, oder wie wir es der einfacheren Schreibweise wegen hier vorziehen, mit freien Individuenvariablen. „$x \neq y$" soll eine Abkürzung für „$\neg (x = y)$" sein. Bei den Axiomen haben wir in einigen Fällen unnötige Voraussetzungen fortgelassen.

I 1. $\Pi x \land \Pi y \to \exists z (\Gamma z \land A x z \land A y z)$

I 2. $\Pi x \land \Pi y \land x \neq y \land \Gamma z \land A x z \land A y z \land \Gamma u \land A x u \land A y u \to z = u$

I 3. a) $\Gamma x \to \exists y \exists z (\Pi y \land \Pi z \land y \neq z \land A y x \land A z x)$

b) $\exists x \exists y \exists z (\Pi x \land \Pi y \land \Pi z \land x \neq y \land x \neq z \land y \neq z \land$
$\qquad \land \neg \exists u (\Gamma u \land A x u \land A y u \land A z u))$

I 4. a) $\Pi x \land \Pi y \land \Pi z \to \exists u (\Delta u \land A x u \land A y u \land A z u)$

b) $\Delta x \to \exists y (\Pi y \land A y x)$

I 5. $\Pi x \land \Pi y \land \Pi z \land x \neq y \land x \neq z \land y \neq z \land$
$\land \neg \exists u (\Gamma u \land A x u \land A y u \land A z u) \land \Delta v \land A x v \land A y v \land A z v \land$
$\land \Delta w \land A x w \land A y w \land A z w \to v = w$

§ 10. Axiomatik wissenschaftlicher Theorien; mehrsortiger Prädikatenkalkül

I6. $\Pi x \wedge \Pi y \wedge x \neq y \wedge \Gamma z \wedge \Lambda xz \wedge \Lambda yz \wedge \Lambda u \wedge \Lambda xu \wedge \Lambda yu \wedge$
$\wedge \Pi v \wedge \Lambda vz \to \Lambda vu$

I7. $\Lambda x \wedge \Lambda y \wedge \Pi z \wedge \Lambda zx \wedge \Lambda zy \to \exists u(\Pi u \wedge u \neq z \wedge \Lambda ux \wedge \Lambda uy)$

I8. $\exists x \exists y \exists z \exists u(\Pi x \wedge \Pi y \wedge \Pi z \wedge \Pi u \wedge x \neq y \wedge x \neq z \wedge x \neq u \wedge$
$\wedge y \neq z \wedge y \neq u \wedge z \neq u \wedge \overline{\neg} \exists v(\Lambda v \wedge \Lambda xv \wedge \Lambda yv \wedge \Lambda zv \wedge \Lambda uv))$.

Es ist nun nicht unbedingt nötig, daß wir die drei Individuenbereiche zu einem einzigen vereinen. Wir können auch mit mehreren Gattungen von Individuenvariablen arbeiten und gelangen so zu einem *mehrsortigen Prädikatenkalkül*. In diesem Falle seien etwa x_1, x_2, x_3, ... Variable für Punkte, y_1, y_2, y_3, ... Variable für Gerade und z_1, z_2, z_3, ... Variable für Ebenen. Die Primformeln werden so definiert: Eine Primformel entsteht, wenn man hinter das Zeichen „Λ" an erster Stelle eine Variable für Punkte und an zweiter Stelle eine Variable für Gerade oder für Ebenen setzt. Ferner entsteht eine Primformel, wenn man vor und hinter das Zeichen „$=$" Variable der gleichen Gattung setzt. Im übrigen ist der Aufbau der Formeln wie sonst. Bei den Formeln mit Quantoren sind $\exists x_1 \mathfrak{A}(x_1)$, $\exists y_1 \mathfrak{A}(y_1)$, $\exists z_1 \mathfrak{A}(z_1)$ usw. nur dann Formeln, wenn das bei Weglassung der Quantoren gilt.

Die Axiome nehmen dann eine einfachere Gestalt an; z. B. schreiben wir die ersten so:

I1. $\exists y_1(\Lambda x_1 y_1 \wedge \Lambda x_2 y_1)$

I2. $x_1 \neq x_2 \wedge \Lambda x_1 y_1 \wedge \Lambda x_2 y_1 \wedge \Lambda x_1 y_2 \wedge \Lambda x_2 y_2 \to y_1 = y_2$

I3. a) $\exists x_1 \exists x_2(x_1 \neq x_2 \wedge \Lambda x_1 y_1 \wedge \Lambda x_2 y_1)$
b) $\exists x_1 \exists x_2 \exists x_3(x_1 \neq x_2 \wedge x_1 \neq x_3 \wedge x_2 \neq x_3 \wedge$
$\wedge \overline{\neg} \exists y_1(\Lambda x_1 y_1 \wedge \Lambda x_2 y_1 \wedge \Lambda x_3 y_1))$.

Die logischen Grundformeln werden wie vorher gebildet, nur daß man die jetzige Einschränkung der Formeln zu beachten hat. An den Ableitungsregeln a)—d) und der Abtrennungsregel ändert sich nichts. Man hat nur darauf zu achten, daß die freie Variable in der Oberformel und die gebundene Variable in der Unterformel von c) von der gleichen Gattung sind. Entsprechendes gilt für die in der Oberformel und der Unterformel von d) genannten Variablen.

Die Beziehungen zwischen einem mehrsortigen Prädikatenkalkül und dem entsprechenden einsortigen sind näher von ARNOLD SCHMIDT [22] untersucht worden.

Bei den bisherigen Systemen von Axiomen, ob sie nun einsortig oder mehrsortig formuliert waren, handelte es sich immer nur um eine endliche Zahl von Axiomen, die alle Formeln in dem definierten Sinne waren. Wir nennen diese Axiomensysteme solche der *ersten Stufe*. Nur für diese gelten die allgemeinen Bemerkungen zu Eingang dieses Paragraphen.

Es gibt aber Axiomensysteme von anderem Charakter, die wir Axiomensysteme der *zweiten Stufe* nennen.

Um das zu erläutern, geben wir das *Peanosche Axiomensystem für die natürlichen Zahlen*. In diesem System kommt neben der Identität ein weiteres zweistelliges Prädikat, die Nachfolgerrelation vor. Die Axiome lauten:

a) 1 ist eine natürliche Zahl.

b) Zu jeder natürlichen Zahl gibt es genau eine andere, die ihr Nachfolger ist.

c) 1 ist kein Nachfolger einer Zahl.

d) Verschiedene Zahlen haben stets verschiedene Nachfolger.

e) Für beliebige Eigenschaften von natürlichen Zahlen gilt folgendes: Falls die 1 die Eigenschaft hat, und wenn immer, falls eine natürliche Zahl die Eigenschaft hat, auch ihr Nachfolger die Eigenschaft hat, so haben alle natürlichen Zahlen die Eigenschaft.

Das Axiomensystem ist insofern nicht vollständig, als noch rekursive Definitionen für zahlentheoretische Funktionen hinzukommen können. Will man z. B. Sätze über die Addition beweisen, so muß man die rekursive Definition der Addition den Axiomen hinzufügen. Doch ist das im Augenblick nicht von Belang.

Der Individuenbereich wird hier durch die natürlichen Zahlen gebildet. Als spezifisches Prädikat kommt vor „x ist der Nachfolger von y", das wir durch „$\Phi x y$" wiedergeben wollen. Die symbolische Formulierung der ersten 4 Axiome geschieht in der üblichen Weise. Das erste Axiom erhält dabei keine besondere Formulierung, da es darin enthalten ist, daß wir 1 unter die Gegenstände aufnehmen und die Primformeln, wie früher angegeben, entsprechend aufbauen. Das Axiom b) können wir in zwei Teile zerlegen.

b 1) Jede Zahl hat einen (d. h. mindestens einen) Nachfolger.

b 2) Jede Zahl hat höchstens einen Nachfolger.

Die symbolische Formulierung lautet:

b 1) $\exists y\, \Phi x y$

b 2) $\Phi x y \wedge \Phi x z \to y = z$

c) $\neg \Phi x 1$

d) $x \neq y \wedge \Phi x z \wedge \Phi y u \to z \neq u$.

Dagegen können wir e), in der von einer beliebigen Eigenschaft die Rede ist, nicht ohne eine Prädikatenvariable formulieren. Diese Formulierung sähe so aus:

e) $F1 \wedge \forall x \forall y (F x \wedge \Phi x y \to F y) \to \forall x F x$.

Um aber dieses Axiom wirklich ausnutzen zu können, müßten wir unserer Ableitungsregel eine Einsetzungsregel für Prädikatenvariable (vgl. § 5) hinzufügen. Falls wir aber, wie es wünschenswert ist, in dem

Bereich der Formeln bleiben wollen, die sich ausschließlich aus Primformeln $\mathfrak{a} = \mathfrak{b}$ und $\Phi\mathfrak{a}\mathfrak{b}$ aufbauen, wo $\mathfrak{a}$ und $\mathfrak{b}$ Individuenvariable sind, so gibt es noch einen anderen Weg. Wir ersetzen die obige Formulierung von e) durch eine unendliche Zahl von Axiomen, durch ein sog. Axiomenschema. Es sei $\mathfrak{A}(x)$ eine beliebige mit Φ und „$=$" aufgebaute Formel, die die freie Variable x enthält. Für jedes derartige $\mathfrak{A}$ haben wir dann ein Axiom

$$\mathfrak{A}(1) \land \forall x \forall y (\mathfrak{A}(x) \land \Phi x y \to \mathfrak{A}(y)) \to \forall x \mathfrak{A}(x).$$

Dabei ist vorausgesetzt, daß y nicht in $\mathfrak{A}(x)$ vorkommt. Wir kommen dann mit unseren Ableitungsregeln a)—d) und der Abtrennungsregel aus. Bei jeder Herleitung können natürlich nur endlich viele Axiome der zuletzt genannten Art benutzt werden.

Ein Axiomensystem wie das vorliegende, das unendlich viele Axiome vom gleichen Typ enthält, heißt ein Axiomensystem der *zweiten Stufe*. Es können auch mehrere Axiomenschemata vorkommen.

Die im Anfang dieses Paragraphen erwähnte Tatsache, daß eine gewisse Formel dann und nur dann eine Konsequenz der Axiome ist, wenn ein gewisser Ausdruck des Prädikatenkalküls von § 4 oder § 9 allgemeingültig ist, besteht hier nicht mehr.

§ 11. Das Entscheidungsproblem

Unter dem *Entscheidungsproblem* versteht man, wie schon erwähnt, das Problem, die Allgemeingültigkeit von Ausdrücken festzustellen, oder auch das duale Problem der Feststellung der Erfüllbarkeit von Ausdrücken. Während nun im Aussagenkalkül und auch im Klassenkalkül für das Entscheidungsproblem eine restlose Lösung gefunden werden konnte, ist das für den Prädikatenkalkül nicht der Fall. Aber nicht nur, daß wir augenblicklich keine vollständige Lösung des Entscheidungsproblems haben, es gibt auch Gründe, die es ausschließen, daß wir je in den Besitz einer derartigen vollständigen Lösung gelangen.

Da man nämlich die Ausdrücke des Prädikatenkalküls abzählen, d. h. sie mit natürlichen Zahlen als Nummern versehen kann, so würde ein allgemeines Entscheidungsverfahren einer zahlentheoretischen Funktion entsprechen, die die Werte 1 oder 2 hat; sie würde den Wert 1 für eine natürliche Zahl n haben, wenn n die Nummer eines Ausdrucks ist, der allgemeingültig ist, und den Wert 2, wenn n die Nummer eines Ausdrucks ist, der nicht allgemeingültig ist. Ferner müßte diese Funktion berechenbar sein, d. h. es müßte ein Verfahren existieren, das angewandt auf eine beliebige Zahl n nach endlich vielen Schritten den Funktionswert 1 oder 2 liefert. Der inhaltlich etwas vage Begriff einer berechenbaren Funktion ist nun von verschiedenen Autoren, die verschiedene

Ausgangspunkte hatten, z. B. von A. CHURCH, S. C. KLEENE, A. M. TURING, E. POST, K. GÖDEL, präzisiert worden mit dem Erfolge, daß sich alle Definitionen der berechenbaren Funktion als äquivalent erwiesen. Es konnte nun zuerst von A. CHURCH [5] gezeigt werden, daß die obengenannte, einem allgemeinen Entscheidungsverfahren entsprechende Funktion nicht zu den berechenbaren Funktionen gehört. Über die Einzelheiten dieser Untersuchungen kann in diesem Rahmen nicht berichtet werden; wir verweisen dafür auf das Buch von S. C. KLEENE [19].

Dieses Ergebnis darf übrigens nicht so mißverstanden werden, daß man bestimmte Ausdrücke angeben könnte, für die nachweislich nicht zu entscheiden wäre, ob sie allgemeingültig sind oder nicht. In der Tat wäre ein derartiger Nachweis nicht möglich. Denn wenn man von einem Ausdruck nachweisen kann, daß über seine Allgemeingültigkeit nichts ausgesagt werden kann, so ergibt sich daraus auch ein Beweis dafür, daß der Ausdruck in dem Axiomensystem von § 4 nicht herleitbar ist, d. h. aber wegen der Vollständigkeit dieses Axiomensystems hätte man dann, im Widerspruch zu unserer Annahme, auch einen Beweis dafür, daß der Ausdruck nicht allgemeingültig wäre.

Die Unmöglichkeit eines allgemeinen Entscheidungsverfahrens bedeutet aber folgendes: Man hat für gewisse spezielle Klassen von Ausdrücken Entscheidungsverfahren gefunden, und wird, wie anzunehmen ist, noch für weitere Klassen von Ausdrücken derartige Verfahren finden. Jedes derartige Verfahren muß nun bei irgendeinem Ausdruck versagen. Zugleich wäre damit auch erklärt, weshalb die Bemühungen, den Bereich der Ausdrücke zu erweitern, deren Allgemeingültigkeit entschieden werden kann, auf immer größere Schwierigkeiten stoßen.

Im folgenden geben wir einige allgemeine Sätze an, die das Entscheidungsproblem betreffen, sowie auch die Lösung des Entscheidungsproblems für gewisse einfache Fälle.

XXVI. Ist ein Ausdruck in einem Individuenbereich gültig, so ist er auch in jedem anderen Bereiche mit der gleichen Kardinalzahl gültig. Von zwei Bereichen wird dabei gesagt, daß sie die gleiche Kardinalzahl haben, wenn ihre Elemente umkehrbar eindeutig aufeinander abgebildet werden können.

Dieser Satz ist leicht zu beweisen. Seien $\mathfrak{B}$ und $\mathfrak{B}'$ zwei Bereiche mit der gleichen Kardinalzahl. Ist α ein Element von $\mathfrak{B}$, so soll α' das ihm umkehrbar eindeutig entsprechende Element von $\mathfrak{B}'$ sein. Ist Φ ein in $\mathfrak{B}$ definiertes p-stelliges Prädikat, so wollen wir unter dem ihm in $\mathfrak{B}'$ entsprechenden Prädikat Φ' das mit der folgenden Definition verstehen: $\Phi'\alpha_1' \ldots \alpha_p'$ ist dann und nur dann richtig, wenn $\Phi\alpha_1 \ldots \alpha_p$ richtig ist. Die Beziehung zwischen Φ und Φ' ist ebenfalls umkehrbar eindeutig.

§ 11. Das Entscheidungsproblem

Es sei nun $\mathfrak{A}(F_1, \ldots, F_r, x_1, \ldots, x_k)$ ein Ausdruck, der an Prädikatenvariablen nur $F_1, \ldots, F_r$ und an freien Individuenvariablen nur $x_1, \ldots, x_k$ enthält. Sind nun $\Phi_1, \ldots, \Phi_r, \alpha_1, \ldots, \alpha_k$ Prädikate über, bzw. Gegenstände von $\mathfrak{B}$, so ist $\mathfrak{A}(\Phi_1, \ldots, \Phi_r, \alpha_1, \ldots, \alpha_k)$ dann und nur dann richtig, wenn $\mathfrak{A}(\Phi_1', \ldots, \Phi_r', \alpha_1', \ldots, \alpha_k')$ richtig ist.

Dies zeigen wir durch Induktion nach der Gesamtzahl der in $\mathfrak{A}$ vorkommenden Zeichen „$\neg$", „$\vee$" und „$\exists$". Ist diese Anzahl 0, so handelt es sich um Formeln $\Psi \beta_1 \ldots \beta_p$ und $\Psi' \beta_1' \ldots \beta_p'$, die den gleichen Wahrheitswert haben. Ebenso gilt das für zwei Formeln $\alpha = \beta$ und $\alpha' = \beta'$, weil die Abbildung der beiden Bereiche aufeinander umkehrbar eindeutig ist. Hat ferner $\mathfrak{A}$ die Form $\neg \mathfrak{C}$ oder aber $\mathfrak{C} \vee \mathfrak{D}$, so ergibt sich die Behauptung daraus, daß sie nach Voraussetzung für $\mathfrak{C}$ bzw. für $\mathfrak{C}$ und $\mathfrak{D}$ richtig ist. Hat $\mathfrak{A}$ die Form $\exists y\, \mathfrak{C}(F_1, \ldots, F_r, x_1, \ldots, x_k, y)$, so ist $\exists y\, \mathfrak{C}(\Phi_1, \ldots, \Phi_r, \alpha_1, \ldots, \alpha_k, y)$ dann und nur dann richtig, wenn es ein β gibt, so daß $\mathfrak{C}(\Phi_1, \ldots, \Phi_r, \alpha_1, \ldots, \alpha_k, \beta)$ richtig ist. Nach Voraussetzung ist das dann und nur dann richtig, wenn $\mathfrak{C}(\Phi_1', \ldots, \Phi_r', \alpha_1', \ldots, \alpha_k', \beta')$ richtig ist, d. h. wenn $\exists y\, \mathfrak{C}(\Phi_1', \ldots, \Phi_r', \alpha_1', \ldots, \alpha_k', y)$ richtig ist.

Damit haben wir auch unseren Satz XXVI bewiesen. Ist nämlich $\mathfrak{A}(F_1, \ldots, F_r, x_1, \ldots, x_k)$ in $\mathfrak{B}$ gültig, so muß auch $\mathfrak{A}(\Phi_1', \ldots, \Phi_r', \alpha_1', \ldots, \alpha_k')$ bei beliebigen $\Phi_1', \ldots, \Phi_r', \alpha_1', \ldots, \alpha_k'$ richtig sein, weil das Entsprechende für $\mathfrak{A}(\Phi_1, \ldots, \Phi_r, \alpha_1, \ldots, \alpha_k)$ gilt.

Aus dem Satz XXVI können wir folgendes entnehmen. *Ist ein Ausdruck nicht allgemeingültig und ist es auch nicht so, daß er in keinem Bereiche gültig ist, so ist die Postulierung der Gültigkeit des Ausdrucks damit gleichwertig, daß über die Kardinalzahl des Individuenbereichs (die Anzahl der Individuen) etwas ausgesagt wird.*

Man kann demnach auch eine *Verschärfung des Entscheidungsproblems* ins Auge fassen. *Während es sich bei der einfacheren Fassung nur darum handelt, ob ein Ausdruck allgemeingültig ist oder nicht, sollen bei der schärferen Fassung, falls der Ausdruck nicht allgemeingültig ist, außerdem die Kardinalzahlen derjenigen Bereiche angegeben werden, in denen der Ausdruck gültig ist, oder gegebenenfalls festgestellt werden, daß es derartige Kardinalzahlen nicht gibt.*

Was das Verhältnis der beiden Fassungen des Entscheidungsproblems angeht, so hatte sich bereits in § 8, Satz XXIV ein wichtiges Resultat ergeben: *Ist ein Ausdruck in einem abzählbar-unendlichen Individuenbereich (d. h. in dem Bereiche der natürlichen Zahlen) gültig, so ist er allgemeingültig.*

Wir bemerken dazu, daß der Satz nur für die Ausdrücke gilt, die nicht die Identität enthalten. Nehmen wir etwa den Ausdruck „$\exists x\, \exists y (x \neq y \wedge (Fx \vee \neg Fx))$". Dieser ist in dem Bereich der natürlichen Zahlen gültig. Denn ist Φ ein beliebiges einstelliges Prädikat in diesem Bereich, so ist „$1 \neq 2 \wedge (\Phi 1 \vee \neg \Phi 1)$" richtig. Dagegen ist der Ausdruck in einem Bereich mit nur einem Element sogar bei beliebiger Einsetzung für F falsch, da schon „$\exists x \exists y (x \neq y)$" hier falsch ist. — Die Postulierung der Gültigkeit dieses Ausdrucks bedeutet nichts anderes, als daß der Individuenbereich mindestens zwei Elemente enthält.

Eine weitere Ergänzung liefert der folgende Satz, der ebenfalls nur für Ausdrücke ohne Identität gilt.

XXVII. *Ist ein Ausdruck in einem Individuenbereich $\mathfrak{B}$ gültig, so auch in einem Individuenbereich $\mathfrak{B}'$, der aus $\mathfrak{B}$ dadurch entsteht, daß man Elemente von $\mathfrak{B}$ fortläßt.*

Wir bilden $\mathfrak{B}$ auf $\mathfrak{B}'$ ab, indem wir jedem Element α von $\mathfrak{B}$ ein Element α' von $\mathfrak{B}'$ zuordnen. Ist α selbst Element von $\mathfrak{B}'$, so soll $\alpha' = \alpha$ sein. Ist α nicht Element von $\mathfrak{B}'$, so ist $\alpha' = \gamma$, wo γ ein fest gewähltes Element von $\mathfrak{B}'$ ist. Jedem p-stelligen Prädikat Φ' von $\mathfrak{B}'$ lassen wir eindeutig ein p-stelliges Prädikat Ψ von $\mathfrak{B}$ entsprechen, so daß $\Psi \alpha_1 \ldots \alpha_p$ dann und nur dann richtig ist, wenn $\Phi' \alpha_1' \ldots \alpha_p'$ richtig ist.

Es sei nun $\mathfrak{A}(F_1, \ldots, F_r, x_1, \ldots, x_k)$ irgendein Ausdruck. (Aussagenvariable sollen der Einfachheit halber nicht vorkommen, obwohl ihre Berücksichtigung keine Schwierigkeit machen würde.) Es seien weiter $\Phi_1, \ldots, \Phi_r'$ irgendwelche, mit ihren Leerstellen den $F_1, \ldots, F_r$ entsprechenden Prädikate über $\mathfrak{B}'$, $\Psi_1, \ldots, \Psi_r$ die entsprechenden Prädikate über $\mathfrak{B}$. $\alpha_1, \ldots, \alpha_k$ seien irgendwelche Gegenstände aus $\mathfrak{B}$, $\alpha_1', \ldots, \alpha_k'$ die ihnen in $\mathfrak{B}'$ zugeordneten. Wir behaupten dann: $\mathfrak{A}(\Psi_1, \ldots, \Psi_r, \alpha_1, \ldots, \alpha_k)$ und $\mathfrak{A}(\Phi_1', \ldots, \Phi_r', \alpha_1', \ldots, \alpha_k')$ haben stets gleichen Wahrheitswert.

Wir zeigen dies durch Induktion nach der Gesamtzahl der in $\mathfrak{A}$ vorkommenden Zeichen „$\neg$", „$\vee$" und „$\exists$". Ist diese Anzahl 0, so ist $\mathfrak{A}$ Primformel, und die Richtigkeit der Behauptung ergibt sich sofort aus der Definition der Ψ_i. (Daß Primformeln $\mathfrak{a} = \mathfrak{b}$ nicht vorkommen, ist wesentlich.) Sonst hat $\mathfrak{A}$ eine der Formen $\neg \mathfrak{C}$ oder $\mathfrak{C} \vee \mathfrak{D}$, und die Richtigkeit der Behauptung ergibt sich daraus, daß sie für die weniger Zeichen enthaltenden Ausdrücke $\mathfrak{C}$ bzw. $\mathfrak{C}$ und $\mathfrak{D}$ gilt. Hat $\mathfrak{A}$ die Form $\exists y \, \mathfrak{C}(F_1, \ldots, F_r, x_1, \ldots, x_k, y)$, so bedeutet die Richtigkeit von $\exists y \, \mathfrak{C}(\Psi_1, \ldots, \Psi_r, \alpha_1, \ldots, \alpha_k, y)$, daß es ein Element β von $\mathfrak{B}$ gibt, so daß $\mathfrak{C}(\Psi_1, \ldots, \Psi_r, \alpha_1, \ldots, \alpha_k, \beta)$ richtig ist. Nach Voraussetzung ist dann auch $\mathfrak{C}(\Phi_1', \ldots, \Phi_r', \alpha_1', \ldots, \alpha_k', \beta')$, also auch $\exists y \, \mathfrak{C}(\Phi_1', \ldots, \Phi_r', \alpha_1', \ldots, \alpha_k', y)$ richtig. Ist umgekehrt $\exists y \, \mathfrak{C}(\Phi_1', \ldots, \Phi_r', \alpha_1', \ldots, \alpha_k', y)$ richtig, so gibt es ein Element β aus $\mathfrak{B}'$, so daß $\mathfrak{C}(\Phi_1', \ldots, \Phi_r', \alpha_1', \ldots, \alpha_k', \beta)$ richtig ist. Da $\beta' = \beta$, ist nach Voraussetzung $\mathfrak{C}(\Psi_1, \ldots, \Psi_r, \alpha_1, \ldots, \alpha_k, \beta)$ richtig, also auch $\exists y \, \mathfrak{C}(\Psi_1, \ldots, \Psi_r, \alpha_1, \ldots, \alpha_k, y)$.

Nun folgt sofort unser Satz XXVII. Es sei $\mathfrak{A}(F_1, \ldots, F_r, x_1, \ldots, x_k)$ in $\mathfrak{B}$ gültig. Es seien weiter $\Phi_1', \ldots, \Phi_r'$ beliebige in $\mathfrak{B}'$ definierte Prädikate und $\beta_1, \ldots, \beta_k$ beliebige Elemente von $\mathfrak{B}'$. $\Psi_1, \ldots, \Psi_r$ seien die den $\Phi_1', \ldots, \Phi_r'$ entsprechenden Prädikate über $\mathfrak{B}$. Nun ist $\mathfrak{A}(\Psi_1, \ldots, \Psi_r, \beta_1, \ldots, \beta_k)$ nach Voraussetzung richtig. Da $\beta_1' = \beta_1, \ldots, \beta_k' = \beta_k$, folgt daraus gemäß der bewiesenen Behauptung, daß auch $\mathfrak{A}(\Phi_1', \ldots, \Phi_r', \beta_1, \ldots, \beta_k)$ richtig ist. Das heißt aber der Ausdruck $\mathfrak{A}(F_1, \ldots, F_r, x_1, \ldots, x_k)$ ist auch in $\mathfrak{B}'$ gültig.

Für die allgemeine Fassung des Entscheidungsproblems ist noch die folgende Bemerkung wichtig: *Es gibt Ausdrücke, die in jedem endlichen Individuenbereiche gültig sind, nicht aber in dem der natürlichen Zahlen.*

Zu diesen Ausdrücken gehört z. B.

„$\exists x \forall y \overline{} Fxy \lor \exists x Fxx \lor \exists x \exists y \exists z (Fxy \land Fyz \land \overline{} Fxz)$".

Sei nämlich „$x < y$" die gewöhnliche Kleinerbeziehung im Bereiche der natürlichen Zahlen. „$\exists x(x < x)$" ist falsch. „$\exists x \forall y \overline{}(x < y)$" ist ebenfalls falsch, da „$\forall x \exists y(x < y)$" richtig ist, weil „$\forall x(x < x + 1)$" richtig ist. Ferner ist „$\exists x \exists y \exists z(x < y \land y < z \land \overline{}(x < z))$" falsch, weil die Beziehung „$x < y$" die Eigenschaft der Transitivität hat. Da also „$\exists x \forall y \overline{}(x<y) \lor \exists x(x<x) \lor \exists x \exists y \exists z(x<y \land y<z \land \overline{}(x<z))$" falsch ist, ist der Ausdruck im Bereiche der natürlichen Zahlen nicht gültig.

Nehmen wir nun irgendeinen endlichen Individuenbereich. Betrachten wir die darin definierten zweistelligen Prädikate Φ. Für ein derartiges Φ ist entweder $\exists x \exists y \exists z(\Phi xy \land \Phi yz \land \overline{}\Phi xz)$ richtig; dann wird der obige Ausdruck richtig, wenn wir darin Φ für F einsetzen. Betrachten wir weiter nur solche Prädikate Φ, für die $\exists x \exists y \exists z(\Phi xy \land \Phi yz \land \overline{}\Phi xz)$ falsch, also $\forall xyz(\Phi xy \land \Phi yz \to \Phi xz)$ richtig ist. Φ ist dann transitiv. Ist für ein derartiges Prädikat „$\exists x \forall y \overline{}\Phi xy$" richtig, so wird wieder der obige Ausdruck richtig, wenn wir Φ für F einsetzen. Für die noch bleibenden Prädikate ist „$\exists x \forall y \overline{}\Phi xy$" falsch, d. h. „$\forall x \exists y \Phi xy$" ist richtig. Zu jedem Gegenstand α des Individuenbereichs gibt es dann einen anderen β, so daß $\Phi \alpha \beta$ richtig ist; dabei mag β mit α identisch oder auch davon verschieden sein. Wir greifen nun aus dem Individuenbereich, der n Elemente haben möge, einen beliebigen Gegenstand α_1 heraus. Es gibt dann Gegenstände $\alpha_2, \ldots, \alpha_n, \alpha_{n+1}$, so daß die Aussagen $\Phi \alpha_1 \alpha_2, \Phi \alpha_2 \alpha_3, \ldots, \Phi \alpha_n \alpha_{n+1}$ alle richtig sind. Da nur n Gegenstände vorhanden sind, können die Gegenstände $\alpha_1, \alpha_2, \ldots, \alpha_{n+1}$ nicht alle voneinander verschieden sein. Es sei nun $\alpha_i = \alpha_k$ ($i < k$). Ist $k = i+1$, so ist $\Phi \alpha_i \alpha_i$ der Fall. Sonst sind jedenfalls die Aussagen $\Phi \alpha_i \alpha_{i+1}$, $\Phi \alpha_{i+1} \alpha_{i+2}, \ldots, \Phi \alpha_{k-1} \alpha_k$ ($k > i+1$) alle richtig. Wegen der Transitivität von Φ ergibt sich aus der Richtigkeit von $\Phi \alpha_i \alpha_{i+1}$ und $\Phi \alpha_{i+1} \alpha_{i+2}$ die von $\Phi \alpha_i \alpha_{i+2}$, aus der Richtigkeit von $\Phi \alpha_i \alpha_{i+2}$ und $\Phi \alpha_{i+2} \alpha_{i+3}$ die von $\Phi \alpha_i \alpha_{i+3}$, usw., und schließlich die Richtigkeit von $\Phi \alpha_i \alpha_k$. Da $\alpha_i = \alpha_k$, ist also auch jetzt $\Phi \alpha_i \alpha_i$ richtig. Demnach ist $\exists x \Phi xx$ richtig. Das heißt aber, für jedes beliebige Φ wird der Ausdruck richtig, wenn wir Φ

für F einsetzen. Damit ist die Gültigkeit des Ausdrucks in allen endlichen Individuenbereichen gezeigt.

Für die allgemeine Theorie des Entscheidungsproblems sind nun gewisse *Reduktionssätze* wichtig, die jedem Ausdruck einen anderen in einer normierten oder reduzierten Gestalt zuordnen, so daß die Allgemeingültigkeit des Ausdrucks und des reduzierten Ausdrucks äquivalente Probleme sind. Eine derartige Reduktion der Ausdrücke stellte schon die Überführung in die pränexe Normalform und in noch stärkerem Maße die in die Skolemsche Normalform dar. Es gibt nun eine Reihe von weiteren Reduktionssätzen, von denen wir hier nur einige der wichtigeren erwähnen. Bezüglich der Beweise müssen wir in allen Fällen auf die angegebene Originalliteratur verweisen.

Zunächst läßt sich zu jedem Ausdruck ein hinsichtlich der Allgemeingültigkeit gleichwertiger angeben, der nur ein- und zweistellige Prädikatenvariable enthält (vgl. L. Löwenheim [20]). Man kann sich sogar auf eine einzige vorkommende zweistellige Prädikatenvariable beschränken (vgl. L. Kalmar [14]). Weitere Reduktionssätze ergeben noch eine speziellere Gestalt des Präfixes als das Skolemsche $\exists x_1 \ldots x_m \forall y_1 \ldots y_n$. Zu jedem Ausdruck läßt sich ein hinsichtlich der Allgemeingültigkeit gleichwertiger angeben, der ein Präfix der Form $\exists x \exists y \exists z \forall u_1 \ldots \forall u_n$ hat (vgl. K. Gödel [8]) oder auch ein Präfix der Form $\exists x_1 \ldots \exists x_m \forall y$ bzw. $\exists x \exists y \forall z \exists u_1 \ldots \exists u_n$ (vgl. J. Pepis [21]). Andere derartige Präfixtypen sind $\exists x \exists y \forall z_1 \ldots \forall z_n \exists u$ (vgl. L. Kalmar [16]) und $\forall x \exists y \forall z \exists u_1 \ldots \exists u_n$ (vgl. W. Ackermann [1]). In allen diesen Fällen hat man also entweder eine von vornehererin begrenzte endliche Zahl von Existenzzeichen oder eine derartige Zahl von Allzeichen. L. Kalmar und J. Suranyi [15, 16, 17, 18] haben ferner unter Verwertung der obigen Resultate gezeigt, daß man sich auch bei Verwendung der obigen Präfixtypen auf eine einzige vorkommende zweistellige Prädikatenvariable beschränken kann. — Eine noch weitergehende Reduktion erfolgte durch J. Suranyi auf die Präfixtypen $\exists x \exists y \exists z \forall u$ oder $\exists x \exists y \forall z \exists u$ oder $\exists x \forall y \forall z \exists u \exists v$ oder $\forall x \exists y \forall z \exists u \exists v$ (vgl. J. Suranyi [31, 32]), bei denen also die Gesamtzahl der Quantoren beschränkt ist; bei diesen letzten Präfixtypen läßt sich aber die Anzahl der Prädikatvariablen nicht mehr beschränken.

Diese und andere, hier nicht erwähnte, Reduktionssätze sind, wie erwähnt, wichtig für die allgemeine Theorie des Entscheidungsproblems. Da aber eine allgemeine Lösung des Entscheidungsproblems nicht erzielt werden kann, bedeutet das auch, daß man das Entscheidungsproblem auch nicht allgemein für die Ausdrücke lösen kann, die nur eine einzige zweistellige Prädikatenvariable haben, oder nicht für alle Ausdrücke mit einem Präfix $\exists x \exists y \exists z \forall u$, usw.

§ 11. Das Entscheidungsproblem

Wir berichten nun weiter über einige der einfacheren Spezialfälle des Entscheidungsproblems, in denen eine Lösung geglückt ist. Eine vollständige Zusammenstellung dieser gelösten Spezialfälle findet man in dem Buch [2] des Verfassers.

Allgemein können wir sagen, daß diese Spezialfälle eine gewisse Parallele zu den obigen Reduktionssätzen darstellen. Dem Satz, daß man zu jedem Ausdruck des Prädikatenkalküls einen bezüglich der Allgemeingültigkeit gleichwertigen angeben kann, der nur ein- und zweistellige Prädikatenvariable enthält, entspricht der Satz, daß *die Entscheidung für den Bereich der Ausdrücke, die nur einstellige Prädikatenvariable enthalten, gelungen ist. Der Reduktion auf bestimmte Präfixtypen entsprechen Sätze, die eine Lösung des Entscheidungsproblems für gewisse Präfixtypen geben.*

Betrachten wir zunächst die Ausdrücke, die nur einstellige Prädikatenvariable enthalten. Die grundsätzliche Möglichkeit der Entscheidung in diesem Bereiche ist zuerst von L. LÖWENHEIM [20] erkannt worden. Einfachere Beweise sind von TH. SKOLEM [29] und H. BEHMANN [3] gegeben worden. Die Ausdrücke, die neben den einstelligen Prädikatenvariablen noch die Identität enthalten, wurden durch die Lösungsmethode miterfaßt.

Wir beschränken uns hier auf die Ausdrücke ohne Identität. Wir bemerken zunächst, daß eine Lösung des Problems der Allgemeingültigkeit für diese Ausdrücke schon in den Ausführungen des II. Kapitels enthalten ist, da *der Kalkül mit einstelligen Prädikaten zu dem dort beschriebenen Klassenkalkül in enger Beziehung steht.* Wir wollen die Beziehung beider Kalküle näher untersuchen.

Es sei $\mathfrak{A}(F_1, \ldots, F_r)$ ein Ausdruck, in dem nur die einstelligen Prädikatenvariablen $F_1, \ldots, F_r$ vorkommen; ferner möge der Ausdruck keine freie Individuenvariable enthalten. Wir können dann einen Ausdruck $\mathfrak{B}(a_1, \ldots, a_r)$ des Klassenkalküls angeben, der nur die Klassenvariablen $a_1, \ldots, a_r$ enthält, so daß $\mathfrak{A}(F_1, \ldots, F_r)$ in einem Individuenbereich dann und nur dann gültig ist, wenn $\mathfrak{B}(a_1, \ldots, a_r)$ darin gültig ist.

Es sei J irgendein Individuenbereich, $\Phi_1, \ldots, \Phi_r$ irgendwelche darin definierte einstellige Prädikate. $\alpha_1, \ldots, \alpha_r$ seien die den Prädikaten $\Phi_1, \ldots, \Phi_r$ entsprechenden Klassen. Das heißt für jedes x gilt: x ist dann und nur dann Element von α_i, wenn $\Phi_i x$ richtig ist. Wir verwandeln nun schrittweise $\mathfrak{A}(\Phi_1, \ldots, \Phi_r)$ in eine äquivalente Aussage $\mathfrak{B}(\alpha_1, \ldots, \alpha_r)$, indem wir die Quantoren und die Prädikatzeichen nach und nach verschwinden lassen. In $\mathfrak{A}(\Phi_1, \ldots, \Phi_r)$ möge neben den Zeichen „‾", „∨" und „∃" evtl. auch die Abkürzung „∧" vorkommen.

Wir greifen aus $\mathfrak{A}(\Phi_1, \ldots, \Phi_r)$ ein innerstes Existenzzeichen heraus, in dessen Wirkungsbereich also keine weiteren Existenzzeichen vorkommen. Es sei $\exists x$ dieses Existenzzeichen und $\mathfrak{C}(x)$ sein Wirkungsbereich. Innerhalb $\mathfrak{A}(\Phi_1, \ldots, \Phi_r)$ können wir nun $\exists x\, \mathfrak{C}(x)$ durch

$\exists x(\mathfrak{D}_1(x) \lor \cdots \lor \mathfrak{D}_m(x) \lor \mathfrak{E}_1 \lor \cdots \lor \mathfrak{E}_n)$ ersetzen, wo der neue Wirkungsbereich von $\exists x$ eine disjunktive Normalform von $\mathfrak{C}(x)$ ist und $\mathfrak{E}_1, \ldots, \mathfrak{E}_n$ nicht die Variable x enthalten. $\exists x(\mathfrak{D}_1(x) \lor \cdots \lor \mathfrak{D}_m(x) \lor \lor \mathfrak{E}_1 \lor \cdots \lor \mathfrak{E}_n)$ können wir weiter in äquivalenter Weise durch $\exists x \mathfrak{D}_1(x) \lor \cdots \lor \exists x \mathfrak{D}_m(x) \lor \mathfrak{E}_1 \lor \cdots \lor \mathfrak{E}_n$ ersetzen [vgl. die Formeln (26) und (27) von § 4]. Jedes $\mathfrak{D}_i(x)$ ist eine Konjunktion von Primformeln oder negierten Primformeln. Bei jedem $\exists x \mathfrak{D}_i(x)$ setzen wir nun diejenigen Primformeln oder negierten Primformeln, die nicht die Variable x enthalten, aus dem Bereiche des Quantors heraus, indem wir die Formeln (24) von § 4 anwenden und berücksichtigen, daß wir in $\mathfrak{D}_i(x)$ die Reihenfolge der Konjunktionsglieder beliebig ändern können. Zum Beispiel wird eine Formel $\exists x(\mathfrak{H}_1(x) \land \mathfrak{R} \land \mathfrak{H}_2(x))$, wo $\mathfrak{R}$ nicht die Variable x enthält, durch $\exists x(\mathfrak{H}_1(x) \land \mathfrak{H}_2(x)) \land \mathfrak{R}$ ersetzt. Der Wirkungsbereich von $\exists x$ in $\exists x \mathfrak{D}_i(x)$ möge sich dabei auf $\exists x \mathfrak{G}_i(x)$ zusammengezogen haben. $\exists x \mathfrak{G}_i(x)$ hat, abgesehen von der Reihenfolge der Konjunktionsglieder, die Form $\exists x(\Phi_{j_1} x \land \cdots \land \Phi_{j_p} x \land \overline{}\Phi_{l_1} x \land \cdots \land \overline{}\Phi_{l_q} x)$. Diese Formel bedeutet nichts anderes als daß der Durchschnitt der Klassen $\alpha_{j_1}, \ldots, \alpha_{j_p}, \bar{\alpha}_{l_1}, \ldots, \bar{\alpha}_l$ nicht leer ist, eine Aussage, die wir z. B. durch $\overline{}(\alpha_{j_1} \cap \cdots \cap \alpha_{j_p} \cap \bar{\alpha}_{l_1} \cap \cdots \cap \bar{\alpha}_{l_q} = \alpha_{j_1} \cap \bar{\alpha}_j)$ wiedergeben können. Ersetzen wir nun innerhalb des umgewandelten Ausdrucks $\mathfrak{A}(\Phi_1, \ldots, \Phi_r) \exists x \mathfrak{G}_i(x)$ durch diese Formel des Klassenkalküls, so sind in $\mathfrak{A}(\Phi_1, \ldots, \Phi_r)$ alle die Existenzzeichen, in die sich das betrachtete innerste Existenzzeichen aufgespalten hatte, verschwunden; statt dessen sind Klassen aufgetreten.

Mit der so entstandenen Formel wiederholen wir das Verfahren, indem wir wieder ein innerstes Existenzzeichen vornehmen. Dabei stören uns die Primformeln mit Klassen nicht, da sie keine Individuenvariable enthalten und infolgedessen, wie oben angegeben, im Laufe des Verfahrens aus dem Bereiche der in Frage kommenden Existenzzeichen heraustreten. Schließlich haben wir damit $\mathfrak{A}(\Phi_1, \ldots, \Phi_r)$ in einen äquivalenten Ausdruck $\mathfrak{B}(\alpha_1, \ldots, \alpha_r)$ verwandelt, der keine Individuenvariable enthält. Da die $\Phi_1, \ldots, \Phi_r$ und entsprechend die $\alpha_1, \ldots, \alpha_r$ beliebig waren, ist damit unser Satz bewiesen.

Als Beispiel nehmen wir den Ausdruck $\exists x F_1 x \land \exists y \overline{} \exists z(F_1 y \land (F_2 y \lor F_3 z))$, so daß also $\exists x \Phi_1 x \land \exists y \overline{} \exists z(\Phi_1 y \land (\Phi_2 y \lor \Phi_3 z))$ umzuformen ist. $\exists x \Phi_1 x$ wird durch $\overline{}(\alpha_1 = \alpha_1 \cap \bar{\alpha}_1)$ ersetzt. $\exists z(\Phi_1 y \land (\Phi_2 y \lor \Phi_3 z))$ wird in $\exists z((\Phi_1 y \land \Phi_2 y) \lor (\Phi_1 y \land \Phi_3 z))$, weiter in $(\Phi_1 y \land \Phi_2 y) \lor \exists z(\Phi_1 y \land \Phi_3 z)$ und $(\Phi_1 y \land \Phi_2 y) \lor (\Phi_1 y \land \exists z \Phi_3 z)$ verwandelt. Für den letzten Ausdruck schreibt man $(\Phi_1 y \land \Phi_2 y) \lor \lor (\Phi_1 y \land \overline{}(\alpha_3 = \alpha_3 \cap \bar{\alpha}_3))$. Demnach ist $\exists x \Phi_1 x \land \exists y \overline{} \exists z(\Phi_1 y \land (\Phi_2 y \lor \Phi_3 z))$ übergegangen in $\overline{}(\alpha_1 = \alpha_1 \cap \bar{\alpha}_1) \land \exists y \overline{}((\Phi_1 y \land \Phi_2 y) \lor \lor (\Phi_1 y \land \overline{}(\alpha_3 = \alpha_3 \cap \bar{\alpha}_3)))$. Für $\overline{}((\Phi_1 y \land \Phi_2 y) \lor (\Phi_1 y \land \overline{}(\alpha_3 = \alpha_3 \cap \bar{\alpha}_3)))$ ist $\overline{}\Phi_1 y \lor (\overline{}\Phi_2 y \land \alpha_3 = \alpha_3 \cap \bar{\alpha}_3)$ eine disjunktive Normalform.

§ 11. Das Entscheidungsproblem

$\exists y(\neg \Phi_1 y \lor (\neg \Phi_2 y \land \alpha_3 = \alpha_3 \cap \bar{\alpha}_3))$ wird umgeformt zu $\exists y \neg \Phi_1 y \lor$
$\lor \exists y(\neg \Phi_2 y \land \alpha_3 = \alpha_3 \cap \bar{\alpha}_3)$ und weiter zu $\exists y \neg \Phi_1 y \lor (\exists y \neg \Phi_2 y \land$
$\land \alpha_3 = \alpha_3 \cap \bar{\alpha}_3)$. In der Klassenschreibweise ergibt das $\neg(\bar{\alpha}_1 = \alpha_1 \cap \bar{\alpha}_1) \lor$
$\lor (\neg(\bar{\alpha}_2 = \alpha_2 \cap \bar{\alpha}_2) \land (\alpha_3 = \alpha_3 \cap \bar{\alpha}_3))$. Demnach ist $\exists x \Phi_1 x \land$
$\land \exists y \neg \exists z(\Phi_1 y \land (\Phi_2 y \lor \Phi_3 z))$ übergegangen in $\neg(\alpha_1 = \alpha_1 \cap \bar{\alpha}_1) \land$
$\land (\neg(\bar{\alpha}_1 = \alpha_1 \cap \bar{\alpha}_1) \lor (\neg(\bar{\alpha}_2 = \alpha_3 \cap \bar{\alpha}_2) \land (\alpha_3 = \alpha_3 \cap \bar{\alpha}_3)))$. Die Gültigkeit
von $\exists x F_1 x \land \exists y \neg \exists z (F_1 y \land (F_2 y \lor F_3 z))$ in irgendeinem Bereich ist
also gleichbedeutend mit der von

$$\neg(a_1 = a_1 \cap \bar{a}_1) \land (\neg(\bar{a}_1 = a_1 \cap \bar{a}_1) \lor (\neg(\bar{a}_2 = a_2 \cap \bar{a}_2) \land (a_3 = a_3 \cap \bar{a}_3))).$$

Wir geben noch ein *zweites Verfahren zur Lösung des Entscheidungsproblems für den einstelligen Prädikatenkalkül, und zwar wird hierdurch auch das Entscheidungsproblem in seiner verschärften Fassung gelöst.*

Es habe $\mathfrak{A}(F_1, \ldots, F_r)$ die gleiche Bedeutung wie vorher. Wir behaupten nun: *Ist der Ausdruck $\mathfrak{A}(F_1, \ldots, F_r)$ für einen Individuenbereich gültig, der 2^r Elemente hat, so ist er allgemeingültig.*

Die Gültigkeit in einem Individuenbereich mit 2^r Elementen läßt sich aber feststellen (vgl. § 3). Ist ferner der Ausdruck nicht allgemeingültig, so kann er, die Richtigkeit der Behauptung vorausgesetzt, auch nicht nach Satz XXVII in Bereichen mit mehr als 2^r Elementen gültig sein. Um also die Übersicht über die Bereiche, in denen der Ausdruck gültig ist, zu erlangen, braucht man nur noch die Gültigkeit in Individuenbereichen mit $1, 2, \ldots, 2^r - 1$ Elementen zu untersuchen.

Nun zum Beweise der obigen Behauptung. Wir setzen also voraus, daß $\mathfrak{A}(F_1, \ldots, F_r)$ in einem Bereiche mit 2^r Elementen gültig ist. Es sei J ein beliebiger Individuenbereich und $\Phi_1, \ldots, \Phi_r$ darin definierte beliebige einstellige Prädikate. Jedem Element von J ordnen wir ein r-tupel $(n_1, \ldots, n_r)$ zu, wobei jedes n_i gleich $\curlyvee$ oder $\curlywedge$ ist. Ist α ein Element von J, so betrachten wir die Reihe der Aussagen $\Phi_1 \alpha, \ldots, \Phi_r \alpha$. Ersetzen wir jede Aussage darin durch ihren Wahrheitswert $\curlyvee$ oder $\curlywedge$, so haben wir das α zugeordnete r-tupel. Die r-tupel, die den Elementen von J zugeordnet sind, bilden einen neuen Bereich J', der 2^r oder weniger Elemente hat. Das einem Element α von J zugeordnete Element von J' soll mit α' bezeichnet werden.

Es sei nun $\mathfrak{B}(F_1, \ldots, F_r, x_1, \ldots, x_m)$ ein Teilausdruck von $\mathfrak{A}(F_1, \ldots, F_r)$, der die freien Variablen $x_1, \ldots, x_m$ enthält. Der Fall, daß keine freien Variablen vorkommen, soll eingeschlossen sein. $\mathfrak{A}(F_1, \ldots, F_r)$ selbst wird auch als ein Teilausdruck von sich betrachtet. Es seien nun $\alpha_1, \ldots, \alpha_m$ irgendwelche Gegenstände aus J, $\alpha'_1, \ldots, \alpha'_m$ die ihnen zugeordneten Gegenstände aus J'. Wir behaupten dann, daß $\mathfrak{B}(\Phi_1, \ldots, \Phi_r, \alpha_1, \ldots, \alpha_m)$ und $\mathfrak{B}(\Phi'_1, \ldots, \Phi'_r, \alpha'_1, \ldots, \alpha'_m)$ den gleichen Wahrheitswert haben. Die Prädikate Φ'_i über J' sind dabei folgendermaßen definiert: Φ'_i trifft für ein r-tupel $(n_1, \ldots, n_r)$ dann und nur dann zu, wenn $n_i = \curlyvee$.

Zum Beweise machen wir eine Induktion nach der Anzahl der in $\mathfrak{B}$ vorkommenden Zeichen „$\neg$", „$\vee$" und „$\exists$". Ist diese Anzahl 0, so hat $\mathfrak{B}(\varPhi_1, \ldots, \varPhi_r, \alpha_1, \ldots, \alpha_m)$ die Form $\varPhi_i \alpha_j$. Es sei $\alpha'_j = (n_1, \ldots, n_r)$. Nach Definition von α'_j ist n_j dann und nur dann gleich $\curlyvee$, wenn $\varPhi_i \alpha_j$ den Wert $\curlyvee$ hat. Nach Definition von $\varPhi'_i$ ist daher $\varPhi'_i \alpha'_j$ dann und nur dann wahr, wenn $\varPhi_i \alpha_j$ wahr ist, womit für diesen Spezialfall die Behauptung bewiesen ist. — Es habe weiter $\mathfrak{B}(\varPhi_1, \ldots, \varPhi_r, \alpha_1, \ldots, \alpha_m)$ die Form $\neg \mathfrak{C}$ bzw. $\mathfrak{C} \vee \mathfrak{D}$. Die Behauptung ergibt sich in diesem Falle daraus, daß sie für die weniger Zeichen enthaltenden Formeln $\mathfrak{C}$, bzw. $\mathfrak{C}$ und $\mathfrak{D}$ gilt. Es habe nun $\mathfrak{B}(\varPhi_1, \ldots, \varPhi_r, \alpha_1, \ldots, \alpha_m)$ die Form $\exists y \, \mathfrak{B}(\varPhi_1, \ldots, \varPhi_r, \alpha_1, \ldots, \alpha_m, y)$. Ist diese Aussage wahr, so gibt es ein Element β von J, so daß $\mathfrak{B}(\varPhi_1, \ldots, \varPhi_r, \alpha_1, \ldots, \alpha_m, \beta)$ wahr ist. Nach Voraussetzung ist $\mathfrak{B}(\varPhi'_1, \ldots, \varPhi'_r, \alpha'_1, \ldots, \alpha'_m, \beta')$ wahr und damit auch $\exists y \, \mathfrak{B}(\varPhi'_1, \ldots, \varPhi'_r, \alpha'_1, \ldots, \alpha'_m, y)$. Ist $\exists y \, \mathfrak{B}(\varPhi'_1, \ldots, \varPhi'_r, \alpha'_1, \ldots, \alpha'_m, y)$ wahr, so gibt es ein Element β' von J', so daß $\mathfrak{B}(\varPhi'_1, \ldots, \varPhi'_r, \alpha'_1, \ldots, \alpha'_m, \beta')$ wahr ist. Zu β' existiert ein Element β von J, dem β' zugeordnet ist. Nach Voraussetzung ist $\mathfrak{B}(\varPhi_1, \ldots, \varPhi_r, \alpha_1, \ldots, \alpha_m, \beta)$, also auch $\exists y \, \mathfrak{B}(\varPhi_1, \ldots, \varPhi_r, \alpha_1, \ldots, \alpha_m, y)$ richtig.

Als Spezialfall der bewiesenen Behauptung ergibt sich, daß $\mathfrak{A}(\varPhi_1, \ldots, \varPhi_r)$ und $\mathfrak{A}(\varPhi'_1, \ldots, \varPhi'_r)$ gleichen Wahrheitswert haben. Nun war $\mathfrak{A}(F_1, \ldots, F_r)$ in einem Bereiche mit 2^r Elementen gültig. Nach Satz XXVII ist es auch in J' gültig. Daher ist $\mathfrak{A}(\varPhi'_1, \ldots, \varPhi'_r)$ und somit auch $\mathfrak{A}(\varPhi_1, \ldots, \varPhi_r)$ richtig. Da aber die $\varPhi_1, \ldots, \varPhi_r$ und der Bereich J beliebig waren, ergibt sich die Allgemeingültigkeit von $\mathfrak{A}(F_1, \ldots, F_r)$.

Die noch folgenden gelösten Spezialfälle beziehen sich darauf, daß *der Ausdruck in der pränexen Normalform ist und ein spezielles Präfix hat.* Die Identität soll nicht vorkommen.

1. Das Präfix habe die Form $\forall x_1 \ldots x_m$.

Die Allgemeingültigkeit eines Ausdrucks $\forall x_1 \ldots x_m \mathfrak{A}(x_1, \ldots, x_m)$ ist gleichbedeutend mit der Allgemeingültigkeit von $\mathfrak{A}(x_1, \ldots, x_m)$. $\mathfrak{A}(x_1, \ldots, x_m)$ ist nur dann allgemeingültig, wenn es in dem Axiomensystem von § 4 hergeleitet werden kann. Da Quantoren fehlen, kommen nur die Ableitungsregeln (a) und (b) von § 4 in Frage, die auch für das in Kapitel I, § 9 entwickelte Axiomensystem des Aussagenkalküls maßgebend waren. Da ferner die Grundformeln des Axiomensystems Tautologien sind, ergibt sich, daß $\forall x_1 \ldots x_m \mathfrak{A}(x_1, \ldots, x_m)$ dann und nur dann allgemeingültig ist, wenn $\mathfrak{A}(x_1, \ldots, x_m)$ eine Tautologie ist.

Ferner lassen sich in diesem Falle alle Bereiche angeben, in denen der Ausdruck gültig ist. Die Gültigkeit in einem Bereiche mit n Elementen bedeutet nämlich die Allgemeingültigkeit, falls $n \geq m$. Seien $F_1, \ldots, F_r$ die in $\mathfrak{A}(x_1, \ldots, x_m)$ vorkommenden Prädikatvariablen, so daß wir den Ausdruck genauer mit $\mathfrak{A}(x_1, \ldots, x_m, F_1, \ldots, F_r)$ bezeichnen. Der Ausdruck ist in einem beliebigen Bereich J gültig, wenn bei beliebig darin gewählten entsprechendstelligen Prädikaten $\Phi_1, \ldots, \Phi_r$ und Gegenständen $\alpha_1, \ldots, \alpha_m$ $\mathfrak{A}(\alpha_1, \ldots, \alpha_m, \Phi_1, \ldots, \Phi_r)$ richtig ist. Für die Richtigkeit der letzten Formel sind aber nur die Werte von $\Phi_1, \ldots, \Phi_r$ maßgebend, die sich auf die Ausfüllung der Leerstellen mit Gegenständen aus der Reihe $\alpha_1, \ldots, \alpha_m$ beziehen. Ergänzen wir nun den Bereich der $\alpha_1, \ldots, \alpha_m$ in beliebiger Weise zu einem Bereiche J' mit n Elementen. Falls $n = m$ und die $\alpha_1, \ldots, \alpha_m$ alle verschieden sind, so ist $(\alpha_1, \ldots, \alpha_m)$ dieser Bereich. $\Phi_1', \ldots, \Phi_r'$ seien Prädikate in J', die die gleichen Werte haben wie $\Phi_1, \ldots, \Phi_r$, soweit als Gegenstände nur $\alpha_1, \ldots, \alpha_m$ in Frage kommen. $\mathfrak{A}(\alpha_1, \ldots, \alpha_m, \Phi_1', \ldots, \Phi_r')$ ist richtig, da nach Voraussetzung $\mathfrak{A}(x_1, \ldots, x_m, F_1, \ldots, F_r)$ in dem Bereich J' gültig ist. Dann ist aber auch $\mathfrak{A}(\alpha_1, \ldots, \alpha_m, \Phi_1, \ldots, \Phi_r)$ richtig.

Ist nun der Ausdruck nicht allgemeingültig, so kann er nicht in Bereichen, die m oder mehr Elemente haben, gültig sein. Man hat also nur noch die Gültigkeit in Bereichen mit $1, 2, \ldots, m-1$ Elementen zu untersuchen.

2. Das Präfix habe die Form $\exists x_1 \ldots \exists x_m$.

Ein Ausdruck der Form $\exists x_1 \ldots \exists x_m \mathfrak{A}(x_1, \ldots, x_m)$, von dem vorausgesetzt wird, daß er keine freie Individuenvariable enthält, kann in dem Axiomensystem von § 4 nur nach der Regel (d) bewiesen werden, und zwar, abgesehen von der Benennung der Variablen, immer nur aus einem Ausdruck $\exists x_1 \ldots \exists x_m \mathfrak{A}(x_1, \ldots, x_m) \lor \exists x_2 \ldots \exists x_m \mathfrak{A}(y, x_2, \ldots, x_m)$. Auch dieser Ausdruck kann wieder nur nach (d) hergeleitet werden, usw., so daß der Ausdruck schließlich durch mehrfache Anwendung der Regel (d) aus $\exists x_1 \ldots \exists x_m \mathfrak{A}(x_1, \ldots, x_m) \lor \exists x_2 \ldots \exists x_m \mathfrak{A}(y, x_2, \ldots, x_m) \lor \cdots \lor \exists x_m \mathfrak{A}(y, \ldots, y, x_m) \lor \mathfrak{A}(y, \ldots, y)$ entstehen muß. Da weiterhin dieser Ausdruck nur durch die Regeln (a) und (b) zustande kommen kann, muß er eine Tautologie sein. Dies kann aber in diesem Falle nur heißen, daß $\mathfrak{A}(y, \ldots, y)$ eine Tautologie ist. Der Ausdruck $\exists x_1 \ldots \exists x_m \mathfrak{A}(x_1, \ldots, x_m)$ ist also dann und nur dann allgemeingültig, wenn $\mathfrak{A}(y, \ldots, y)$ eine Tautologie ist.

Ist der Ausdruck in einem Bereiche mit einem Elemente gültig, so ist $\exists x \mathfrak{A}(x, \ldots, x)$ in diesem Bereiche gültig. $\exists x \mathfrak{A}(x, \ldots, x)$ ist aber in einem Bereiche mit einem Element nur dann gültig, wenn $\mathfrak{A}(x, \ldots, x)$ eine Tautologie ist, wie uns das in § 3 gegebene Kriterium für die 1-Gültigkeit von Ausdrücken besagt. Das heißt die 1-Gültigkeit von $\exists x_1 \ldots \exists x_m \mathfrak{A}(x_1, \ldots, x_m)$ schließt die Allgemeingültigkeit ein. Ist der letzte Ausdruck also nicht allgemeingültig, so ist er in keinem Bereiche gültig. Denn zunächst kann er nicht 1-gültig sein und nach Satz XXVII auch nicht gültig sein in einem Bereiche mit mehr als einem Element.

3. Das Präfix habe die Form $\forall x_1 \ldots \forall x_m \exists y_1 \ldots \exists y_n$ und der Ausdruck möge wieder keine freien Individuenvariablen enthalten.

Die Allgemeingültigkeit von $\forall x_1 \ldots \forall x_m \exists y_1 \ldots \exists y_n \mathfrak{A}(x_1, \ldots, x_m, y_1, \ldots, y_n)$ ist mit der Allgemeingültigkeit von $\exists y_1 \ldots \exists y_n \mathfrak{A}(x_1, \ldots, x_m, y_1, \ldots, y_n)$ gleichbedeutend. Dieser letzte Ausdruck kann wie der in 2. behandelte zunächst nur durch wiederholte Anwendung der Regel (d) zustande kommen, wobei bei deren Anwendung zu beachten ist, daß jetzt die freien Variablen $x_1, \ldots, x_m$ vorkommen. Geht man immer wieder nach (d) zu den Oberformeln über, so erhält man immer wieder Disjunktionen, unter deren Gliedern neben mit Existenzzeichen beginnenden Ausdrücken nur solche der Form $\mathfrak{A}(x_1, \ldots, x_m, x_{i_1}, \ldots, x_{i_n})$ vorkommen, wobei die $x_{i_1}, \ldots, x_{i_n}$ Variablen aus der Reihe $x_1, \ldots, x_m$ sind. Demnach muß mit unserem Ausgangsausdruck auch eine dieser Disjunktionen allgemeingültig sein, und daher auch die Disjunktion, unter deren Gliedern alle derartigen Ausdrücke $\mathfrak{A}(x_1, \ldots, x_m, x_{i_1}, \ldots, x_{i_n})$ vorkommen, und ferner auch $\exists y_1 \ldots \exists y_n \mathfrak{A}(x_1, \ldots, x_m, y_1, \ldots, y_n)$ und alle Glieder der Form $\exists y_k \ldots \exists y_n \mathfrak{A}(x_1, \ldots, x_m, x_{i_1}, \ldots, x_{i_{k-1}}, y_k, \ldots, y_n)$. Andererseits läßt sich aus dieser Disjunktion bei geeigneter Anordnung der Glieder auch $\exists y_1 \ldots \exists y_n \mathfrak{A}(x_1, \ldots, x_m, y_1, \ldots, y_n)$ nur nach der Regel (d) ableiten, so daß die Allgemeingültigkeit dieser Disjunktion und die von $\exists y_1 \ldots \exists y_n \mathfrak{A}(x_1, \ldots, x_m, y_1, \ldots, y_n)$ äquivalente Probleme sind. Da diese Disjunktion ihrerseits nur nach den Regeln (a) und (b) hergeleitet werden kann, so muß sie bei Allgemeingültigkeit eine Tautologie sein. Da hierfür die mit einem Existenzzeichen beginnenden Ausdrücke keine Rolle spielen, so ergibt sich, daß $\exists y_1 \ldots \exists y_n \mathfrak{A}(x_1, \ldots, x_m, y_1, \ldots, y_n)$ dann und nur dann allgemeingültig ist, wenn die Disjunktion aller Ausdrücke der Form $\mathfrak{A}(x_1, \ldots, x_m, x_{i_1}, \ldots, x_{i_n})$ eine Tautologie ist.

Es sei nun der Ausdruck $\forall x_1 \ldots \forall x_m \exists y_1 \ldots \exists y_n \mathfrak{A}(x_1, \ldots, x_m, y_1, \ldots, y_r)$ in einem Bereiche mit m oder mehr Elementen gültig. Nach Satz XXVII ist er dann auch in Bereichen mit m oder weniger Elementen gültig. Mit $\mathfrak{B}(x_1, \ldots, x_m)$ bezeichnen wir die oben genannte Disjunktion aller Ausdrücke der Form $\mathfrak{A}(x_1, \ldots, x_m, x_{i_1}, \ldots, x_{i_n})$. Seien nun $a_1, \ldots, a_m$ irgendwelche gleiche oder verschiedene Elemente aus einem beliebigen Bereich. In dem Bereich, der aus den m oder weniger Elementen $a_1, \ldots, a_m$ besteht, ist der Ausdruck $\exists y_1 \ldots \exists y_n \mathfrak{A}(x_1, \ldots, x_m, y_1, \ldots, y_n)$ gültig, d. h. nicht nur $\exists y_1 \ldots \exists y_n \mathfrak{A}(a_1, \ldots, a_m, y_1, \ldots, y_n)$, sondern auch $\mathfrak{B}(a_1, \ldots, a_m)$ ist richtig. Demnach ist $\mathfrak{B}(x_1, \ldots, x_m)$ allgemeingültig, damit aber auch der schwächere Ausdruck $\exists y_1 \ldots \exists y_n \mathfrak{A}(x_1, \ldots, x_m, y_1, \ldots, y_n)$.

Ist also $\forall x_1 \ldots \forall x_m \exists y_1 \ldots \exists y_n \mathfrak{A}(x_1, \ldots, x_m, y_1, \ldots, y_n)$ nicht allgemeingültig, so ist er auch nicht in einem Bereiche mit m oder mehr Elementen gültig. Demnach hat man, um die Gültigkeit des Ausdrucks für beliebige Bereiche festzustellen, nur noch die Gültigkeit in Bereichen mit $1, 2, \ldots, m-1$ Elementen zu untersuchen.

Die drei erwähnten einfachen Spezialfälle des Entscheidungsproblems fanden ihre Erledigung in einer Arbeit von P. BERNAYS und M. SCHÖNFINKEL [4].

Von den weiteren gelösten Spezialfällen des Entscheidungsproblems, bei denen man übrigens nicht mehr mit derartig einfachen Mitteln zum Ziele kommt, sei nur der folgende erwähnt. Für alle Ausdrücke mit einem Präfix der Form $\forall x_1 \ldots \forall x_m \exists y_1 \exists y_2 \forall z_1 \ldots \forall z_n$ kann man ebenfalls die Entscheidung über die Allgemeingültigkeit vornehmen (vgl. K. GÖDEL [8], L. KALMAR [13], K. SCHÜTTE [24, 25]). Was die bei der Lösung dieses Spezialfalls und die bei weiteren, hier nicht genannten gelösten Spezialfällen angewandten Methoden anbetrifft, so sei auf das schon oben erwähnte Buch [2] des Verfassers verwiesen.

Wir schließen diesen Abschnitt mit dem folgenden Satz: *Ein Ausdruck $\exists x \mathfrak{A}(x)$, der keine freien Individuenvariablen enthält, ist dann und nur dann allgemeingültig, wenn $\forall x \mathfrak{A}(x)$ allgemeingültig ist. Die Ausdrücke, die die Identität enthalten, sind dabei eingeschlossen.*

Da man aus $\forall x \mathfrak{A}(x)$ immer auf $\exists x \mathfrak{A}(x)$ schließen kann, genügt es zu zeigen, daß mit $\exists x \mathfrak{A}(x)$ auch $\forall x \mathfrak{A}(x)$ allgemeingültig ist. $\exists x \mathfrak{A}(x)$ kann in dem Axiomensystem von § 9 nur aus $\exists x \mathfrak{A}(x) \lor \mathfrak{A}(y)$ nach Regel (d) zustande kommen, wobei statt y auch eine andere Variable stehen kann. Im übrigen hat jede Oberformel von $\exists x \mathfrak{A}(x) \lor \mathfrak{A}(y)$ (Oberformel im weiteren Sinne, d. h. auch Oberformel einer Oberformel usw.) die Form $\exists x \mathfrak{A}(x) \lor \mathfrak{B}$. Ist $\exists x \mathfrak{A}(x) \lor \mathfrak{B}$ Oberformel von $\exists x \mathfrak{A}(x) \lor \mathfrak{A}(y)$, so ist auch $\mathfrak{B}$ Oberformel von $\mathfrak{A}(y)$. Ist ferner eine Formel $\exists x \mathfrak{A}(x) \lor \mathfrak{B}$ Grundformel, so ist auch $\mathfrak{B}$ Grundformel. Demnach ist mit $\exists x \mathfrak{A}(x)$ auch $\mathfrak{A}(y)$ herleitbar, und damit unser Satz bewiesen.

§ 12. Der Begriff „derjenige, welcher"; Einführung von Funktionen

Wir knüpfen hier an die Überlegungen von § 10 an. Es sei irgendein Axiomensystem der dort beschriebenen Art aufgestellt. $\mathfrak{A}(x)$ sei eine Formel im Bereich dieses Axiomensystems, die keine Prädikatenvariable enthält und an freien Individuenvariablen nur die Variable x. Es lassen sich ferner in dem Axiomensystem die beiden Formeln $\exists x \mathfrak{A}(x)$ und $\forall x y (\mathfrak{A}(x) \land \mathfrak{A}(y) \to x = y)$ herleiten. In diesem Falle gibt es genau ein Ding mit der Eigenschaft $\mathfrak{A}(x)$, das durch $\mathfrak{A}(x)$ eindeutig definiert ist. In der gewöhnlichen Sprache reden wir dann von *dem* Ding mit der Eigenschaft $\mathfrak{A}(x)$, wir gebrauchen also den bestimmten Artikel; in dem gleichen Sinne sprechen wir von „demjenigen Ding, welches die Eigenschaft $\mathfrak{A}(x)$ hat". Diese Redewendung kommt in der gewöhnlichen Sprache sehr häufig vor. Wir gebrauchen den Ausdruck „der König von Griechenland", was einschließt, daß es einen König von Griechenland gibt und daß es nicht mehr als einen König von Griechenland gibt.

Im gleichen Sinne gebrauchen wir Ausdrücke wie „die Mutter von Herrn Schmidt", „der Dichter von ,Nathan dem Weisen'", „das kleinste gemeinschaftliche Vielfache von 18 und 24" usw.

Diese Ausdrucksweise können wir nun in unserem Kalkül nachahmen. Es sei also, wie oben bemerkt, $\exists x \, \mathfrak{A}(x)$ und $\forall x y \, (\mathfrak{A}(x) \wedge \mathfrak{A}(y) \to x = y)$ hergeleitet. Wir führen nun ein neues bisher nicht benutztes Symbol für ein bestimmtes Individuum, etwa α, in den Kalkül ein. Ferner wird den Axiomen als neue Grundformel $\mathfrak{A}(\alpha)$ hinzugefügt. Der Bereich der Primformeln und damit auch der aller anderer Formeln wird von jetzt ab so erweitert, daß man auch eine Primformel erhält, wenn man hinter eine Prädikatenvariable auch Zeichen für bestimmte Gegenstände, in diesem Falle als zunächst α, setzen kann. Es gehört dazu ferner eine entsprechende Erweiterung der logischen Grundformeln und der Ableitungsregeln, die wir weiter unten angeben. $\exists x \, \mathfrak{A}(x)$ und $\forall x y \, (\mathfrak{A}(x) \wedge \mathfrak{A}(y) \to x = y)$ heißen die zu α gehörigen *Unitätsformeln*.

Auf diese Weise können eine Reihe von Individuensymbolen, etwa $\alpha, \beta, \gamma, \ldots$, nacheinander, jedesmal wenn die zugehörigen Unitätsformeln bewiesen sind, eingeführt werden, von denen jedes einen bestimmten Gegenstand bedeutet. Gegenüber der sprachlichen Anwendung des bestimmten Artikels bedeutet dies insofern eine Vereinfachung, als die Zeichen $\alpha, \beta, \gamma, \ldots$ ihre Bedeutung nicht selbst angeben, sondern man muß, um diese zu erfahren, an die Stelle ihrer Einführung zurückgehen. Dies ist übrigens nur dann von Bedeutung, wenn man die Formeln, in denen $\alpha, \beta,$ usw. vorkommt, deuten will. Doch können wir auch das sprachliche Verfahren genauer nachahmen. Anstatt in dem obigen Falle α als neues Individuensymbol einzuführen, führen wir $\iota_x \mathfrak{A}(x)$ als solches ein und fügen $\mathfrak{A}(\iota_x \mathfrak{A}(x))$ als Grundformel zu den Axiomen hinzu. Das „$\iota_x \mathfrak{A}(x)$" hat die Bedeutung „*das* Ding x mit der Eigenschaft $\mathfrak{A}(x)$". Die Variable x heißt innerhalb $\iota_x \mathfrak{A}(x)$ gebunden. Im übrigen ist es nicht notwendig, daß die Unitätsformeln gerade mit der charakteristischen Variablen x gebildet sind. Die Unitätsformeln können z. B. auch sein $\exists y \, \mathfrak{A}(y)$ und $\forall y z \, (\mathfrak{A}(y) \wedge \mathfrak{A}(z) \to y = z)$. Auch in diesem Falle kann man entweder ein α als neues Individuensymbol einführen oder aber $\iota_y \mathfrak{A}(y)$, wobei im letzten Falle dann $\mathfrak{A}(\iota_y \mathfrak{A}(y))$ die neu hinzugefügte Grundformel ist. Auch die „ι" können beliebig oft hintereinander, beim Vorliegen der entsprechenden Unitätsformeln, eingeführt werden.

Dieses Verfahren läßt sich nun verallgemeinern. Es sei $\mathfrak{B}(x_1, \ldots, x_m, y)$ eine Formel, die keine Prädikatenvariable und an freien Variablen nur $x_1, \ldots, x_n, y$ enthält. Ferner habe man die Formeln

$$\forall x_1 \ldots x_n \, \exists y \, \mathfrak{B}(x_1, \ldots, x_n, y)$$

und

$$\forall x_1 \ldots x_n y z \, (\mathfrak{B}(x_1, \ldots, x_n, y) \wedge \mathfrak{B}(x_1, \ldots, x_n, z) \to y = z)$$

§ 12. Der Begriff „derjenige, welcher"; Einführung von Funktionen

hergeleitet, die auch in diesem Falle die *Unitätsformeln* heißen. Sie bedeuten, daß man zu jedem n-tupel $x_1, \ldots, x_n$ genau *ein* y mit der Eigenschaft $\mathfrak{B}(x_1, \ldots, x_n, y)$ vorhanden ist, d. h. $\mathfrak{B}(x_1, \ldots, x_n, y)$ definiert eine Funktion, die dem n-tupel $x_1, \ldots, x_n$ den Wert y zuordnet. In diesem Falle führen wir ein bisher nicht benutztes Symbol für eine Funktion von n Argumenten, etwa φ, in den Kalkül ein. Als neue Grundformel wird dann $\forall x_1 \ldots x_n \mathfrak{B}(x_1, \ldots, x_n, \varphi(x_1, \ldots, x_n))$ hinzugefügt. Bemerken wir noch, daß statt $x_1, \ldots, x_n, y, z$ in den Unitätsformeln und der neu hinzugefügten Grundformel genauso gut andere Individuenvariable stehen können. Auch hier kann die Einführung von Funktionen, bei Vorliegen der entsprechenden Unitätsformeln, mehrfach hintereinander geschehen.

Auch in diesem erweiterten Falle können wir nun die Abhängigkeit von den Unitätsformeln durch ein ι explizit zum Ausdruck bringen. Falls wie oben $\forall x_1 \ldots x_n \exists y \, \mathfrak{B}(x_1, \ldots, x_n, y)$ und $\forall x_1 \ldots x_n y z (\mathfrak{B}(x_1, \ldots, x_n, y) \wedge \mathfrak{B}(x_1, \ldots, x_n, z) \rightarrow y = z)$ die Unitätsformeln sind, fügen wir als neue Grundformel $\forall x_1 \ldots x_n \mathfrak{B}(x_1, \ldots, x_n, \iota_y \mathfrak{B}(x_1, \ldots, x_n, y))$ hinzu, wobei dann $\iota_y \mathfrak{B}(x_1, \ldots, x_n, y)$ als neues Symbol aufgetreten ist, das die Leerstellen von Prädikatenvariablen besetzen kann.

Wir wollen nun sehen, wie der Herleitungsmechanismus jetzt aussieht. Die wesentliche Änderung gegenüber den in § 10 angegebenen Axiomensystemen, die ohne die jetzt angegebene Erweiterung arbeiten, besteht darin, daß dort der zugrunde gelegte Formelbegriff von vornherein feststeht, während dieser jetzt zunächst genauso ist wie dort, dann sich aber mit jeder Einführung eines $\alpha, \iota_x \mathfrak{A}(x), \varphi, \iota_y \mathfrak{B}(x_1, \ldots, x_n, y)$ erweitert.

Es seien nun schon $\alpha_1, \ldots, \alpha_n, \iota_x \mathfrak{A}_1(x), \ldots, \iota_x \mathfrak{A}_m(x), \varphi_1, \ldots, \varphi_k,$ $\iota_y \mathfrak{B}_1(x_1, \ldots, x_{i_1}), \ldots, \iota_y \mathfrak{B}_q(x_1, \ldots, x_{i_q}, y)$ eingeführt. Wir definieren zunächst den Begriff des *Individuenterms*, auch kurz Term genannt. Darunter sind Symbole zu verstehen, die in die Leerstellen eines Prädikates eingesetzt werden können. Die Terme werden nach den folgenden Regeln aufgebaut:

1. Individuenvariable sind Terme.
2. Zeichen für bestimmte Gegenstände, die schon in den Axiomen auftreten, sind Terme.
3. $\alpha_1, \ldots, \alpha_n, \iota_x \mathfrak{A}_1(x), \ldots, \iota_x \mathfrak{A}_m(x)$ sind Terme.
4. Sind $\mathfrak{a}_1, \ldots, \mathfrak{a}_p$ Terme und ist φ_i ein Zeichen für eine p-stellige Funktion, so ist $\varphi_i(\mathfrak{a}_1, \ldots, \mathfrak{a}_p)$ ein Term.
5. Sind $\mathfrak{a}_1, \ldots, \mathfrak{a}_{i_k}$ Terme, so ist $\iota_y \mathfrak{B}_k(\mathfrak{a}_1, \ldots, \mathfrak{a}_{i_k}, y)$ ein Term.

Eine Primformel entsteht nun, wenn man die Leerstellen eines Prädikatzeichens (evtl. auch einer Prädikatenvariablen) mit Termen besetzt, während der Aufbau der Formeln im übrigen derselbe ist wie vorher.

Grundformeln sind zunächst die Axiome des betreffenden Axiomensystems, dazu kommen die oben erwähnten im Anschluß an die Unitätsformeln neu eingeführten Grundformeln. Ferner haben wir die logischen Grundformeln 1) und 2), wie sie in § 9 beschrieben sind. Bei den Grundformeln 1) ist jetzt zu beachten, daß nicht nur die dort beschriebenen Disjunktionen Grundformeln sind, bei denen ein Disjunktionsglied die Form $x = x$, $y = y$, usw. hat, sondern allgemein die Disjunktionen, bei denen anstelle von $x = x$ ein Disjunktionsglied $\mathfrak{a} = \mathfrak{a}$ steht, wo $\mathfrak{a}$ ein beliebiger Term ist. Bei der Reduzierung der Grundformeln 2) auf die Grundformeln 1) ist zu beachten, daß diese nicht nur durch Elimination eines Disjunktionsgliedes $\neg(x = y)$ in der angegebenen Weise geschehen kann, sondern allgemein durch Elimination eines Disjunktionsgliedes $\neg(\mathfrak{a} = \mathfrak{b})$, wo $\mathfrak{a}$ und $\mathfrak{b}$ Terme sind, in der entsprechenden Weise.

An Ableitungsregeln haben wir die Regeln (a)—(d) und die Abtrennungsregel wie früher. Die Regel (d) erfährt eine Erweiterung, so daß sie lautet:

$$\frac{\mathfrak{M} \vee \exists x \mathfrak{A}(x) \vee \mathfrak{A}(\mathfrak{a}) \vee \mathfrak{N}}{\mathfrak{M} \vee \exists x \mathfrak{A}(x) \vee \mathfrak{N}}.$$

Hierbei braucht $\mathfrak{a}$ nicht notwendig eine Individuenvariable zu sein, sondern kann ein beliebiger Term sein.

Wir hatten bei der obigen Einführung zunächst an ein einsortiges Axiomensystem gedacht; doch läßt sich die Einführung des „derjenige, welcher" genauso gut auf ein mehrsortiges Axiomensystem übertragen. Ist $\exists x \mathfrak{A}(x)$ und $\forall x y (\mathfrak{A}(x) \wedge \mathfrak{A}(y) \to x = y)$ hergeleitet, so gehört der neu einzuführende Term α, bzw. $\iota_x \mathfrak{A}(x)$ der gleichen Sorte an wie die Variable x in $\exists x \mathfrak{A}(x)$, so daß die Primformeln entsprechend aufzubauen sind. Gelten ferner die Unitätsformeln $\forall x_1 \ldots x_n \exists y \mathfrak{B}(x_1, \ldots, x_n, y)$ und $\forall x_1 \ldots x_n y z (\mathfrak{B}(x_1, \ldots, x_n, y) \wedge \mathfrak{B}(x_1, \ldots, x_n, z) \to y = z)$, so gilt für das neu einzuführende Funktionszeichen φ die folgende Termregel: Sind $\mathfrak{a}_1, \ldots, \mathfrak{a}_n$ bezüglich Terme der gleichen Sorte wie die Variablen $x_1, \ldots, x_n$, so ist auch $\varphi(\mathfrak{a}_1, \ldots, \mathfrak{a}_n)$ ein Term, und zwar ein solcher der gleichen Sorte wie die Variable y in $\forall x_1 \ldots x_n \exists y \mathfrak{B}(x_1, \ldots, x_n, y)$. Das gleiche gilt entsprechend für $\iota_y \mathfrak{B}(\mathfrak{a}_1, \ldots, \mathfrak{a}_n, y)$.

Die Einführung des Funktionsbegriffs oder der entsprechenden ι ist besonders in der Mathematik von Vorteil, da sich hierdurch die Sätze kürzer und prägnanter fassen lassen. Als einfaches Beispiel bringen wir die Axiome des *Gruppenbegriffs*.

Wir sagen von den Elementen eines Individuenbereichs, daß sie eine Gruppe bilden, wenn die folgenden Axiome zutreffen:

1. Jedem geordneten Paar α, β des Individuenbereichs ist eindeutig ein Element γ des Individuenbereichs zugeordnet.

2. Seien α, β, γ irgendwelche Elemente des Individuenbereichs. Ist nun dem geordneten Paar α, β das Element δ und dem geordneten

§ 12. Der Begriff „derjenige, welcher"; Einführung von Funktionen   135

Paar β, γ das Element $\varkappa$ zugeordnet, so ist dem geordneten Paar δ, γ das gleiche Element zugeordnet wie dem geordneten Paar α, $\varkappa$.

3. Es gibt ein Element ε, so daß jedem geordneten Paar ε, α und jedem geordneten Paar α, ε das Element α zugeordnet ist.

4. Zu jedem Element α des Individuenbereichs gibt es ein Element β, so daß dem geordneten Paar α, β ein Element ε von der in 3. genannten Art zugeordnet ist.

Zur symbolischen Formulierung brauchen wir ein dreistelliges Prädikat Φ, so daß $\Phi\alpha\beta\gamma$ die Bedeutung hat: γ ist dem geordneten Paar α, β zugeordnet. Die Axiome lauten dann:

1. $\forall xy\,\exists z(\Phi xyz \wedge \forall u(\Phi xyu \to z = u))$
2. $\forall xyzuvw(\Phi xyu \wedge \Phi yzv \wedge \Phi uzw \to \Phi xvw)$
3. (für 3. und 4.) $\exists x(\forall y(\Phi xyy \wedge \Phi yxy) \wedge \forall y\,\exists z\,\Phi yzx)$.

In dieser Formulierung der Axiome ist von keinem Symbol für bestimmte Individuen Gebrauch gemacht. Da

$$\forall xy\,\exists z(\Phi xyz \wedge \forall u(\Phi xyu \to z = u)) \to \forall xy\,\exists z\,\Phi xyz$$

und

$$\forall xy\,\exists z(\Phi xyz \wedge \forall u(\Phi xyu \to z = u)) \to \forall xyzu(\Phi xyz \wedge \Phi xyu \to z = u)$$

aus den rein logischen Grundformeln mit Hilfe der Regeln (a)—(d) beweisbar sind, erhält man nach der Abtrennungsregel $\forall xy\,\exists z\,\Phi xyz$ und $\forall xyzu(\Phi xyz \wedge \Phi xyu \to z = u)$, also Unitätsformeln. Wir können daher ein Funktionszeichen φ für eine zweistellige Funktion einführen und $\forall xy\,\Phi xy\varphi(x,y)$ als neue Grundformel hinzufügen. Aus Axiom 2. erhalten wir, indem wir zunächst die Allzeichen fortlassen und dann die auch jetzt gültige Einsetzungsregel für Individuenvariable anwenden: $\Phi xy\varphi(x,y) \wedge \Phi yz\varphi(y,z) \wedge \Phi\varphi(x,y)z\,\varphi(\varphi(x,y),z) \to \Phi x\varphi(y,z)\,\varphi(\varphi(x,y),z)$. Da ferner $\Phi xy\varphi(x,y)$, $\Phi yz\varphi(y,z)$ und $\Phi\varphi(x,y),z\,\varphi(\varphi(x,y),z)$ beweisbar sind, erhält man nach der Abtrennungsregel $\Phi x\varphi(y,z)\,\varphi(\varphi(x,y),z)$. Da $\Phi x\,\varphi(y,z)\,\varphi(x,\varphi(y,z))$ beweisbar ist, erhält man wegen der Eindeutigkeit von Φ $\varphi(\varphi(x,y),z) = \varphi(x,\varphi(y,z))$, in welche einfache Form nun das Axiom 2 übergegangen ist.

In entsprechender Weise läßt sich das dritte Axiom in die Gestalt $\exists x(\forall y(\varphi(x,y) = y \wedge \varphi(y,x) = y) \wedge \forall y\,\exists z(\varphi(y,z) = x))$ überführen. Daraus ist $\exists x\,\forall y(\varphi(x,y) = y \wedge \varphi(y,x) = y)$ beweisbar. Weiter läßt sich $\forall y(\varphi(x,y) = y \wedge \varphi(y,x) = y) \wedge \forall y(\varphi(z,y) = y \wedge \varphi(y,z) = y) \to \varphi(x,z) = z \wedge \varphi(x,z) = x$, also auch $\forall y(\varphi(x,y) = y \wedge \varphi(y,x) = y) \wedge \forall y(\varphi(z,y) = y \wedge \varphi(y,z) = y) \to x = z$ beweisen. Damit haben wir zwei neue Unitätsformeln. Wir können also ein Element ε (das sog. Einheitselement) einführen mit der zugehörigen Grundformel $\forall y(\varphi(\varepsilon,y) = y \wedge \varphi(y,\varepsilon) = y)$. Ferner läßt sich dann der zweite Teil des Axioms 3. in der Form $\forall y\,\exists z\,\varphi(y,z) = \varepsilon$ schreiben.

Die drei Axiome können also durch die Formeln

$$\varphi(\varphi(x, y), z) = \varphi(x, \varphi(y, z)),$$

$$\varphi(\varepsilon, y) = y \land \varphi(y, \varepsilon) = y,$$

$$\exists z \, \varphi(y, z) = \varepsilon$$

ersetzt werden, aus denen wir dann die Sätze der Gruppentheorie in der üblichen Weise ableiten können, z. B. den Satz, der durch die Formel $\varphi(x, y) = \varepsilon \to \varphi(y, x) = \varepsilon$ gegeben ist. Es ergeben sich auch noch weitere Unitätsformeln, z. B. $\forall x \exists y \, \varphi(x, y) = \varepsilon$ und $\forall x y z (\varphi(x,y) = \varepsilon \land$ $\land \,\varphi(x, z) = \varepsilon \to y = z)$, so daß wir ein neues Funktionszeichen ψ mit der charakteristischen Grundformel $\forall x \, \varphi(x, \psi x) = \varepsilon$ einführen können. (ψx heißt in der Gruppentheorie das zu x inverse Element.)

Prinzipiell ist nun zur Einführung der ι, der Individuensymbole und der Funktionen zu sagen, daß dadurch zwar eine kürzere und prägnantere Formulierung der Sätze erreicht wird, daß aber damit keine grundsätzlich neuen logischen Beziehungen ausgedrückt werden. Alle Sätze, die sich mit Hilfe der neu eingeführten Symbole wiedergeben lassen, lassen sich auch ohne diese ausdrücken. Eine Formel $\mathfrak{B}(\alpha)$, die ein durch $\mathfrak{A}(x)$ definiertes α enthält, läßt sich mit dem gleichen Sinn auch ohne α durch $\mathfrak{A}(x) \to \mathfrak{B}(x)$ wiedergeben, falls die Variable x sonst nicht vorkommt. Bei einer Formel, die ein durch $\mathfrak{B}(x_1, \ldots, x_n, y)$ definiertes Funktionszeichen φ enthält, läßt sich jede Primformel

$$\mathfrak{A}(\varphi(\mathfrak{a}_1, \ldots, \mathfrak{a}_n), \ldots, \varphi(\mathfrak{g}_1, \ldots, \mathfrak{g}_n))$$

durch

$$\forall y \ldots \forall u (\mathfrak{B}(\mathfrak{a}_1, \ldots, \mathfrak{a}_n, y) \land \cdots \land \mathfrak{B}(\mathfrak{g}_1, \ldots, \mathfrak{g}_n, u) \to \mathfrak{A}(y, \ldots, u))$$

ersetzen, falls die Variablen $y, \ldots, u$ sonst nicht vorkommen. Im letzten Falle muß aber gegebenenfalls das Verfahren mehrmals wiederholt werden, da die $\mathfrak{a}_1, \ldots, \mathfrak{a}_n$ usw. ebenfalls noch φ enthalten können. Entsprechend ist es bei den eingeführten ι. Zum Beispiel läßt sich die oben erwähnte Formel $\varphi(x, y) = \varepsilon \to \varphi(y, x) = \varepsilon$ zunächst durch $\forall u (\Phi z u u \land \Phi u z u) \to (\varphi(x, y) = z \to \varphi(y, x) = z)$ ersetzen, und weiter durch $\forall u (\Phi z u u \land \Phi u z u) \to \forall v w (\Phi x y v \land \Phi y x w \to (v = z \to w = z))$. Die letzte Formel sagt dasselbe aus wie $\varphi(x, y) = \varepsilon \to \varphi(y, x) = \varepsilon$ und läßt sich aus den Axiomen beweisen, ohne daß neue Symbole eingeführt werden.

Der Beweis für die Möglichkeit der Elimination der Individuensymbole, der Funktionen und der ι soll hier nicht durchgeführt werden. Dazu wäre folgendes erforderlich. Falls eine Herleitung vorliegt, in der die genannten Symbole gebraucht werden, muß man zunächst jeder Formel der Herleitung eindeutig eine von den Symbolen freie

Formel zuordnen, wobei diese zugeordnete Formel die Formel selbst ist, falls keine derartigen Symbole vorkommen. Ferner muß dann gezeigt werden, daß der Beweiszusammenhang erhalten bleibt, d. h. daß jede umgewandelte Formel der Herleitung aus den Axiomen allein mit den Mitteln von § 10 herleitbar ist.

Für ein Axiomensystem der Zahlentheorie ist der Beweis der Eliminierbarkeit der ι und verwandten Symbole von D. HILBERT und P. BERNAYS [11, § 8] gegeben worden, für ein Axiomensystem der Analysis von K. SCHÜTTE [27]. Man vergleiche auch K. SCHRÖTER [23].

Übungen zum dritten Kapitel

1. Löse die in den Übungen zum II. Kapitel angegebenen Aufgaben 1.—4., indem du statt des Klassenkalküls den Kalkül mit einstelligen Prädikaten verwendest!

2. Betrachte die folgenden Axiome a)—i) für die biologischen Verwandtschaftsverhältnisse der (heute lebenden oder gelebt habenden) Menschen.

a) Wenn ein Mensch männlichen Geschlechts ist, so ist er nicht weiblichen Geschlechts.

b) Wenn ein Mensch nicht männlichen Geschlechts ist, so ist er weiblichen Geschlechts.

c) Wer Vater eines Menschen ist, ist männlichen Geschlechts.

d) Wer Mutter eines Menschen ist, ist weiblichen Geschlechts.

e) Jeder Mensch hat genau eine Mutter und genau einen Vater.

f) Wenn ein Mensch der Vater eines anderen ist, so ist er dessen Vorfahr.

g) Wenn ein Mensch die Mutter eines anderen ist, so ist er dessen Vorfahr.

h) Niemand ist sein eigener Vorfahr.

i) Wenn ein Mensch Vorfahr eines anderen ist und dieser wieder Vorfahr eines dritten, so ist auch der erste Mensch Vorfahr des dritten.

α) Formuliere die Axiome symbolisch, indem du die Individuenvariablen $x, y, z, \ldots$ sich auf die Menschen beziehen läßt und indem du für „männlichen Geschlechts sein" und „weiblichen Geschlechts sein" Zeichen für einstellige Prädikate, für „Vater von", „Mutter von" und „Vorfahr von" Zeichen für zweistellige Prädikate einführst.

β) Wie drücken sich die folgenden Sätze mit Hilfe der Grundprädikate aus: „x ist Schwester von y", „x ist Bruder von y", „x und y sind Geschwister", „x ist Großvater mütterlicherseits von y", „x ist Großvater väterlicherseits von y"?

γ) Leite den Satz „Geschwister (keine Halbgeschwister) der Mutter eines Menschen sind keine Geschwister dieses Menschen" aus den Axiomen auf zwei Arten ab:

γ 1) Ordne dem Satz nach dem Vorgang von Anfang des § 10 einen Ausdruck des Prädikatenkalküls zu und versuche dessen Allgemeingültigkeit in dem Axiomensystem von § 9 zu beweisen!

γ 2) Leite den Satz direkt aus den Axiomen mit Hilfe des in § 10 gegebenen Verfahrens ab!

3. Formuliere das folgende Bernayssche Axiomensystem für die Mengenlehre [P. BERNAYS, Journal of Symbolic Logic, Part I, Bd. 2 (1937), S. 65—77; Part II, Bd. 6 (1941), S. 1—17], das von der ersten (!) Stufe ist, im Prädikatenkalkül! [Bemerkung: Die Bernayssche Formulierung ist in Kleinigkeiten verändert, um die Formalisierung zu erleichtern.]

Die Axiome heißen in der Bernaysschen Numerierung:

I, 1. Wenn die Menge a dieselben Elemente hat wie die Menge b, so ist a mit b identisch.

I, 2. Wenn die Klasse A dieselben Elemente hat wie die Klasse B, so ist A mit B identisch.

II, 1. Es gibt eine Menge, die keine Elemente hat.

II, 2. Zu zwei Mengen a und b gibt es eine Menge c, so daß für alle x „x ist Element von c" gleichbedeutend ist mit „x ist Element von a oder x ist gleich b".

III, a (1). Zu jeder Menge a gibt es eine Klasse B, so daß a das einzige Element von B ist.

III, a (2). Zu jeder Klasse A gibt es eine Klasse B, so daß eine Menge dann und nur dann Element von B ist, wenn sie nicht Element von A ist.

III, a (3). Zu zwei Klassen A und B gibt es eine Klasse C, so daß eine Menge dann und nur dann Element von C ist, wenn sie Element von A und von B ist.

III, b (1). Es gibt eine Klasse, deren Elemente diejenigen Mengen sind, die genau ein Element enthalten.

Definition. Wir sagen, eine Menge c ist von der Form $\langle a, b \rangle$, wenn als Elemente von c nur Mengen mit dem einzigen Element a und Mengen mit den einzigen beiden Elementen a und b in Frage kommen, wo a und b Mengen sind. Eine Klasse oder Menge, die nur Elemente der Form $\langle a, b \rangle$ hat, heißt eine Klasse oder Menge von Paaren.

III, b (2). Es gibt eine Klasse, deren Elemente nur die Mengen von der Form $\langle a, b \rangle$ sind, bei denen a Element von b ist.

III, b (3). Zu jeder Klasse A gibt es eine Klasse B, deren Elemente nur diejenigen Mengen von der Form $\langle a, b \rangle$ sind, für die a Element von A ist.

III, c (1). Zu jeder Klasse A von Paaren gibt es eine Klasse B, deren Elemente die Mengen a sind, für die es eine Menge b gibt, so daß A ein Element der Form $\langle a, b \rangle$ hat.

III, c (2). Zu jeder Klasse A von Paaren gibt es eine Klasse B, deren Elemente nur solche Mengen der Form $\langle a, b \rangle$ sind, für die $\langle b, a \rangle$ Element von A ist.

III, c (3). A sei eine Klasse von Paaren, so daß für jedes Element von A der Form $\langle a, d \rangle$ d die Form $\langle b, c \rangle$ hat. Es gibt dann eine Klasse B von Paaren mit der folgenden Eigenschaft: Für jedes Element von B der Form $\langle d, c \rangle$ hat d die Form $\langle a, b \rangle$, und es gibt ein Element $\langle a, e \rangle$ von A, so daß e die Form $\langle b, c \rangle$ hat.

Definition. Eine Funktion ist eine Klasse A von Paaren, so daß keine zwei Elemente von A der Formen $\langle a, b \rangle$ und $\langle a, c \rangle$ mit verschiedenen b und c existieren.

Definition. Eine Klasse A heißt Unterklasse der Klasse B, wenn jedes Element von A auch Element von B ist; entsprechend heißt eine Menge a Untermenge einer Menge b.

IV. Zu jeder Klasse A von Paaren gibt es eine Klasse B, so daß B eine Funktion und eine Unterklasse von A ist und zu jedem Element der Form $\langle a, b \rangle$ von A auch ein Element der Form $\langle a, c \rangle$ von B existiert.

V a. Wenn es zu einer Klasse A eine Menge b gibt, so daß A und b die gleichen Elemente haben, so gibt es zu jeder Unterklasse von A eine Menge mit den gleichen Elementen.

V b. Wenn eine Klasse A und die zugehörige nach III, c (2) existierende Klasse B beide Funktionen sind, wenn es ferner für die zu A nach III, c (1) existierende Klasse eine Menge mit genau den gleichen Elementen gibt, so ist das auch für die zu B nach III, c (1) existierende Klasse der Fall.

V c. Für jede Menge a gibt es eine Menge b, deren Elemente die Mengen sind, die Element wenigstens eines Elementes von a sind.

V d. Für jede Menge a gibt es eine Menge b, deren Elemente gerade die Untermengen von a sind.

VI. Es gibt eine Klasse A, so daß A und die zu ihr nach III, c (2) gehörige Klasse B beide Funktionen sind. Ferner gibt es zu der zu A nach III, c (1) gehörenden Klasse eine Menge c mit genau den gleichen Elementen. Die zu B nach III, c (1) gehörende Klasse hat nur Elemente, die auch Elemente von c sind, während c noch mindestens ein weiteres Element hat.

VII. Es gibt keine nicht-leere Klasse A, für die jedes Element von A wieder ein Element hat, das Element von A ist.

α) Formuliere das Axiomensystem als ein zweisortiges, indem du verschiedene Individuenvariablen für die Mengen und für die Klassen einführst. Als Grundprädikat ist neben der Identität das zweistellige Prädikat „ist Element von" einzuführen, wobei nur Mengen Elemente von Mengen oder Klassen sein können. Für das dreistellige Prädikat

„x ist von der Form $\langle a, b \rangle$", für die einstelligen Prädikate „Klasse von Paaren sein", „Funktion sein", für die zweistelligen Prädikate „Unterklasse von", „Untermenge von" sind besondere Prädikatzeichen einzuführen, die als Abkürzungen für gewisse aus den Grundprädikaten zusammengesetzte Prädikate gelten.

β) Formuliere das Axiomensystem als ein einsortiges, indem du einen einheitlichen Individuenbereich einführst, der sich aus den Mengen und Klassen zusammensetzt, und ferner zwei einstellige Prädikate „Menge sein" und „Klasse sein" und im übrigen entsprechend wie unter α) verfährst.

Es genügt auch, statt der beiden Prädikate „Menge sein" und „Klasse sein" nur das Grundprädikat „Menge sein" einzuführen. Der Individuenbereich besteht aus den Klassen; Mengen sind spezielle Klassen. Mengen und Klassen mit genau den gleichen Elementen werden als identisch angesehen. Daraus ergeben sich Vereinfachungen des Axiomensystems. Zum Beispiel hat man an Stelle der Axiome I, 1 und I, 2 ein einziges Axiom.

Viertes Kapitel
Der erweiterte Prädikatenkalkül
§ 1. Erweiterung des Prädikatenkalküls durch Hinzunahme der Quantoren für Prädikatenvariable

Der Formalismus sowohl des Aussagenkalküls wie auch des Klassenkalküls und des Prädikatenkalküls ist offenbar in sich nicht abgeschlossen. So können wir zwar, da wir die Ausdrücke als allgemeingültig interpretieren, ausdrücken, daß ein Ausdruck für alle Werte der darin auftretenden Prädikatenvariablen eine richtige Aussage darstellt. Wir sind aber nicht imstande, das Gegenteil dieser Behauptung auszudrücken, da der formal negierte Ausdruck etwas anderes besagen würde, nämlich daß der Ausdruck für alle Werte der darin vorkommenden Prädikatenvariablen eine falsche Aussage darstellt. Es gibt aber Ausdrücke, die nicht selbst allgemeingültig sind und bei denen auch der negierte Ausdruck nicht allgemeingültig ist. Ebensowenig können wir zur Darstellung bringen, daß aus der Gültigkeit des Ausdrucks in irgendeinem Bereich die eines anderen folgt. Um das auszudrücken, brauchen wir Quantoren für Prädikatenvariable.

Als natürliche Erweiterung der genannten Kalküle ergibt sich daher, daß wir die in den bisherigen Ausdrücken auftretenden Aussagevariablen, Klassenvariablen oder Prädikatenvariablen als freie Variable auffassen und daneben durch Quantoren gebundene Variable der verschiedenen Arten einführen. Nun bringt die Einführung von gebundenen Aussagevariablen, obwohl sie natürlich möglich ist, nichts besonders Interessantes; ferner ist die Einführung von gebundenen Klassenvariablen entbehrlich, da man ja statt des Klassenkalküls stets den Kalkül mit einstelligen Prädikaten verwenden kann. *Als wichtigste Erweiterung bleibt demnach, daß wir durch Quantoren gebundene Prädikatenvariable neu einführen.* Ist $\mathfrak{A}(F)$ ein Ausdruck, der die freie Prädikatenvariable F enthält, so bedeutet $\exists F\, \mathfrak{A}(F)$, daß es ein Prädikat F mit der Eigenschaft $\mathfrak{A}(F)$ gibt, und $\forall F\, \mathfrak{A}(F)$, daß alle F die Eigenschaft $\mathfrak{A}(F)$ haben. Ist also $\mathfrak{A}(F_1, \ldots, F_r)$ ein Ausdruck mit den freien Prädikatenvariablen $F_1, \ldots, F_r$ und keinen freien Individuenvariablen, so bedeutet die Richtigkeit von $\neg \forall F_1 \ldots F_r\, \mathfrak{A}(F_1, \ldots, F_r)$ in einem Individuenbereich, daß $\mathfrak{A}(F_1, \ldots, F_r)$ in dem Bereich nicht gültig ist. Sind $\mathfrak{A}(F_1, \ldots, F_r)$ und $\mathfrak{B}(F_1, \ldots, F_r)$ zwei Ausdrücke der angegebenen Art, so bedeutet die Richtigkeit von $\forall F_1 \ldots F_r\, \mathfrak{A}(F_1, \ldots, F_r) \to \forall F_1 \ldots F_r\, \mathfrak{B}(F_1, \ldots, F_r)$ in einem Individuenbereich, daß in diesem Bereich aus der Gültigkeit von

$\mathfrak{A}(F_1, \ldots, F_r)$ sich die von $\mathfrak{B}(F_1, \ldots, F_r)$ ergibt. Von einem Ausdruck, der überhaupt keine freien Variablen enthält, kann man streng genommen nur sagen, daß er in dem Individuenbereich richtig oder falsch ist. Wir wollen aber hier das Wort „gültig" in gleichem Sinne wie „richtig" gebrauchen. Entsprechend ist „allgemeingültig" zu verstehen. Einen derartigen Ausdruck wollen wir in einem Individuenbereich ebenfalls erfüllbar nennen, wenn er in dem Bereich richtig ist, und erfüllbar schlechthin, wenn er überhaupt in einem nicht-leeren Bereiche richtig ist. Bei dieser Terminologie sind also die Allgemeingültigkeit von $\mathfrak{A}(F_1, \ldots, F_r)$ und die von $\forall F_1 \ldots F_r \mathfrak{A}(F_1, \ldots, F_r)$ gleichbedeutend.

Um nun einen exakten Aufbau dieses Kalküls vorzunehmen, haben wir zunächst den Ausdrucksbegriff von § 3 des III. Kapitels entsprechend zu erweitern. Bei dem Aufbau der Ausdrücke wollen wir wieder wie vorher die gleichen Zeichen, nämlich große lateinische Buchstaben, die evtl. mit einem Zahlenindex versehen sind, für alle Arten von Prädikatenvariablen gebrauchen. Vor einem symbolischen Beweis geben wir an, welche der Prädikatenvariablen einstellige Prädikatenvariable, welche zweistellige usw. Prädikatenvariable bedeuten. Ein ausdrücklicher Zusatz dieser Art, der aber stets zu denken ist, ist übrigens an dieser Stelle nicht nötig, da die Art der Ausfüllung der Leerstellen der Prädikatenvariablen deren Charakter anzeigt und sie übrigens von den Aussagevariablen unterscheidet.

Die modifizierten Regeln zum Aufbau der Ausdrücke heißen nun:

1. Aussagenvariable sind Ausdrücke.
2. n-stellige Prädikatenvariable, hinter denen n Individuenvariable stehen, sind Ausdrücke.

Die Ausdrücke nach 1. und 2. nennen wir Primformeln. Die in den Primformeln vorkommenden Individuen- oder Prädikatenvariablen kommen darin in freier Form vor.

3. Ist $\mathfrak{A}$ ein Ausdruck, so auch $\neg \mathfrak{A}$, wobei in $\neg \mathfrak{A}$ die gleichen Variablen frei oder gebunden sind wie in $\mathfrak{A}$.

4. Sind $\mathfrak{A}$ und $\mathfrak{B}$ Ausdrücke der Art, daß nicht die gleiche Variable in einem der Ausdrücke in freier und in dem anderen in gebundener Form vorkommt, so sind auch $\mathfrak{A} \land \mathfrak{B}$, $\mathfrak{A} \lor \mathfrak{B}$, $\mathfrak{A} \to \mathfrak{B}$ und $\mathfrak{A} \leftrightarrow \mathfrak{B}$ Ausdrücke. Eine Variable kommt in diesen Ausdrücken in freier oder gebundener Form vor, wenn sie in einem der Ausdrücke $\mathfrak{A}, \mathfrak{B}$ in solcher Form vorkommt.

5. Es sei $\mathfrak{A}$ ein Ausdruck, in dem die Variable x, bzw. die Variable F in freier Form vorkommt. Dann sind auch $\forall x \mathfrak{A}$ und $\exists x \mathfrak{A}$, bzw. $\forall F \mathfrak{A}$ und $\exists F \mathfrak{A}$ Ausdrücke. Die Variable x bzw. F heißt in diesen Ausdrücken gebunden. Andere darin auftretende Variable haben darin den gleichen Charakter bezüglich frei oder gebunden wie in $\mathfrak{A}$. — Entsprechendes gilt, wenn statt x oder F andere Variable benutzt werden.

§ 1. Erweiterung des Prädikatenkalküls durch Hinzunahme der Quantoren

Die vermehrte Ausdrucksfähigkeit der symbolischen Sprache zeigt sich darin, daß sich jetzt die *Identität* definitorisch auf die anderen logischen Grundbeziehungen zurückführen läßt, indem man x als identisch mit y erklärt, sofern jedes einstellige Prädikat, das für x zutrifft, auch für y zutrifft. Wir können daher „$x = y$" als eine Abkürzung auffassen für „$\forall F(Fx \to Fy)$". Das Entscheidungsproblem für den engeren Prädikatenkalkül in beiden Fassungen, d. h. das Problem der Allgemeingültigkeit und das der Erfüllbarkeit kann jetzt so formuliert werden, daß der betreffende Ausdruck keine freie Prädikatenvariable mehr enthält. Die Allgemeingültigkeit einer Formel „$\exists x \forall y (Fxx \lor \lor \neg Fxy \lor Gxy)$" ist gleichbedeutend mit der Allgemeingültigkeit (d. h. der Richtigkeit in jedem Bereich) von „$\forall FG \exists x \forall y (Fxx \lor \lor \neg Fxy \lor Gxy)$", ebenso wie die Gültigkeit der ersten Formel in irgendeinem Bereich mit der Richtigkeit der zweiten Formel im gleichen Bereich äquivalent ist. Die Erfüllbarkeit der ersten Formel (überhaupt oder in irgendeinem Bereich) ist gleichbedeutend mit der Erfüllbarkeit von „$\exists FG \exists x \forall y (Fxx \lor \neg Fxy \lor Gxy)$" (überhaupt oder im gleichen Bereich).

Ein weiteres Problem, das erst jetzt seine symbolische Formulierung findet, ist das sog. *Eliminationsproblem*. Unter diesem Problem haben wir folgendes zu verstehen: Es sei $\forall F \mathfrak{A}(F, G_1, \ldots, G_m, x_1, \ldots, x_k)$ ein Ausdruck unseres erweiterten Kalküls, der an freien Variablen nur $G_1, \ldots, G_m, x_1, \ldots, x_k$ und außer F keine gebundene Prädikatenvariable enthält. Wir sagen dann, die Variable F kann in dem Ausdruck eliminiert werden, wenn sich ein Ausdruck $\mathfrak{B}(G_1, \ldots, G_m, x_1, \ldots, x_k)$ mit den freien Variablen $G_1, \ldots, G_m, x_1, \ldots, x_k$ und ohne gebundene Prädikatenvariable angeben läßt, so daß

$$\forall F \mathfrak{A}(F, G_1, \ldots, G_m, x_1, \ldots, x_k) \leftrightarrow \mathfrak{B}(G_1, \ldots, G_m, x_1, \ldots, x_k)$$

allgemeingültig ist. Das Entsprechende gilt, falls
$\exists F \mathfrak{A}(F, G_1, \ldots, G_m, x_1, \ldots, x_k)$ statt $\forall F \mathfrak{A}(F, G_1, \ldots, G_m, x_1, \ldots, x_k)$
steht. Die Lösung des Problems in einer Form würde übrigens genügen, da die Allgemeingültigkeit von

$$\forall F \mathfrak{A}(F, G_1, \ldots, G_m, x_1, \ldots, x_k) \leftrightarrow \mathfrak{B}(G_1, \ldots, G_m, x_1, \ldots, x_k)$$

das gleiche besagt wie die Allgemeingültigkeit von

$$\exists F \neg \mathfrak{A}(F, G_1, \ldots, G_m, x_1, \ldots, x_k) \leftrightarrow \neg \mathfrak{B}(G_1, \ldots, G_m, x_1, \ldots, x_k).$$

An eine allgemeine Lösung des Eliminationsproblems ist natürlich nicht zu denken, da seine Lösung die Lösung des Entscheidungsproblems für den engeren Prädikatenkalkül zur Folge haben würde. Denn wenn es sich darum handeln würde, die Allgemeingültigkeit eines Ausdrucks $\mathfrak{A}(F_1, \ldots, F_r)$, d. h. von $\forall F_1 \ldots F_r \mathfrak{A}(F_1, \ldots, F_r)$ zu untersuchen, so wäre, falls es zu $\forall F_r \mathfrak{A}(F_1, \ldots, F_r)$ einen äquivalenten Ausdruck $\mathfrak{B}(F_1, \ldots, F_{r-1})$ gäbe, die Allgemeingültigkeit von $\mathfrak{A}(F_1, \ldots, F_r)$ mit der von $\mathfrak{B}(F_1, \ldots, F_{r-1})$ gleichbedeutend, und man könnte die Anzahl der Prädikatenvariablen immer weiter reduzieren, so daß schließlich ein Ausdruck übrig bleiben müßte, der keine Prädikatenvariablen mehr enthält, also etwa nur mit der Identität, die wir allerdings hier als Grundprädikat haben müßten, aufgebaut wäre, falls der Ausdruck nicht direkt in den Wert „$\vee$" oder „$\wedge$" übergegangen wäre.

Es lassen sich nun Formeln angeben, für die nicht nur ein Eliminationsergebnis nicht bekannt ist, sondern für die man nachweisen kann, daß ein solches nicht existiert (vgl. W. ACKERMANN [1, 2]). Dagegen gelingt es für Formeln spezieller Struktur, die Elimination durchzuführen. Zahlreiche Einzelergebnisse dieser Art findet man bei E. SCHRÖDER [12]. Ferner ist die Elimination vollständig geglückt, falls nur einstellige Prädikatenvariable vorkommen. Hierauf beruht ein Entscheidungsverfahren für den Teil des erweiterten Kalküls, der nur einstellige Prädikatenvariable enthält, ein Verfahren, das von L. LÖWENHEIM [10], TH. SKOLEM [13] und H. BEHMANN [3] gegeben wurde und natürlich weiter geht als das Entscheidungsverfahren für den engeren Prädikatenkalkül mit einstelligen Prädikaten, da es auch Ausdrücke umfaßt, in denen Existenzzeichen und Allzeichen für Prädikate gemischt auftreten.

Fragen wir nun nach einem *Axiomensystem* für die allgemeingültigen Formeln des durch Hinzunahme der Quantoren für Prädikatenvariable erweiterten Kalküls, so ist zu bemerken, daß der allgemeine Rahmen für ein derartiges Axiomensystem schon in den Überlegungen von § 10 des III. Kapitels enthalten ist. Es handelt sich um ein mehrsortiges Axiomensystem, bei dem neben den Individuenvariablen die Prädikatenvariablen der verschiedenen Gattungen auftreten, die zusammen wie verschiedensortige Individuenvariable behandelt werden. Wir nehmen auch jetzt wieder nur „$\vee$" und „$\neg$" als grundlegende Aussageverknüpfungen und fassen wie früher „$\wedge$", „$\rightarrow$" und „$\leftrightarrow$" als entsprechende Abkürzungen auf. $\forall x \mathfrak{A}(x)$ und $\forall F \mathfrak{A}(F)$ sollen Abkürzungen für $\neg \exists x \neg \mathfrak{A}(x)$ und $\neg \exists F \neg \mathfrak{A}(F)$ sein.

Als *Grundformeln* haben wir zunächst das, was wir in § 10 die logischen Grundformeln nannten. Es ist also jede Disjunktion Grundformel, bei der die Disjunktionsglieder die Formen $\exists x \mathfrak{A}(x)$, $\exists F \mathfrak{A}(F)$ haben oder negierte oder unnegierte Primformeln sind und bei der die Disjunktion eine Tautologie darstellt. Die *Ableitungsregeln* (a), (b) und die Abtrennungsregel bleiben unverändert. Das gleiche gilt für die Regel (c), nur daß hier die charakteristischen Variablen auch Prädikatenvariable sein können. Dagegen erhält die Regel (d) neben ihrer früheren Form eine Erweiterung, falls die auftretenden charakteristischen

§ 1. Erweiterung des Prädikatenkalküls durch Hinzunahme der Quantoren

Variablen Prädikatenvariablen sind. Für diesen Fall lautet die Regel (d) so:

$$\frac{\mathfrak{M} \vee \exists F\, \mathfrak{A}(F) \vee \mathfrak{A}(\mathfrak{B}) \vee \mathfrak{N}}{\mathfrak{M} \vee \exists F\, \mathfrak{A}(F) \vee \mathfrak{N}}.$$

Hierbei ist $\mathfrak{A}(F)$ ein Ausdruck, der die freie Prädikatenvariable F enthält. $\mathfrak{A}(\mathfrak{B})$ entsteht aus $\mathfrak{A}(F)$ durch Einsetzung für die Prädikatenvariable F (vgl. die genaue Formulierung dieser Einsetzung in § 5 des III. Kapitels). Bezüglich $\mathfrak{M}$ und $\mathfrak{N}$ gelten die gleichen Bedingungen wie früher. Bei einem mehrsortigen Axiomensystem kamen früher weitere Grundformeln hinzu, die die spezifischen Axiome des betreffenden Gebietes darstellten. Auch in diesem Falle haben wir entsprechende Grundformeln, und zwar unendlich viele Grundformeln verschiedener endlicher Typen, so daß das Axiomensystem gemäß der Terminologie von Kapitel III, § 10 als Axiomensystem der zweiten Stufe zu bezeichnen wäre. Dazu kommt dann die Abtrennungsregel als weitere Regel.

Diese zusätzlichen Grundformeln sind die folgenden:

α) Es sei $\mathfrak{A}(x_1, \ldots, x_n, y)$ ein Ausdruck, der die freien Individuenvariablen $x_1, \ldots, x_n$ und y enthält. Dann ist

$$\forall x_1 \ldots x_n \exists y\, \mathfrak{A}(x_1, \ldots, x_n, y) \rightarrow \exists F\, [\forall x_1 \ldots x_n \exists y (F x_1 \ldots x_n y \wedge \\ \wedge \mathfrak{A}(x_1, \ldots, x_n, y)) \wedge \forall x_1 \ldots x_n y z (F x_1 \ldots x_n y \wedge F x_1 \ldots x_n z \rightarrow y = z)]$$

Grundformel. „$y = z$" ist dabei als Abkürzung für „$\forall G (G y \rightarrow G z)$" anzusehen.

Der Sinn dieser Axiome ist der folgende: Falls ein Ausdruck $\forall x_1 \ldots x_n \exists y\, \mathfrak{A}(x_1, \ldots, x_n, y)$ richtig ist, so sind damit jedem n-tupel $x_1, \ldots, x_n$ gewisse Werte y mit der Eigenschaft $\mathfrak{A}(x_1, \ldots, x_n, y)$ zugeordnet. Es ist dann möglich, diese Zuordnung durch ein passendes $n+1$-stelliges Prädikat eindeutig zu gestalten, indem man für jedes n-tupel $x_1, \ldots, x_n$ einen der zugeordneten Werte y herausgreift. Dies entspricht dem Auswahlaxiom der Mengenlehre.

β) Es sei $\mathfrak{A}(x, F)$ ein Ausdruck, der die freie Individuenvariable x und die freie Prädikatenvariable F, die n Leerstellen haben möge, enthält. $\mathfrak{A}'(x, G)$ entstehe aus $\mathfrak{A}(x, F)$, indem man darin jede Primformel $F \mathfrak{a}_1 \ldots \mathfrak{a}_n$ durch $G x \mathfrak{a}_1 \ldots \mathfrak{a}_n$ ersetzt, wobei G eine Prädikatenvariable mit $n+1$ Leerstellen ist. Wir haben dann

$$\forall x \exists F\, \mathfrak{A}(x, F) \rightarrow \exists G\, \forall x \mathfrak{A}'(x, G)$$

als Grundformel.

Auch hier handelt es sich wieder um eine Anwendung des Auswahlaxioms der Mengenlehre. Wenn es nämlich zu jedem x ein n-stelliges Prädikat Φ gibt, so daß $\mathfrak{A}(x, \Phi)$ der Fall ist, so können wir für jedes x eins dieser Φ herausgreifen, das wir Φ^x nennen wollen. Definieren wir nun ein $n+1$-stelliges Prädikat Ψ durch die Formel

$$\forall x y_1 \ldots y_n (\Psi x y_1 \ldots y_n \leftrightarrow \Phi^x_{y_1} \ldots y_n),$$

so ist offenbar $\mathfrak{A}'(x, \Psi)$ der Fall.

Geben wir nun einige Herleitungen. Wir hatten erwähnt, daß wir jetzt „$x = y$" als Abkürzung für „$\forall F(Fx \to Fy)$" auffassen. Leiten wir nun zwei Formeln für die Identität ab!

1. $x = x$, d. h. $\forall F(Fx \to Fx)$ oder $\neg\exists F \neg(\neg Fx \vee Fx)$.

Beweis. $\neg Fx \vee Fx$ (Grundformel); $\neg\neg(\neg Fx \vee Fx)$ [Regel (a)]; $\neg\exists F \neg(\neg Fx \vee Fx)$ [Regel (c)].

2. $x = y \to y = x$, d. h. $\neg \forall F(Fx \to Fy) \vee \forall F(Fy \to Fx)$ oder $\neg\neg\exists F \neg(\neg Fx \vee Fy) \vee \exists F \neg(\neg Fy \vee Fx)$.

Beweis. $\exists F \neg(\neg Fx \vee Fy) \vee \neg Gx \vee \neg Gy \vee Gx$ (Grundformel);
$\exists F \neg(\neg Fx \vee Fy) \vee \neg\neg\neg Gx \vee \neg Gy \vee Gx$ [nach Regel (a)];
$\exists F \neg(\neg Fx \vee Fy) \vee Gy \vee \neg Gy \vee Gx$ [Grundformel];
$\exists F \neg(\neg Fx \vee Fy) \vee \neg\neg Gy \vee \neg Gy \vee Gx$ [nach Regel (a)];
$\exists F \neg(\neg Fx \vee Fy) \vee \neg(\neg\neg Gx \vee \neg Gy) \vee \neg Gy \vee Gx$ [nach Regel (b)];
$\exists F \neg(\neg Fx \vee Fy) \vee \neg Gy \vee Gx$ [nach der erweiterten Regel (d)];
$\neg\neg\exists F \neg(\neg Fx \vee Fy) \vee \neg Gy \vee Gx$ [nach Regel (a)];
$\neg\neg\exists F \neg(\neg Fx \vee Fy) \vee \neg\neg(\neg Gy \vee Gx)$ [nach Regel (a)];
$\neg\neg\exists F \neg(\neg Fx \vee Fy) \vee \neg\exists F \neg(\neg Fy \vee Fx)$ [nach Regel (c)].

3. Als drittes Beispiel beweisen wir die Formel

$$\exists F \forall x((Gx \vee Fx) \wedge (Hx \vee \neg Fx)) \leftrightarrow \forall x(Gx \vee Hx),$$

die ein grundlegendes Eliminationsresultat enthält. Wir bezeichnen zur Abkürzung $\exists F \forall x((Gx \vee Fx) \wedge (Hx \vee \neg Fx))$ mit $\mathfrak{A}$ und $\forall x(Gx \vee Hx)$ mit $\mathfrak{B}$.

I. Wir leiten her $\neg \mathfrak{B} \vee Gy \vee Hy$.

Beweis. $\exists x \neg(Gx \vee Hx) \vee \neg(Gy \vee Hy) \vee Gy \vee Hy$ ist eine Tautologie, die aus tautologischen Grundformeln unter alleiniger Benutzung der Regeln (a) und (b) hergeleitet werden kann.
$\exists x \neg(Gx \vee Hx) \vee Gy \vee Hy$ [nach Regel (d)];
$\neg\neg\exists x \neg(Gx \vee Hx) \vee Gy \vee Hy$ [nach Regel (a)], d. h. $\neg\mathfrak{B} \vee Gy \vee Hy$.

II. Herleitung von $\neg\mathfrak{A} \vee \mathfrak{A}$.

Diese Formel läßt sich in einfacher Weise aus tautologischen Grundformeln mit Hilfe der Regeln (a)—(d) herleiten, ohne daß dabei die erweiterte Regel (d) benutzt wird. (Vgl. den Beweis von Satz X von Kapitel III, § 5.)

III. Herleitung von $\neg\mathfrak{B} \vee \mathfrak{A}$.

Die Tautologie

$$\exists x \neg(Gx \vee Hx) \vee \neg Gy \vee \mathfrak{A} \vee ((Gy \vee \neg Gy) \wedge (Hy \vee \neg\neg Gy))$$

§ 1. Erweiterung des Prädikatenkalküls durch Hinzunahme der Quantoren 147

kann zunächst aus den tautologischen Grundformeln nur mit Hilfe der Regeln (a) und (b) hergeleitet werden.

$\exists x \neg(Gx \lor Hx) \lor \neg Gy \lor \mathfrak{A} \lor \neg\neg\neg((Gy \lor \neg Gy) \land (Hy \lor \neg\neg\neg Gy))$
[Regel (a)];
$\exists x \neg(Gx \lor Hx) \lor \neg Gy \lor \mathfrak{A} \lor \neg \exists x \neg((Gy \lor \neg Gy) \land (Hy \lor \neg\neg\neg Gy))$
[nach Regel (c)];
$\exists x \neg(Gx \lor Hx) \lor \neg Gy \lor \mathfrak{A}$ [nach der erweiterten Regel (d)].

In der entsprechenden Weise leitet man ab
$\exists x \neg(Gx \lor Hx) \lor \neg Hy \lor \mathfrak{A}$
$\exists x \neg(Gx \lor Hx) \lor \neg(Gy \lor Hy) \lor \mathfrak{A}$ [Regel (b)]
$\exists x \neg(Gx \lor Hx) \lor \mathfrak{A}$ [Regel (d)]
$\neg\neg \exists x \neg(Gx \lor Hx) \lor \mathfrak{A}$ [nach Regel (a)], d. h. $\neg \mathfrak{B} \lor \mathfrak{A}$.

IV. Ableitung von $\neg \mathfrak{A} \lor Gy \lor Hy$.
$\exists x \neg((Gx \lor Fx) \land (Hx \lor \neg Fx)) \lor \neg((Gy \lor Fy) \land (Hy \lor \neg Fy)) \lor Gy \lor Hy$
läßt sich aus tautologischen Grundformeln nur mit Hilfe der Regeln (a) und (b) herleiten.
$\exists x \neg((Gx \lor Fx) \land (Hx \lor \neg Fx)) \lor Gy \lor Hy$ [Regel (d)]
$\neg\neg \exists x \neg((Gx \lor Fx) \land (Hx \lor \neg Fx)) \lor Gy \lor Hy$ [Regel (a)]
$\neg \exists F \forall x((Gx \lor Fx) \land (Hx \lor \neg Fx)) \lor Gy \lor Hy$ [Regel (c)],
d. h. $\neg \mathfrak{A} \lor Gy \lor Hy$.

$\neg(\mathfrak{A} \lor \mathfrak{B}) \lor \mathfrak{A}$ [aus II und III nach Regel (b)]
$\neg(\mathfrak{A} \lor \mathfrak{B}) \lor \neg\neg \mathfrak{A}$ [nach Regel (a)]
$\neg(\mathfrak{A} \lor \mathfrak{B}) \lor Gy \lor Hy$ [aus I und IV nach Regel (b)]
$\neg(\mathfrak{A} \lor \mathfrak{B}) \lor \neg\neg(Gy \lor Hy)$ [nach Regel (a)]
$\neg(\mathfrak{A} \lor \mathfrak{B}) \lor \neg \exists x \neg(Gx \lor Hx)$ [nach Regel (c)], d.h. $\neg(\mathfrak{A} \lor \mathfrak{B}) \lor \mathfrak{B}$.
$\neg(\mathfrak{A} \lor \mathfrak{B}) \lor \neg\neg \mathfrak{B}$ [nach Regel (a)]
$\neg(\mathfrak{A} \lor \mathfrak{B}) \lor \neg(\neg \mathfrak{A} \lor \neg \mathfrak{B})$ [nach Regel (b)], d. h. $\mathfrak{A} \leftrightarrow \mathfrak{B}$.
Das ist aber die Behauptung.

Fragen wir nun, ob das Axiomensystem *vollständig* ist in dem Sinne, daß alle allgemeingültigen Ausdrücke herleitbar sind, so muß die Antwort verneinend ausfallen. *Es gibt überhaupt, im Gegensatz zum engeren Prädikatenkalkül, hier kein vollständiges Axiomensystem.* Vielmehr lassen sich, wie K. GÖDEL [7] gezeigt hat, für jedes aufgestellte Axiomensystem allgemeingültige Ausdrücke angeben, die nicht hergeleitet werden können, ohne daß man aber die Gesamtheit der nicht herleitbaren Ausdrücke so beschreiben könnte, daß sie als neue Axiome oder Axiomenschemata hinzugefügt, das System vollständig machten. Diese wichtigen Gödelschen Überlegungen können im Rahmen dieses Buches nicht dargestellt werden. Immerhin dürfte unser Axiomensystem für alle gängigen Zwecke genügen.

Aus der Art, wie wir das Axiomensystem aufgebaut haben, ergibt sich, wie hier nicht des näheren ausgeführt werden soll, daß Ergebnisse, die wir früher für den engeren Prädikatenkalkül abgeleitet haben, sich sinngemäß übertragen lassen. Zum Beispiel bleiben die Sätze über die pränexe Normalform, über die Ersetzungsregel, über das Dualitätsprinzip, über die Bildung des Gegenteils eines Ausdrucks und die Sätze von § 5 des III. Kapitels auch jetzt gültig. Der Satz über die pränexe Normalform läßt sich hier aber in verschiedener Weise verschärfen, ähnlich wie im engeren Prädikatenkalkül der Satz über die Skolemsche Normalform und andere Reduktionssätze derartige Verschärfungen darstellen. Diese Verschärfungen sind von A. A. ZYKOW [17] angegeben worden. Die entsprechenden Sätze heißen:

Satz I. Zu jedem Ausdruck $\mathfrak{A}$ unseres Kalküls, der keine freie Variable enthält, läßt sich ein ebensolcher Ausdruck $\mathfrak{B}$ angeben, so daß $\mathfrak{A} \leftrightarrow \mathfrak{B}$ allgemeingültig ist und $\mathfrak{B}$ die folgenden Eigenschaften hat: $\mathfrak{B}$ hat nicht nur die pränexe Normalform, sondern in dem Präfix von $\mathfrak{B}$ gehen auch alle Prädikatenquantoren den Individuenquantoren vorauf.

Der Beweis soll nur kurz angedeutet werden. $\mathfrak{A}$ können wir in der pränexen Normalform voraussetzen. Es kommt nun darauf an, daß man, falls in dem Präfix von $\mathfrak{A}$ ein Prädikatenquantor auf einen Individuenquantor unmittelbar folgt, diese Quantoren miteinander vertauschen kann, wobei eventuell die Matrix des Ausdrucks verändert und die Prädikatenvariable durch eine andersstellige ersetzt wird. Ist nun $\mathfrak{A}(x, F)$ ein Ausdruck, der die freien Variablen x und F enthält, so hat man zunächst die allgemeingültigen Formeln (1) $\forall x \forall F \mathfrak{A}(x, F) \leftrightarrow$ $\leftrightarrow \forall F \forall x \mathfrak{A}(x, F)$ und (2) $\exists x \exists F \mathfrak{A}(x, F) \leftrightarrow \exists F \exists x \mathfrak{A}(x, F)$, die sich in der gleichen Weise herleiten lassen wie die entsprechenden Formeln über die Vertauschbarkeit zweier unmittelbar aufeinanderfolgenden Individuenquantoren der gleichen Art. Ferner gilt (3) $\forall x \exists F \mathfrak{A}(x, F) \leftrightarrow$ $\leftrightarrow \exists G \forall x \mathfrak{A}'(x, G)$, wo $\mathfrak{A}'(x, G)$ die bei dem Axiom β) angegebene Bedeutung hat. $\forall x \exists F \mathfrak{A}(x, F) \rightarrow \exists G \forall x \mathfrak{A}'(x, G)$ ist nämlich eine Grundformel. $\exists G \forall x \mathfrak{A}'(x, G) \rightarrow \forall x \exists F \mathfrak{A}(x, F)$ läßt sich herleiten. Dies geschieht in der folgenden Weise. Benutzen wir zunächst, daß der in § 5 des III. Kapitels erwähnte Satz, daß jede Tautologie herleitbar ist, auch jetzt sich in der gleichen Weise beweisen läßt, so haben wir zunächst $\exists x \, \neg \mathfrak{A}'(x, G) \vee \neg \mathfrak{A}'(y, G) \vee \exists F \mathfrak{A}(y, F) \vee \mathfrak{A}'(y, G)$ als herleitbare Formel. Weiter verwenden wir den Satz VI von Kapitel III, § 5, der hier entsprechend zu übertragen und in gleicher Weise zu beweisen ist. Dieser sagt aus, daß die Ableitungsregel (d) (auch in der erweiterten Form) auch dann richtige Ergebnisse liefert, wenn die besonderen Einschränkungen für $\mathfrak{M}$ und $\mathfrak{N}$ fortfallen. Wir erhalten dann weiter

$\exists x \, \neg \mathfrak{A}'(x, G) \vee \neg \mathfrak{A}'(y, G) \vee \exists F \mathfrak{A}(y, F)$ [Regel (d)]
$\exists x \, \neg \mathfrak{A}'(x, G) \vee \exists F \mathfrak{A}(y, F)$ [Regel (d)]

¬ ¬∃x ¬𝔄'(x, G) ∨ ∃F 𝔄(y, F) [Regel (a)]
          d. h. ¬ ∀x 𝔄'(x, G) ∨ ∃F 𝔄(y, F)
¬ ∃G ∀x 𝔄'(x, G) ∨ ∃F 𝔄(y, F) [Regel (c)]
          d. h. ∃G ∀x 𝔄'(x, G) → ∃F 𝔄(y, F).
Da 𝔄 in (3) beliebig war, so ist auch ∀x ∃F ¬𝔄(x, F) ↔ ∃G ∀x ¬𝔄'(x, G) allgemeingültig, und nach der Regel über die Bildung des Gegenteils eines Ausdrucks ist auch (4) ∃x ∀F 𝔄(x, F) ↔ ∀G ∃x 𝔄'(x, G) allgemeingültig.

Mit Hilfe der Formeln (1)—(4) und der Ersetzungsregel kann man dann den Ausdruck in äquivalenter Weise so umformen, daß alle Prädikatenquantoren den Individuenquantoren vorangehen.

Die weiteren von A. A. ZYKOV bewiesenen Sätze sind die folgenden:

Satz II. Es sei 𝔄 ein Ausdruck ohne freie Variable in der pränexen Normalform, in dessen Präfix alle Prädikatenquantoren den Individuenquantoren voraufgehen. Eine Aufeinanderfolge von nur existentiellen oder nur universellen Quantoren in dem aus den Prädikatenquantoren bestehenden Präfixteil soll ein Schritt heißen, die Anzahl der in einem Schritt vorkommenden existentiellen oder universellen Quantoren die Länge des betreffenden Schrittes. Zu 𝔄 läßt sich nun ein Ausdruck 𝔅 angeben, so daß 𝔄 ↔ 𝔅 allgemeingültig ist, 𝔅 ebenfalls die allgemeine Form wie 𝔄, aber jeder Schritt die Länge eins hat, während die Anzahl und Art der Schritte (existentiell oder universell) gegenüber 𝔄 unverändert geblieben ist.

Satz III. Zu jedem Ausdruck 𝔄 läßt sich ein Ausdruck ∃F ∀G 𝔅(F, G) der folgenden Art angeben: F ist eine zweistellige und G eine einstellige Prädikatenvariable; 𝔅(F, G) enthält außer F und G keine Prädikatenvariable; 𝔄 ist dann und nur dann allgemeingültig, wenn ∃F ∀G 𝔅(F, G) allgemeingültig ist.

Für den Beweis der Sätze II und III sei auf die zitierte Originalarbeit verwiesen.

Der durch die Einführung der Prädikatenquantoren aus dem engeren Prädikatenkalkül entstehende erweiterte Kalkül stellt einen hinsichtlich der Symbolik in sich abgeschlossenen Bereich dar, in dem auch verschiedene Probleme des engeren Prädikatenkalküls erst ihre symbolische Formulierung finden. Er macht es möglich, alle Ausdrücke *in geschlossener Form*, d. h. ohne Auftreten von freien Variablen irgendwelcher Art zu schreiben.

§ 2. Einführung von Prädikatenprädikaten; logische Behandlung des Anzahlbegriffs

Bei dem bisherigen hatten wir mit Prädikaten und Gegenständen zu tun, die wir scharf voneinander sonderten. Nun hindert uns aber nichts, *die bisherigen Prädikate ebenfalls als Gegenstände zu betrachten, die dann wieder in die Leerstellen von Prädikaten beonderer Art, den Prädikatenprädikaten eingesetzt werden können.*

Betrachten wir etwa den Ausdruck $\exists x\, F x$. Dieser stellt ein Prädikatenprädikat dar, das auf ein einstelliges Prädikat Φ dann und nur dann zutrifft, wenn $\exists x\, \Phi x$ richtig ist. Weitere Prädikatenprädikate liefern die Eigenschaften der *Reflexivität*, der *Symmetrie* und der *Transitivität* von zweistelligen Prädikaten. Das Prädikatenprädikat selbst ist hier einstellig, die Gegenstände, auf die es angewandt wird, sind zweistellige Prädikate. Diese Prädikatenprädikate können wir durch $\text{Ref}(R)$, $\text{Sym}(R)$ und $\text{Tr}(R)$ bezeichnen, wobei wir also das Argument in Klammern gesetzt haben. Der symbolische Ausdruck für diese Prädikate ist

$$\text{Ref}(R): \quad \forall x\, R x x,$$
$$\text{Sym}(R): \quad \forall x y\, (R x y \to R y x),$$
$$\text{Tr}(R): \quad \forall x y z\, (R x y \wedge R y z \to R x z).$$

Alle drei Prädikate treffen auf das Prädikat der Identität zu. Dagegen würde auf das Prädikat „<", das etwa für die natürlichen Zahlen in der gewöhnlichen Weise definiert zu denken ist, nur die Eigenschaft der Transitivität zutreffen. Es stellen demnach die Formeln $\text{Ref}(=)$, $\text{Sym}(=)$, $\text{Tr}(=)$ und $\text{Tr}(<)$ richtige Aussagen dar, während $\text{Ref}(<)$ und $\text{Sym}(<)$ falsche Aussagen sind.

Ein zweistelliges Prädikatenprädikat ist die „*Äquivalenz*" $\text{Aeq}(F,G)$, welche durch den Ausdruck „$\forall x (F x \leftrightarrow G x)$" definiert wird, und die darin besteht, daß die Prädikate F und G für dieselben Gegenstände zutreffen. Weitere zweistellige Prädikatenprädikate sind die *Unverträglichkeit*, $\text{Unv}(F,G)$ und die „*Implikation*", $\text{Imp}(F,G)$ von Prädikaten, die symbolisch definiert sind durch „$\forall x (\overline{F} x \vee \overline{G} x)$" und „$\forall x (F x \to G x)$".

Eine Erweiterung der Symbolik tritt allerdings durch diese Auffassung noch nicht ein, da die angegebenen Prädikatenprädikate sich mit den Mitteln des bisherigen Kalküls darstellen lassen und Formeln wie $\text{Ref}(R)$, $\text{Sym}(R)$ usw. nur als Abkürzungen aufzufassen sind. Diese Erweiterung tritt erst dann auf, wenn Variable für Prädikatenprädikate eingeführt werden, von denen die angegebenen individuellen Prädikatenprädikate besondere Werte darstellen. Wir werden im folgenden derartige Variable nur gelegentlich gebrauchen, da der systematische Aufbau des abermals erweiterten Kalküls erst später, in § 5, kommen soll. Wir wollen uns aber schon in diesem und dem folgenden Paragraphen davon überzeugen, welche Vorteile die Einführung der Prädikatenprädikate mit sich bringt.

Die erste wichtige Anwendung ergibt sich, wenn wir nach G. FREGE [5] *den Begriff der Anzahl einer logischen Analyse unterwerfen.* Eine Anzahl

§ 2. Einführung von Prädikatenprädikaten

ist kein Gegenstand im eigentlichen Sinne, sondern eine Eigenschaft. Die Gegenstände, denen eine Anzahl als Eigenschaft zukommt, können die gezählten Dinge nicht selbst sein, da jedes von den Dingen nur eines ist, so daß eine von eins verschiedene Anzahl danach gar nicht vorkommen könnte. Dagegen läßt sich die Zahl als eine Eigenschaft desjenigen Begriffes auffassen, unter welchem die gezählten Individuen vereinigt werden. So kann z. B. die Tatsache, daß die Anzahl der Erdteile fünf ist, zwar nicht so ausgedrückt werden, daß jedem Erdteil die Anzahl fünf zukommt; wohl aber ist es eine Eigenschaft des Prädikates „Erdteil sein", daß es auf genau fünf Gegenstände zutrifft.

Die Zahlen erscheinen demnach als Eigenschaften von Prädikaten, eine bestimmte Zahl ist ein Prädikatenprädikat mit bestimmten Eigenschaften. Die Wichtigkeit dieser Darstellung der Zahlen beruht darauf, daß die Prädikatenprädikate, welche die Zahlen darstellen, sich vollständig mit Hilfe der logischen Symbole ausdrücken lassen. Dadurch wird es möglich, die Zahlenlehre in die Logik einzubeziehen. Für die Zahlen 0, 1, 2, d. h. für die Prädikatenprädikate $0(F)$, $1(F)$, $2(F)$ sollen hier die symbolischen Ausdrücke angegeben werden.

$0(F)$: $\neg \exists x F x$ (Es gibt kein x, für das F zutrifft),

$1(F)$: $\exists x (F x \land \forall y (F y \to x = y))$,

(Es gibt ein x, für das $F x$ richtig ist und so daß jedes y, für das $F y$ richtig ist, mit x identisch ist),

$2(F)$: $\exists x \exists y (\neg x = y \land F x \land F y \land \forall z (F z \to x = z \lor y = z))$

(Es gibt zwei verschiedene Gegenstände x und y, auf die F zutrifft und jedes z, für das $F z$ richtig ist, ist mit x oder mit y identisch).

Zwei Prädikate F und G heißen „*gleichzahlig*", wenn der Bereich der Dinge, auf die F, und der Bereich der Dinge, auf die G zutrifft, von der gleichen Anzahl ist. Die Gleichzahligkeit zweier Prädikate F und G kann man als ein besonderes Prädikatenprädikat $Glz(F, G)$ auffassen. Da die Gleichzahligkeit von F und G nichts anderes bedeutet, als daß man die Gegenstände, auf die F, und die Gegenstände, auf die G zutrifft, umkehrbar eindeutig aufeinander beziehen kann, so läßt sich $Glz(F, G)$ durch den folgenden Ausdruck definieren:

$$\exists R [\forall x (F x \to \exists y (R x y \land G y)) \land \forall y (G y \to \exists x (R x y \land F x)) \land \\ \land \forall x \forall y \forall z ((R x y \land R x z \to y = z) \land (R x z \land R y z \to x = y))].$$

Die Addition von Zahlen läßt sich mit Hilfe der Disjunktion ausdrücken. Es seien nämlich Φ und Ψ unverträgliche einstellige Prädikate, d. h. es gelte $\forall x (\neg \Phi x \lor \neg \Psi x)$. $\Phi \lor \Psi$ bedeute das Prädikat, das für alle x den gleichen Wahrheitswert hat wie $\Phi x \lor \Psi x$. Es sei weiter $m(\Phi)$ und $n(\Psi)$ der Fall, d. h. dem Prädikate Φ komme die Zahl m und dem Prädikat Ψ die Zahl n zu. Dann entspricht dem Prädikate $\Phi \lor \Psi$ die Zahl $m + n$. Auf Grund dieser Auffassung werden Zahlengleichungen wie $1 + 1 = 2$ und $2 + 3 = 5$ zu rein logisch beweisbaren Sätzen. Zum Beispiel stellt sich die Gleichung $1 + 1 = 2$ dar durch die Formel

$$\forall F\, \forall G (\mathrm{Unv}(F, G) \wedge 1(F) \wedge 1(G) \to 2(F \vee G)),$$

deren allgemeingültiger Charakter ersichtlich ist, wenn man für das Prädikatenprädikat Unv sowie für die Prädikatenprädikate 1, 2 die definierenden Ausdrücke einsetzt.

Auch der allgemeine Zahlbegriff läßt sich mit den logischen Hilfsmitteln aufstellen. Soll ein Prädikatenprädikat Φ eine Zahl darstellen, so muß Φ den folgenden Bedingungen genügen: Bei zwei gleichzahligen Prädikaten Ψ und Γ muß Φ für beide zutreffen oder für beide nicht zutreffen. Sind ferner zwei Prädikate Ψ und Γ nicht gleichzahlig, so darf Φ höchstens für eines der beiden Prädikate zutreffen. Formal stellt sich diese Bedingung für Φ folgendermaßen dar:

$$\forall F\, \forall G\, [(\Phi(F) \wedge \Phi(G) \to \mathrm{Glz}(F, G)) \wedge (\Phi(F) \wedge \mathrm{Glz}(F, G) \to \Phi(G))].$$

Der ganze Ausdruck stellt eine Eigenschaft von Φ dar. Bezeichnen wir ihn zur Abkürzung mit $\mathfrak{Z}(\Phi)$, so können wir also sagen: *Eine Zahl ist ein Prädikatenprädikat Φ, das die Eigenschaft $\mathfrak{Z}(\Phi)$ hat.* Eine Schwierigkeit tritt allerdings auf, wenn wir nach der Bedingung fragen, unter der zwei Prädikatenprädikate Φ und Ψ mit den Eigenschaften $\mathfrak{Z}(\Phi)$ und $\mathfrak{Z}(\Psi)$ dieselbe Zahl definieren. Diese Bedingung besteht darin, daß Φ und Ψ für die gleichen Prädikate wahr sind, daß also die Beziehung besteht $\forall P(\Phi(P) \leftrightarrow \Psi(P))$. Nehmen wir nun an, der zugrunde gelegte Individuenbereich bestände aus einer endlichen Anzahl von Gegenständen. Es tritt dann der Übelstand auf, daß alle Zahlen gleichgesetzt werden, welche größer sind als die Anzahl der Gegenstände im Individuenbereich. Denn ist diese Anzahl etwa kleiner als 10^{60}, und nehmen wir für Φ und Ψ die Prädikatenprädikate, die die Zahlen 10^{60} und $10^{60} + 1$ definieren, so trifft sowohl Φ wie Ψ auf kein Prädikat in diesem Bereich zu. Die Beziehung $\forall P(\Phi(P) \leftrightarrow \Psi(P))$ ist also für Φ und Ψ richtig, d. h. Φ und Ψ würden in dem Individuenbereich dieselbe Zahl darstellen. Um dieser Schwierigkeit zu entgehen, muß man den Individuenbereich als unendlich voraussetzen. Auf einen logischen Nachweis für die Existenz einer unendlichen Gesamtheit wird dabei freilich verzichtet.

Der oben definierte Zahlbegriff ist übrigens zunächst ein allgemeiner, der nicht notwendig auf die natürlichen Zahlen beschränkt ist. Er würde dem Kardinalzahlbegriff der Mengenlehre entsprechen. Von besonderem Interesse ist nun, wie sich innerhalb dieses Zahlbegriffs ein speziellerer Begriff der natürlichen Zahl definieren läßt und wie dann, unter allerdings wesentlicher Benutzung des oben genannten Axioms der Unendlichkeit, die zahlentheoretischen Axiome sich logisch beweisen lassen. Wir können aber hier nicht näher darauf eingehen, da die gemachten

Bemerkungen nur die Anwendungsfähigkeit eines erweiterten Kalküls ins rechte Licht setzen sollten. Wer sich dafür interessiert, sei neben den grundlegenden Arbeiten von G. FREGE [5] und A. N. WHITEHEAD und B. RUSSELL [16] für eine erste Orientierung auf die allgemeinverständliche Schrift von B. RUSSELL [11] hingewiesen.

§ 3. Darstellung der Grundbegriffe der Mengenlehre im erweiterten Kalkül

Daß zwischen der Mengenlehre und der mathematischen Logik ein enger Zusammenhang besteht, ergab sich schon früher im zweiten Kapitel. Die gleichen logischen Beziehungen konnten entweder als Beziehungen zwischen Klassen (Klasse ist nur ein anderer Ausdruck für Menge) oder, wie wir später im dritten Kapitel zeigten, auch als Beziehungen zwischen einstelligen Prädikaten aufgefaßt werden. Nun gibt der Klassenkalkül nur einen verhältnismäßig kleinen Ausschnitt aus der gesamten Mengenlehre. Die Verwandtschaft zwischen mathematischer Logik und Mengenlehre besteht aber ganz allgemein.

Um den Zusammenhang näher zu erkennen, wollen wir zunächst die Beziehung der Mengen zu den Prädikaten im engeren Sinne, d. h. zu den Prädikaten mit einer Leerstelle, genauer ins Auge fassen. — Eine Menge wird entweder durch Aufzählung ihrer Elemente gegeben, oder sie wird als das System derjenigen Dinge erklärt, auf die ein bestimmtes Prädikat zutrifft. Die erste Art der Bestimmung einer Menge, welche nur bei endlichen Mengen möglich ist, brauchen wir nicht eigens in Betracht zu ziehen. Es läßt sich nämlich jede Menge, die man durch Aufzählung ihrer Elemente erhält, auch mit Hilfe eines Prädikates definieren. Zum Beispiel kann eine Menge, die aus den drei Elementen α, β, γ besteht, als die Menge derjenigen Dinge erklärt werden, für welche das Prädikat „$x = \alpha \lor x = \beta \lor x = \gamma$" zutrifft. Wir denken uns also jede Menge durch ein Prädikat definiert. Wir müssen dabei beachten, daß zwar jedes Prädikat die zu ihm gehörige Menge, d. h. die Menge der Gegenstände, denen es zukommt, in eindeutiger Weise bestimmt, daß aber zu einer bestimmten Menge nicht nur ein definierendes Prädikat gehört, sondern daß vielmehr eine Menge auf verschiedene Weise durch Prädikate definiert werden kann. So ist die Menge der gleichseitigen Dreiecke dieselbe wie die Menge der gleichwinkligen Dreiecke.

Die notwendige und hinreichende Bedingung dafür, daß zwei Prädikate Φ und Ψ dieselbe Menge bestimmen, besteht darin, daß die beiden Prädikate äquivalent sind, daß sie also die Beziehung Aeq(Φ, Ψ), d. h. $\forall x(\Phi x \leftrightarrow \Psi x)$ erfüllen. Im Sinne der Mengenlehre ist also das Prädikatenprädikat Aeq(P, Q) nichts anderes als die Identität von P und Q.

Ebenso wie man die Prädikate als Mengen auffaßt, kann man ein einstelliges Prädikatenprädikat $\Phi(P)$ als Eigenschaft von Mengen deuten. Damit diese Deutung möglich ist, ist es notwendig, daß das Zutreffen oder Nichtzutreffen von Φ für ein Prädikat Ψ eindeutig durch die zu Ψ gehörige Menge bestimmt ist, und nach dem oben bemerkten besteht die hierfür entscheidende Bedingung darin, daß die Aussagen, welche äquivalenten Prädikaten durch das Prädikatenprädikat Φ zugeordnet werden, gleichzeitig richtig oder gleichzeitig falsch sind. Es muß also für das Prädikat Φ die symbolische Beziehung

,,$\forall P \; \forall Q \, (\mathrm{Aeq}(P, Q) \to (\Phi(P) \to \Phi(Q)))$''

bestehen, die wir zur Abkürzung mit $\mathfrak{M}(\Phi)$ bezeichnen.

Diese Bedingung ist z. B. erfüllt für Prädikatenprädikate, die Zahlen darstellen. Auf dieser Eigenschaft der Zahlen beruht es, daß sie auch als Prädikate von Mengen betrachtet werden können. Die Darstellung der Zahlen als Eigenschaft von Mengen hat gegenüber ihrer Darstellung als Eigenschaften von Prädikaten den Vorzug, daß die Invarianz der Anzahl bei Ersetzung eines Prädikates durch ein äquivalentes hier selbstverständlich ist.

Aus der Beziehung zwischen Mengen und Prädikaten ergibt sich weiter ein Zusammenhang zwischen den Mengen von Mengen und den Prädikatenprädikaten. Jede Menge von Mengen ist definiert durch eine Eigenschaft, welche den ihr angehörigen Mengen zukommt. Nehmen wir nun zwei Mengenprädikate, d. h. zwei Prädikatenprädikate $\Phi(P)$ und $\Psi(P)$, die der Bedingung $\mathfrak{M}(\Phi)$ und $\mathfrak{M}(\Psi)$ genügen. Diesen beiden Mengenprädikaten Φ und Ψ entspricht dieselbe Menge von Mengen, wenn Φ und Ψ für dieselben Mengen zutreffen. Die Beziehung $\forall P(\Phi(P) \leftrightarrow \Psi(P))$ bedeutet also, daß die Φ und Ψ entsprechenden Mengen identisch sind.

Im übrigen ist es so, daß die Prädikatenprädikate, die wir innerhalb unserer Symbolik mit Hilfe von Aussageverknüpfungen und Quantoren bilden können, alle so beschaffen sind, daß sie auf äquivalente Prädikate immer in gleicher Weise zutreffen oder nicht zutreffen. Will man ausdrücken, daß andersgeartete Prädikatenprädikate nicht in Betracht kommen — und im allgemeinen besteht in der Logik keine Veranlassung, von dieser Annahme abzugehen —, so können wir die Verallgemeinerung der oben erwähnten Formel, nämlich

$$\forall P \; \forall Q \, (\mathrm{Aeq}(P, Q) \to \forall F (F(P) \to F(Q))),$$

dem wie auch immer gearteten Aufbau des erweiterten Prädikatenkalküls als besonderes Axiom hinzufügen, womit dann gemäß der früheren Definition der Identität äquivalente Prädikate als identisch erklärt werden und die durchgehende Identifizierung von Prädikaten

§ 3. Darstellung der Grundbegriffe der Mengenlehre im erweiterten Kalkül   155

und den zugehörigen Mengen gegeben ist. Dieses Axiom wird als das *Axiom der Extensionalität* bezeichnet.

Die mengentheoretische Interpretation des erweiterten Prädikatenkalküls läßt sich auch auf die Prädikate mit mehreren Leerstellen ausdehnen. Jedes Prädikat Γxy wählt aus der Menge aller möglichen in Betracht kommenden geordneten Paare (x, y) eine bestimmte Menge von geordneten Paaren heraus, nämlich die Menge derjenigen Paare (x, y), für die Γxy richtig ist. Die zugehörigen Mengen sind bei zwei Prädikaten Γ_1 und Γ_2 identisch, wenn die Beziehung Aeq(Γ_1, Γ_2), d. h. $\forall xy(\Gamma_1 xy \leftrightarrow \leftrightarrow \Gamma_2 xy)$ besteht. Soll ein Prädikatenprädikat $\Phi(R)$ als Prädikat der zugehörigen Mengen gedeutet werden, so muß es der Beziehung

$$\forall R_1 R_2 \big(\text{Aeq}(R_1, R_2) \to (\Phi(R_1) \to \Phi(R_2)) \big)$$

Genüge leisten. Auch hier kann man ein entsprechendes Extensionalitätsaxiom, nämlich

$$\forall R_1 R_2 \big(\text{Aeq}(R_1, R_2) \to \forall F (F(R_1) \to F(R_2)) \big),$$

hinzufügen. Das Entsprechende gilt für Prädikate mit drei und mehr Leerstellen.

Wir wollen nun sehen, wie die üblichen Bildungen der Mengenlehre im Kalkül ihren symbolischen Ausdruck finden. Sind Φ_1 und Φ_2 definierende Prädikate zweier Mengen, so wird die *Vereinigungsmenge beider Mengen* durch ein Prädikat Ψ definiert, bei dem für alle x Ψx mit $\Phi_1 x \lor \Phi_2 x$ den gleichen Wahrheitswert hat. Wird Ψ so definiert, daß $\forall x(\Psi x \leftrightarrow \Phi_1 x \land \Phi_2 x)$ gilt, so definiert Ψ den *Durchschnitt* der beiden Mengen. Die zu Φ_1 gehörige Menge ist eine *Teilmenge* der zu Φ_2 gehörigen Menge dann und nur dann, wenn $\forall x(\Phi_1 x \to \Phi_2 x)$ richtig ist. Die zu Φ_1 und Φ_2 gehörigen Mengen sind *äquivalent* („äquivalent" hier im mengentheoretischen Sinne gemeint, was nicht mit dem eingeführten Begriff der Äquivalenz von Prädikaten zu verwechseln ist), wenn die Elemente beider Mengen umkehrbar eindeutig aufeinander bezogen werden können. Der symbolische Ausdruck dafür ist der gleiche wie der für die Gleichzahligkeit der beiden Prädikate Φ_1 und Φ_2, den wir in § 2 gaben. Die *Menge aller Teilmengen* einer durch das Prädikat Φ definierten Menge ist durch das Prädikatenprädikat $\forall x(Px \to \Phi x)$ definiert. Es möge ferner das Prädikatenprädikat $\Phi(P)$ eine Menge von Mengen darstellen. Die Elemente der *Vereinigungsmenge dieser Menge von Mengen* sind dadurch charakterisiert, daß sie Element einer durch ein Prädikat Ψ definierten Menge sind, so daß $\Phi(\Psi)$ richtig ist. Demnach erhält man als definierenden Ausdruck für die Vereinigungsmenge $\exists P(\Phi(P) \land Px)$, wobei x die Leerstelle des Prädikates bezeichnet. Die Elemente des *Durchschnitts dieser Menge von Mengen* sind dadurch gekennzeichnet, daß sie Element jeder Menge sind, für die es ein definierendes Prädikat Ψ gibt, so daß

$\Phi(\Psi)$ richtig ist. Demnach stellt sich der Durchschnitt dar durch $\forall P(\Phi(P) \to Px)$.

Eine Menge heißt *geordnet*, wenn für die Elemente der Menge ein zweistelliges Prädikat Γ definiert ist, das nicht reflexiv, wohl aber transitiv ist und bei dem für je zwei voneinander verschiedene Elemente α und β der Menge entweder $\Gamma\alpha\beta$ oder $\Gamma\beta\alpha$ richtig ist. „Die durch Φ definierte Menge ist durch das Prädikat Γ geordnet" stellt sich demnach symbolisch dar durch

$$\forall xyz(\Phi x \land \Phi y \land \Phi z \to \neg\, \Gamma xx \land (x = y \lor \Gamma xy \lor \Gamma yx) \land (\Gamma xy \land \Gamma yz \to \Gamma xz)).$$

Wir bezeichnen diese Formel zur Abkürzung mit $\mathfrak{O}(\Phi, \Gamma)$. Die durch Φ definierte Menge heißt durch das Prädikat Γ *wohlgeordnet*, wenn

$$\mathfrak{O}(\Phi, \Gamma) \land \forall Q(\forall x(Qx \to \Phi x) \to \exists y(Qy \land \forall z(Qz \to y = z \lor \Gamma yz)))$$

eine richtige Aussage ist.

In entsprechender Weise finden alle übrigen in der Mengenlehre gebräuchlichen Begriffsbildungen ihre symbolische Darstellung.

§ 4. Die logischen Paradoxien

Im vorhergehenden hatten wir gesehen, welche neuen Ausdrucksmöglichkeiten sich bei der Einführung von Prädikatenprädikaten ergeben. Jede Formel, die eine freie Prädikatenvariable enthält, kann als ein individuelles Prädikatenprädikat aufgefaßt werden. Weiter können dann Variable für Prädikatenprädikate eingeführt werden. Eine Formel, die eine freie Variable der letzten Art enthält, stellt ein Prädikat dar, dessen Argumente Prädikatenprädikate sind. Dieser Aufbau kann beliebig weit fortgesetzt werden.

Demnach können außer den Gegenständen des Individuenbereichs auch Prädikate, Prädikatenprädikate usw. als Gegenstände im weiteren Sinne dienen. Es fragt sich nun, ob man ohne weiteres diese Gegenstände im weiteren Sinne zu einem einheitlichen Individuenbereich vereinigen kann, so daß man außer von Individuenprädikaten, Prädikaten derartiger Prädikate usw. auch von Prädikaten schlechthin sprechen kann, die dann selbst wieder dem Individuenbereich angehören. In diesem Falle müßte ein Prädikat auch sich selbst als Argument enthalten können. Entsprechend allgemein wäre der Begriff des Prädikatenprädikates zu fassen usw.

Die Art, wie wir, von dem engeren Prädikatenkalkül ausgehend, zu höheren Prädikaten aufsteigen, bietet uns für ein derartiges Vorgehen keine Handhabe. Denn bei den vorhergehenden Überlegungen hatten wir immer mit Individuenprädikaten, Prädikaten von Individuenprädikaten usw. zu tun. Wohl aber würde ein derartiger allgemeiner Prädikatenbegriff dem gewöhnlichen Sprachgebrauch entsprechen.

§ 4. Die logischen Paradoxien

Es zeigt sich nun, daß ein derartiges logisches System nicht einmal dem Postulate der Widerspruchsfreiheit genügt. Den auftretenden Widersprüchen, den sog. *Paradoxien*, auf welche man übrigens auch unabhängig vom Gebrauch der logischen Symbolik geführt wird, kann man entsprechend der doppelten Deutung des Prädikatenkalküls eine eigentlich logische oder aber eine mengentheoretische Deutung geben. Von diesen Widersprüchen sollen hier einige dargelegt werden.

Es sei P eine Variable für ein Prädikatenprädikat. Da die Werte von P Prädikatenprädikate und damit auch Prädikate sind, müßte $P(P)$ ein Ausdruck sein, der bei Einsetzung von Prädikatenprädikaten für P richtig oder falsch wird. Nehmen wir z. B. das Prädikatenprädikat $\exists x\, Px$, das wir durch $\mathrm{Erf}(P)$ („P ist erfüllbar") abkürzen können. Dabei ist hier $\exists x$ ganz allgemein für einen Gegenstand genommen, der also auch ein Prädikat sein könnte. $\mathrm{Erf}(\mathrm{Erf})$ ist dann eine richtige Aussage. Sie würde nämlich bedeuten, es gibt einen Gegenstand, auf den Erf zutrifft, was hier nur heißen kann, daß es ein Prädikat gibt, auf das Erf zutrifft. Das heißt aber, es gibt ein Prädikat und einen Gegenstand, auf den das Prädikat zutrifft. — Nehmen wir dagegen das Prädikatenprädikat $\neg \exists x\, Px$, das wir schon früher durch $0(P)$ abgekürzt hatten, so würde $0(0)$ eine falsche Aussage darstellen. $0(0)$ würde nämlich bedeuten „es gibt keinen Gegenstand x, auf den 0 zutrifft", d. h. es gibt kein Prädikat, auf das 0 zutrifft. Das würde weiter bedeuten: Für alle Prädikate gibt es einen Gegenstand, auf den das Prädikat zutrifft.

Nun kann der Ausdruck $\neg P(P)$ als Prädikat von P aufgefaßt werden. Dieses Prädikat drückt die Eigenschaft eines Prädikates aus, auf sich selbst nicht zuzutreffen. Wir wollen dieses Prädikatenprädikat mit $\Psi(P)$ bezeichnen. Für irgendein P ist also $\Psi(P)$ dann und nur dann richtig, wenn P nicht auf sich selbst zutrifft. Entweder ist nun $\Psi(\Psi)$ richtig, dann trifft nach Definition von Ψ Ψ nicht auf sich selbst zu, d. h. $\Psi(\Psi)$ ist falsch. Oder $\Psi(\Psi)$ ist falsch, d. h., nach Definition von Ψ, es ist falsch, daß Ψ auf sich selbst nicht zutrifft, d. h. $\Psi(\Psi)$ ist richtig. Damit haben wir einen Widerspruch erhalten.

Diese Paradoxie ist zuerst von B. RUSSELL entdeckt worden. Man kann sie auch in der Ausdrucksweise der Mengenlehre darstellen. Hier entspricht dem Prädikatenprädikat Ψ die Menge aller derjenigen Mengen, die sich nicht selbst als Element enthalten. Diese Menge ist ihrem Begriff nach widerspruchsvoll, denn gemäß ihrer Definition gehört sie dann und nur dann zu ihren eigenen Elementen, wenn sie nicht zu diesen gehört.

Die *zweite der zu besprechenden Paradoxien* war bereits in der griechischen Philosophie bekannt. Ihre einfachste Fassung ist die folgende: Es sage jemand „ich lüge", oder ausführlicher: „ich spreche jetzt einen falschen Satz aus"; dann ist diese Aussage richtig, sofern sie falsch ist, und sie ist falsch, sofern sie richtig ist.

Wir wollen an der Formulierung der Paradoxie eine geringe Verschärfung vornehmen. Es werde mit $\mathfrak{P}$ eine bestimmte Person benannt, und t sei die Bezeichnung eines bestimmten Zeitintervalls. Innerhalb dieses Zeitraums t spreche $\mathfrak{P}$ den Satz aus: „Alles, was $\mathfrak{P}$ in dem Zeitraum t behauptet, ist falsch"; und weiter sage $\mathfrak{P}$ während der Zeit t nichts. Diese Annahme ist jedenfalls nicht widerspruchsvoll, da man ja ihre Verwirklichung absichtlich herbeiführen kann. Um sie in der logischen Symbolik zum Ausdruck zu bringen, bezeichnen wir die angeführte Aussage von $\mathfrak{P}$ mit $\mathfrak{A}$ und wenden das Prädikatzeichen $Bh(X)$ an in der Bedeutung „X wird von $\mathfrak{P}$ im Zeitraum t behauptet", wobei als Wert des Arguments X jede Aussage in Betracht kommt.

Mit Hilfe dieses Zeichens können wir zunächst die Aussage $\mathfrak{A}$ durch die Formel $\forall X(Bh(X) \to \overline{}X)$ wiedergeben, wenn wir hier einmal einen Aussagenquantor gebrauchen. Unsere Voraussetzung, daß $\mathfrak{P}$ innerhalb der Zeit t den Satz $\mathfrak{A}$ und sonst nichts ausspricht, stellt sich dar durch die beiden Formeln

$$Bh(\mathfrak{A}) \quad \text{und} \quad \forall X(Bh(X) \to \mathfrak{A} = X).$$

Nun kommt auf folgende Weise ein Widerspruch zustande. In der richtigen Formel $\mathfrak{A} \to \mathfrak{A}$ werde im zweiten Gliede für $\mathfrak{A}$ die Bedeutung, die ja durch den Ausdruck $\forall X(Bh(X) \to \overline{}X)$ gegeben ist, eingesetzt. Dann ergibt sich $\mathfrak{A} \to \forall X(Bh(X) \to \overline{}X)$. Das Allzeichen $\forall X$ kann hier fortgelassen werden, wenn wir das Auftreten der freien Variablen X in der üblichen Weise deuten. Wir erhalten dann $\mathfrak{A} \to (Bh(X) \to \overline{}X)$ und weiter durch Einsetzung für die Aussagenvariable X $\mathfrak{A} \to (Bh(\mathfrak{A}) \to \overline{}\mathfrak{A})$. Da hier nach den Regeln des Aussagenkalküls die Voraussetzungen miteinander vertauscht werden können, erhält man $Bh(\mathfrak{A}) \to (\mathfrak{A} \to \overline{}\mathfrak{A})$. Da ferner $Bh(\mathfrak{A})$ eine richtige Formel ist, erhält man nach der Abtrennungsregel $\mathfrak{A} \to \overline{}\mathfrak{A}$. Andererseits läßt sich auch $\overline{}\mathfrak{A} \to \mathfrak{A}$ beweisen. Denn zunächst gilt $\overline{}\mathfrak{A} \to \overline{}\mathfrak{A}$ und indem man für das zweite $\mathfrak{A}$ den definierenden Ausdruck einsetzt $\overline{}\mathfrak{A} \to \overline{} \forall X(Bh(X) \to \overline{}X)$. Wendet man den Satz von der Bildung des Gegenteils einer Formel an, so erhält man $\overline{}\mathfrak{A} \to \exists X \overline{}(Bh(X) \to \overline{}X)$. Da nach dem Aussagenkalkül $\overline{}(Bh(X) \to \overline{}X)$ mit $Bh(X) \land X$ äquivalent ist, so ergibt sich $\overline{}\mathfrak{A} \to \exists X(Bh(X) \land X)$. Ferner folgt aus der als richtig vorausgesetzten Formel $\forall X(Bh(X) \to \mathfrak{A} = X$ weiter $\forall X(Bh(X) \land X \to \mathfrak{A} = X \land X)$, und hieraus [vgl. Formel (20) von Kapitel III, § 4] $\exists X Bh(X) \land X) \to \exists X(\mathfrak{A} = X \land X)$. Durch Kettenschluß ergibt sich dann $\overline{}\mathfrak{A} \to \exists X(\mathfrak{A} = X \land X)$. Nun ist wegen der Bedeutung der Identität $(\mathfrak{A} = X \land X) \to \mathfrak{A}$ allgemeingültig. Man gewinnt daraus $\exists X(\mathfrak{A} = X \land X) \to \mathfrak{A}$ [vgl. Formel (9) von Kapitel III, § 4]. Durch Kettenschluß erhält man dann $\overline{}\mathfrak{A} \to \mathfrak{A}$.

§ 4. Die logischen Paradoxien

Da nun $\mathfrak{A} \to \neg \mathfrak{A}$ und $\neg \mathfrak{A} \to \mathfrak{A}$ beide beweisbar sind, ergibt sich, daß sowohl $\mathfrak{A}$ wie $\neg \mathfrak{A}$ richtige Formeln sind, so daß wir in der Tat auf einen Widerspruch geführt werden.

Wir wollen noch eine *dritte Paradoxie* vorführen, von welcher es mannigfache verschiedene Wendungen gibt. Eine einfache Form der Darstellung ist die folgende. Jedes Bezeichnen einer bestimmten natürlichen Zahl, geschehe es durch Mitteilung eines konventionellen Zeichens oder durch Angabe einer definierenden Eigenschaft, erfordert ein gewisses Mindestmaß an Zeit. Daher können innerhalb einer endlichen Zeit von endlich vielen Menschen auch nur endlich viele Zahlen bezeichnet werden. Andererseits gibt es unendlich viele Zahlen. Somit werden im 20. Jahrhundert von den auf Erden lebenden Menschen sicher nicht alle Zahlen bezeichnet. Unter den im 20. Jahrhundert nicht bezeichneten Zahlen ist eine die kleinste. Nun ist diese Zahl aber doch im 20. Jahrhundert bezeichnet; denn ich habe sie ja durch die Eigenschaft bestimmt, die kleinste im 20. Jahrhundert nicht bezeichnete Zahl zu sein. Es ergibt sich also die Existenz einer Zahl, die sowohl bezeichnet als nicht bezeichnet ist.

Um diese Argumentation für den Zweck der symbolischen Darstellung zu präzisieren, ersetzen wir den Begriff der Bezeichnung durch einen engeren Begriff. Wir ziehen nur solche Bezeichnungen einer Zahl in Betracht, welche im Sinne unserer logischen Symbolik durch das Aufschreiben eines Ausdrucks für ein die Zahl definierendes Prädikat stattfinden. Dabei verstehen wir unter einem die Zahl x definierenden Prädikat ein solches, das auf die Zahl x, sonst aber auf nichts zutrifft. (Daß die Zahlen sich als Prädikatenprädikate deuten lassen, braucht für die vorliegende Argumentation nicht berücksichtigt zu werden.) Auf diese Weise gelangen wir zur folgenden Fassung der Paradoxie: Es bedeute $Scr(P)$ die Eigenschaft eines Prädikates P, daß unter den im 20. Jahrhundert aufgeschriebenen Ausdrücken der logischen Symbolik mindestens einer ein Ausdruck für P ist. Das Zeichen „$x < y$" werde wie bisher für das Prädikat „x ist kleiner als y" angewandt; und zwar sollen die Leerstellen dieses Prädikates sich auf die natürlichen Zahlen beziehen. Ferner möge für den Ausdruck „$Px \land \forall y(Py \to x = y)$", welcher besagt, daß x durch das Prädikat P definiert wird, zur Abkürzung $Df(P, x)$ geschrieben werden. Als Abkürzung für „$\exists P(Df(P, x) \land Scr(P))$" werde das Symbol $Dsc(x)$ verwendet. $Dsc(x)$ bedeutet also: „Unter den im 20. Jahrhundert aufgeschriebenen symbolischen Ausdrücken stellt mindestens einer ein Prädikat dar, welches x definiert", oder kurz ausgesprochen: „x ist im 20. Jahrhundert mindestens einmal symbolisch definiert". Schließlich werde als Abkürzung für den Ausdruck „$\neg Dsc(x) \land \forall y(y < x \to Dsc(y))$" das Zeichen $Mds(x)$ genommen, so daß also $Mds(x)$ bedeutet: „x hat die Eigenschaft, die kleinste im 20. Jahrhundert nicht symbolisch definierte Zahl zu sein."

Wir setzen nun voraus, daß die folgenden Formeln, welche Grundeigenschaften des Prädikates „<" angeben, richtige Behauptungen darstellen:

$$\forall x (\neg x < x),$$
$$\forall xyz (x < y \land y < z \to x < z),$$
$$\forall xy (x = y \lor x < y \lor y < x),$$
$$\exists x\, Px \to \exists x (Px \land \forall y (y < x \to \neg Py)).$$

Dabei ist die letzte Formel als allgemeingültig aufzufassen. Von diesen vier Formeln bedeuten die ersten drei, daß die Beziehung „<" die natürlichen Zahlen ordnet, und die letzte, daß sie sie wohl ordnet. Weiter setzen wir als richtig voraus, daß nicht alle Zahlen im 20. Jahrhundert symbolisch definiert werden können, d. h. die Richtigkeit der Formel $\exists x\, \neg Dsc(x)$. Ferner ist $Scr(Mds)$ richtig, da wir ja soeben einen Ausdruck für $Mds(x)$ hingeschrieben haben.

Jetzt können wir die folgende formale Schlußweise durchführen. In der Formel $\exists x\, Px \to \exists x (Px \land \forall y (y < x \to \neg Py))$ machen wir eine Einsetzung für die Prädikatenvariable P und erhalten

$$\exists x\, \neg Dsc(x) \to \exists x [\neg Dsc(x) \land \forall y (y < x \to Dsc(y))],$$

wobei wir gleich die doppelte Negation von $Dsc(y)$ fortgelassen haben. Da $\exists x\, \neg Dsc(x)$ richtig ist, erhalten wir nach der Abtrennungsregel $\exists x (\neg Dsc(x) \land \forall y (y < x \to Dsc(y)))$. Der letzte Ausdruck schreibt sich unter Anwendung der Abkürzung Mds als $\exists x\, Mds(x)$. Zufolge der Definition von Mds besteht die Beziehung $Mds(x) \to \neg Dsc(x)$. Da ferner infolge der Definition von Mds x durch $Mds(x)$ eindeutig definiert ist, läßt sich aus dieser Definition die Formel

$$Mds(x) \to Mds(x) \land \forall y (Mds(y) \to x = y)$$

ableiten, die unter Benutzung der Abkürzung Df sich so schreibt:

$$Mds(x) \to Df(Mds, x).$$

Aus dieser Formel und der vorhergehenden erhalten wir

$$Mds(x) \to \neg Dsc(x) \land Df(Mds, x).$$

Weiter ergibt sich $\exists x\, Mds(x) \to \exists x (\neg Dsc(x) \land Df(Mds, x))$ [vgl. Formel (21) von Kapitel III, § 4]. Da $\exists x\, Mds(x)$ bewiesen ist, erhalten wir nach der Abtrennungsregel $\exists x (\neg Dsc(x) \land Df(Mds, x))$. Da ferner $Scr(Mds)$ als richtig vorausgesetzt wurde, läßt sich auch $\exists x (\neg Dsc(x) \land Df(Mds, x) \land Scr(Mds))$ beweisen. Nun ist die Formel $F(Q) \to \exists P(F(P))$ allgemeingültig. Hierin machen wir eine Einsetzung für die Variablen Q und F, und zwar wird Q durch Mds und $F*$ durch $\exists x (\neg Dsc(x) \land Df(*, x) \land Scr(*))$ ersetzt, wobei der Stern die jeweiligen Leerstellen

§ 4. Die logischen Paradoxien 161

andeuten soll. Wir erhalten dann

$$\exists x(\neg Dsc(x) \land Df(Mds, x) \land Scr(Mds)) \to$$
$$\to \exists P \exists x(\neg Dsc(x) \land Df(P, x) \land Scr(P)).$$

Da das Vorderglied der Implikation bewiesen ist, erhält man

$$\exists P \exists x(\neg Dsc(x) \land Df(P, x) \land Scr(P)).$$

Die Stellung der beiden Existenzzeichen läßt sich vertauschen. Indem wir weiter das Analogon zu Formel (24) von Kapitel III, § 4 anwenden, erhalten wir

$$\exists x(\neg Dsc(x) \land \exists P(Df(P, x) \land Scr(P))).$$

Benutzen wir die Abkürzung Dsc, so schreibt sich der letzte Ausdruck als $\exists x(\neg Dsc(x) \land Dsc(x))$. Andererseits ist die Formel $\forall x(Dsc(x) \lor \neg Dsc(x))$ ableitbar, da sie aus der allgemeingültigen Formel $\forall x(Fx \lor \neg Fx)$ durch Einsetzung entsteht. Von diesen beiden Formeln drückt die eine gerade das Gegenteil der anderen aus, so daß wir einen Widerspruch haben.

Mit diesen verschiedenen Widersprüchen können wir uns auch nicht etwa in der Weise abfinden, daß wir die Beweisbarkeit gewisser einander entgegengesetzter Aussagen als eine Tatsache hinnehmen. Sobald wir nämlich irgend zwei einander entgegengesetzte Aussagen $\mathfrak{A}$ und $\neg \mathfrak{A}$ als richtige Formeln zulassen, so wird, wie wir schon früher bemerkten, der ganze Logikkalkül bedeutungslos, da wir dann jede beliebige Formel ableiten können.

Sehen wir nun, welche Folgerungen sich für den Aufbau unseres Kalküls aus den Paradoxien ergeben. Die Russellsche Paradoxie zeigt deutlich, daß wir einen unterschiedlosen Prädikatenbegriff von der im Anfang dieses Paragraphen geschilderten Art nicht gebrauchen können, da seine Zulassung einen Widerspruch des Prädikatenkalküls in sich ergeben würde. Einen anderen Charakter haben die beiden anderen Paradoxien. Sie zeigen zunächst nur die Unverträglichkeit gewisser Behauptungen. Im ersten Fall waren das $Bh(\forall X(Bh(X) \to \neg X))$ und $\forall X(Bh(X) \to \forall Y(Bh(Y) \to \neg Y) = X)$, im zweiten Falle $\exists x \neg Dsc(x)$, $Scr(Mds)$ und $\forall P(\exists x Px \to \exists x(Px \land \forall y(y < x \to Py)))$. Keine von diesen Behauptungen ist allein aus logischen Gründen richtig, so daß die Paradoxien nicht den erweiterten Kalkül betreffen, da dieser nicht imstande ist, ihren rein logischen Charakter zum Ausdruck zu bringen. Vielmehr mußten wir zu der teilweisen Formalisierung inhaltliche Gedankengänge zur Hilfe nehmen. Wir brauchen daher für den Aufbau unseres Prädikatenkalküls keine Konsequenzen aus diesen Paradoxien zu ziehen.

Trotzdem bedürfen die Paradoxien der zweiten Art, die man *semantische Paradoxien* nennt, einer Aufklärung. Sehen wir uns diese näher an, so finden wir, daß z. B. $Bh(X)$ ein Aussagenprädikat ganz anderer Art ist wie die, die wir bisher als solche betrachtet hatten. $Bh(X)$ hängt nicht von dem Wert der Aussage X ab, d. h. davon, ob die Aussage wahr oder falsch ist, sondern von deren sprachlicher Formulierung. Zum Beispiel ist es kein Widerspruch, wenn wir annehmen, daß gleichzeitig für eine Aussage $Bh(\mathfrak{A})$ und $Bh(\neg\mathfrak{A})$ richtig sind, oder daß $Bh(\mathfrak{A})$ und $\neg Bh(\neg\neg\mathfrak{A})$ beide richtig sind. Mit derartigen Aussagen bewegen wir uns auf einer ganz anderen Ebene als bisher. Die Aussagen, die in dem erweiterten Prädikatenkalkül, also mit den Mitteln dieser formalen Sprache aufgestellt werden, bilden eine Klasse für sich, die nicht mit den Aussagen zu verwechseln sind, die nicht innerhalb dieser formalen Sprache, sondern über diese formale Sprache aufgestellt werden. Zwischen beiden Arten von Aussagen bestehen keine logischen Beziehungen. Es ist prinzipiell unzulässig, beide Arten von Aussagen in der gleichen formalen Sprache zu behandeln. Das heißt nicht, daß die Aussagen der letzten Art nicht ebenfalls den Regeln des Logikkalküls unterworfen sind, aber man muß dann für die zugehörige formale Sprache eigene Symbole nehmen. Zum Beispiel hat eine Aussage wie $\forall X(Bh(X) \to \neg X)$ keinen Sinn. Denn X und damit $\neg X$ gehören der einen Sprache an, $Bh(X)$ aber einer anderen, so daß auch keine Implikationsbeziehung zwischen $Bh(X)$ und $\neg X$ aufgestellt werden kann. Ähnlich steht es mit Prädikatenprädikaten wie $Scr(P)$ usw. bei der dritten Paradoxie. Daß die semantischen Paradoxien nur einer unzulässigen Vermengung der Sprachen ihre Entstehung verdanken, kann man sich übrigens an Hand der dritten Paradoxie klar machen, auch ohne daß man die symbolische Logik zu Hilfe nimmt. Ersetzt man darin den Ausdruck „die kleinste im 20. Jahrhundert nicht definierte natürliche Zahl" durch „die kleinste im 20. Jahrhundert in französischer Sprache nicht definierte natürliche Zahl" und führt man die Überlegungen in deutscher Sprache, so verschwindet die Paradoxie. — Man hat also streng zu unterscheiden zwischen der symbolischen Sprache eines Kalküls und der Sprache über den Kalkül, d. h. über die Ausdrücke, Sätze usw. des Kalküls. Diese Sprache heißt die zum Kalkül gehörige *Metasprache*. Die Metasprache kann entweder ein Teil der gewöhnlichen Umgangssprache sein, wie es hier in diesem Buche durchweg der Fall ist, oder aber sie kann ihrerseits formalisiert werden, dann aber mit ganz anderen Symbolen als die Kalkülsprache. Wird speziell die Mathematik in formalisierter Gestalt dargestellt, so heißt die zugehörige Metasprache die *Metamathematik*. Diese Bemerkungen zu den semantischen Paradoxien mögen hier genügen. Wer sich näher dafür interessiert, sei z. B. hingewiesen auf A. TARSKI [14].

Es sei hier nur nebenbei bemerkt, daß die Beschäftigung mit den semantischen Paradoxien, die lange als nutzlose Spielerei angesehen wurde, und die diesbezügliche Beziehung zwischen Kalkülsprache und

Metasprache bedeutende wissenschaftliche Ergebnisse gezeitigt hat, wozu z. B. der in § 1 erwähnte Gödelsche Unvollständigkeitssatz gehört. Wir verweisen in dieser Hinsicht auf D. HILBERT und P. BERNAYS [8, § 5].

§ 5. Der Stufenkalkül

Nachdem wir uns in den vorhergehenden Abschnitten über die vermehrte Ausdrucksmöglichkeit, die die Einführung der Prädikatenprädikate mit sich bringt, und zugleich über die Gefahren, die eine uneingeschränkte Anwendung des Prädikatenbegriffs zur Folge hat, orientiert hatten, gehen wir jetzt daran, einen entsprechenden Kalkül in systematischer und exakter Weise aufzubauen.

Das Prinzip, das diesem Aufbau zugrunde liegt und das die Russellsche Paradoxie und ähnliche zu vermeiden gestattet, ist die *Typentheorie* von A. N. WHITEHEAD und B. RUSSELL, die diese Verfasser in ihrem grundlegenden Werke ,,Principia Mathematica" in die Logik eingeführt haben. Nach dieser Typentheorie sind die Argumente eines Prädikates stets von geringerer Stufe als die Prädikate selbst. Wir haben zunächst die Individuen, d. h. Gegenstände, von denen wir nur zu wissen brauchen, daß sie als Argumente von Prädikaten fungieren können. Dann haben wir Individuenprädikate, d. h. Prädikate, die dann und nur dann zu richtigen oder falschen Aussagen werden, wenn man ihre Leerstellen mit Individuen besetzt. Diese Prädikate heißen *Prädikate der ersten Stufe*. Unter einem *Prädikat der zweiten Stufe* verstehen wir ein solches, bei dem mindestens eine Leerstelle mit einem Individuenprädikat zu besetzen ist, während etwaige andere Leerstellen entweder ebenfalls mit Individuenprädikaten oder mit Individuen besetzt werden müssen. Die Gattungen oder Typen der Prädikate der zweiten Stufe werden im einzelnen noch unterschieden nach der Zahl und der Art ihrer Leerstellen, z. B. auch danach, ob in eine bestimmte Leerstelle ein einstelliges, zweistelliges Individuenprädikat usw. eingesetzt werden muß. Entsprechend gelangt man weiter zu Prädikaten der dritten, vierten Stufe usw., für die sich noch eine größere Mannigfaltigkeit ergibt.

Um den Typ eines Prädikates (oder einer entsprechenden Prädikatenvariablen) genau angeben zu können, wollen wir uns einer einfachen Symbolik bedienen. Den Typ eines Individuums oder einer Individuenvariablen bezeichnen wir mit i. Haben wir eine Prädikatenvariable oder ein Prädikat mit n Leerstellen und hat das, was in die Leerstellen eingesetzt werden darf, die Typen $a_1, \ldots, a_n$, so ist $(a_1, \ldots, a_n)$ der Typ der betreffenden Prädikatenvariablen oder des betreffenden Prädikats. Zum Beispiel sind (i), (i, i), (i, i, i) die Typen von einstelligen, zweistelligen und dreistelligen Individuenprädikaten. $((i, i), i)$ würde den Typ eines zweistelligen Prädikats der zweiten Stufe bedeuten, dessen erste Leerstelle mit einem zweistelligen Individuenprädikat und dessen zweite Leerstelle mit einem Individuum zu besetzen ist. Von den in § 2 dieses Kapitels erwähnten Prädikatenprädikaten hat Sym den Typ $((i, i))$, O den Typ $((i))$, $\mathfrak{Z}$ den Typ $(((i)))$, Imp den Typ $((i), (i))$ usw. Voraussetzung ist dabei, was damals nicht genau festgelegt war, daß die Leerstellen von Sym, O, Imp sich auf Individuenprädikate beziehen, und daß die Leerstelle von $\mathfrak{Z}$ sich auf ein Prädikat der zweiten Stufe bezieht, für dessen Leerstelle nur ein Individuenprädikat in Frage kommt. Die genannten Prädikatenprädikate lassen sich übrigens entsprechend auch auf höherer Stufe definieren.

Es sei übrigens dahingestellt, ob der geschilderte Aufbau der Prädikate der einzig mögliche ist, oder ob ein Aufbau mit weniger einschneidender Differenzierung der Prädikate statthaft wäre. Die geschilderte *„einfache Typentheorie"* ist erst in der von F. P. RAMSEY herausgegebenen zweiten Auflage der „Principia Mathematica" benutzt worden, und war übrigens in den Hilbertschen Untersuchungen über die Grundlagen der Mathematik in impliziter Weise von vorneherein enthalten. In der ersten Auflage der „Principia Mathematica" wurde eine feinere Einteilung der Prädikate, die sog. *„verzweigte Typentheorie"*, benutzt. Nach dieser ist man z. B. nicht mehr berechtigt, für die einstelligen Individuenprädikate einen einheitlichen Typ anzunehmen, sondern die Individuenprädikate werden nach der Art ihrer Definition unterschieden. Zum Beispiel würde ein Individuenprädikat, das mit Hilfe irgendwelcher Quantoren für Prädikate definiert ist, einen höheren Typ haben als die Individuenprädikate der einfachsten Art, gewisse Grundprädikate, die von WHITEHEAD und RUSSELL „prädikative" Individuenprädikate genannt werden. Allgemein ist es bei dieser verzweigten Typentheorie so, daß nicht nur wie bei der einfachen Typentheorie der Typ eines Prädikates höher ist als der Typ jedes seiner Argumente, sondern auch höher als der Typ jeder Variablen, deren Quantor bei der Definition des Prädikates benutzt wird. Diese verzweigte Typentheorie war aufgestellt worden, um die semantischen Paradoxien zu berücksichtigen, ist aber zu deren Vermeidung unnötig, wie wir sahen, wenn man zwischen einer formalen Sprache und der zugehörigen Metasprache streng unterscheidet. Wir werden daher nicht näher darauf eingehen. Es sei nur erwähnt, daß diese verzweigte Typentheorie auch heute noch da eine Rolle spielt, wo gewisse konstruktive Gedankengänge zugrunde gelegt werden (vgl. z. B. P. LORENZEN [9]).

Nachdem wir uns mit den Grundgedanken der Typentheorie vertraut gemacht haben, wollen wir einen entsprechenden Kalkül systematisch aufbauen. Einen anderen Aufbau des Stufenkalküls als den im folgenden gegebenen findet man z. B. bei A. CHURCH [4].

Wir definieren zunächst den *Typ*. Ein Typ ist das und nur das, was sich durch endliche Anwendung der folgenden Regeln als solcher erweist.

§ 5. Der Stufenkalkül

1. i ist ein Typ.
2. Sind $a_1, \ldots, a_n \, (n \geq 1)$ Typen, so ist auch $(a_1, \ldots, a_n)$ ein Typ.

Als Bausteine für die Formeln haben wir zunächst die Individuenvariablen, die wir wie bisher mit kleinen lateinischen Buchstaben, evtl. mit Zahlenindex, bezeichnen. Individuenvariable haben den Typ i. Ferner haben wir die Aussagevariablen, die wir wie bisher mit großen lateinischen Buchstaben bezeichnen. Diese haben keinen Typ. Ferner haben wir Prädikatenvariable beliebiger von i verschiedener Typen. Diese wollen wir ebenfalls mit großen lateinischen Buchstaben bezeichnen. Es wäre nun an und für sich notwendig, daß wir jedem derartigen Buchstaben die Typenbezeichnung anfügten, daß wir etwa mit $F^{(i,i)}$ eine Variable für zweistellige Individuenprädikate bezeichneten usw. Da aber hierdurch die Schreibweise der Formeln sehr kompliziert wird, wollen wir es im allgemeinen so halten, daß vor jedem formalen Beweis angegeben wird, welche der darin benutzten großen lateinischen Buchstaben Aussagenvariable und welche Prädikatenvariable bestimmter Typen bedeuten, und die lateinischen Buchstaben wollen wir dann ohne Typenbezeichnung gebrauchen. Als grundlegende Aussageverknüpfungen nehmen wir wie früher „$\vee$" und „$\rightarrow$", an Quantoren nur die Existentialquantoren für die verschiedenen Typen, während die übrigen Aussageverknüpfungen und die Allzeichen wie früher als entsprechende Abkürzungen aufzufassen sind.

Zur Schreibweise der Formeln bemerken wir, daß wir hinter das Zeichen für eine Prädikatenvariable die die Leerstellen ausfüllenden Zeichen voneinander durch Kommata getrennt und in Klammern eingeschlossen setzen. Bei Formeln wie „$F(x, y)$" gebrauchen wir in der Regel die frühere einfachere Schreibweise „Fxy". Die Quantoren schließen wir in der Regel in Klammern ein, da sich sonst Mißdeutungen bezüglich des Aufbaus einer Formel ergeben könnten. Wir schreiben also z. B. $(\exists F)(\exists x)Fx$ oder kürzer „$(\exists Fx)Fx$", während wir für Formeln wie „$\exists x \exists y \, Gxy$", oder was dasselbe ist, „$\exists xy \, Gxy$", also für eine Reihe von Individuenquantoren, die frühere Schreibweise bestehen lassen.

Die Definition der Ausdrücke oder der Formeln sowie der freien und gebundenen Variablen ist dann entsprechend wie früher. Wir haben die folgenden Regeln:

1) Eine Prädikatenvariable vom Typ $(a_1, \ldots, a_n)$ wird zu einer Formel, falls man hinter die Prädikatenvariable, durch Kommata getrennt und in Klammern eingeschlossen, Variable der Typen $a_1, \ldots, a_n$ setzt. Ebenso stellen Aussagevariablen Formeln dar. — Dies gibt die Primformeln. Die in einer Primformel vorkommenden Variablen kommen darin in freier Form vor.

2) Ist $\mathfrak{A}$ eine Formel, so ist $\neg(\mathfrak{A})$ eine Formel. Die in $\neg(\mathfrak{A})$ vorkommenden Variablen heißen darin frei oder gebunden, wenn sie in gleicher Eigenschaft in $\mathfrak{A}$ vorkommen.

3) Sind $\mathfrak{A}$ und $\mathfrak{B}$ Formeln der Art, daß nicht die gleiche Variable in der einen Formel in freier und in der anderen Formel in gebundener Form vorkommt, so ist auch $\mathfrak{A} \vee \mathfrak{B}$ Formel. Eine Variable kommt in $\mathfrak{A} \vee \mathfrak{B}$ in freier oder gebundener Form vor, wenn sie in einer der beiden Formeln $\mathfrak{A}, \mathfrak{B}$ in solcher Form vorkommt.

4) Aus einer Formel, die eine Variable in freier Form enthält, erhält man wieder eine Formel, wenn man vor die Formel das Existenzzeichen für diese Variable, in Klammern eingeschlossen, setzt und die ursprüngliche Formel in Klammern einschließt. Diese letzte Formel heißt der Wirkungsbereich des Existenzzeichens. In der neuen Formel heißt die zu dem Existenzzeichen gehörige Variable gebunden, alle übrigen Variablen haben darin den gleichen Charakter wie in der ursprünglichen Formel.

In der Axiomatik gehen wir so vor wie in § 1 dieses Kapitels. Wir fassen das Axiomensystem als ein mehrsortiges der zweiten Stufe auf.

Zuerst wollen wir definieren, was es heißt, *eine Formel entsteht aus einer anderen durch Einsetzung für eine Prädikatenvariable*. Es sei $\mathfrak{A}$ eine Formel, in der eine Prädikatenvariable $\mathfrak{F}$ vom Typ $(a_1, \ldots, a_n)$ in freier Form vorkommt, und zwar so, daß $\mathfrak{F}$ nur in Primformeln vorkommt, die mit $\mathfrak{F}$ beginnen. $\mathfrak{B}(\mathfrak{U}_1, \ldots, \mathfrak{U}_n)$ sei eine Formel, in der die Variablen $\mathfrak{U}_1, \ldots, \mathfrak{U}_n$ der Typen $a_1, \ldots, a_n$ in freier Form vorkommen. $\mathfrak{U}_1, \ldots, \mathfrak{U}_n$ können Prädikatenvariable oder auch Individuenvariable bedeuten. Sonstige Variable außer $\mathfrak{U}_1, \ldots, \mathfrak{U}_n$, die in $\mathfrak{B}(\mathfrak{U}_1, \ldots, \mathfrak{U}_n)$ in freier Form vorkommen, sollen in $\mathfrak{A}$ nicht in gebundener Form vorkommen. Ferner sollen nirgendwo in $\mathfrak{A}$ die Leerstellen von $\mathfrak{F}$ mit Variablen besetzt sein, die in $\mathfrak{B}(\mathfrak{U}_1, \ldots, \mathfrak{U}_n)$ in gebundener Form vorkommen. — Aus der Formel $\mathfrak{A}$ entsteht nun durch Einsetzung für die Variable $\mathfrak{F}$ eine neue Formel in der folgenden Weise: Überall wo in $\mathfrak{A}$ eine Primformel der Form $\mathfrak{F}(\mathfrak{a}_1, \ldots, \mathfrak{a}_n)$ vorkommt, ersetzen wir diese durch $\mathfrak{B}(\mathfrak{a}_1, \ldots, \mathfrak{a}_n)$, d. h. durch die Formel, die aus $\mathfrak{B}(\mathfrak{U}_1, \ldots, \mathfrak{U}_n)$ dadurch hervorgeht, daß man jedes $\mathfrak{U}_i$ an allen Stellen durch $\mathfrak{a}_i$ ersetzt. Dabei ist die Bedingung selbstverständlich, daß durch die Einsetzung überhaupt wieder eine Formel entsteht.

Die *Grundformeln* unseres Axiomensystems sind die folgenden:

1. Jede Disjunktion der folgenden Art ist eine Grundformel. Die Disjunktionsglieder sind alle Primformeln oder negierte Primformeln oder Formeln, die aus einem Existenzzeichen samt dem zugehörigen Wirkungsbereich bestehen. Es soll ferner eine Primformel negiert und unnegiert als Disjunktionsglied vorkommen.

§ 5. Der Stufenkalkül

2. Es sei $\mathfrak{U}$ eine Variable vom Typ α, $\mathfrak{V}$ und $\mathfrak{W}$ sind vom Typ β, $\mathfrak{T}$ vom Typ (β) und $\mathfrak{F}$ vom Typ (α, β). $\mathfrak{A}(\mathfrak{U}, \mathfrak{V})$ sei eine Formel mit den freien Variablen $\mathfrak{U}$ und $\mathfrak{V}$. Dann ist

$$(\forall\,\mathfrak{U})\,(\exists\,\mathfrak{V})\,\mathfrak{A}(\mathfrak{U},\mathfrak{V}) \to (\exists\mathfrak{F})\,[(\forall\mathfrak{U})\,(\exists\,\mathfrak{V})\,(\mathfrak{F}(\mathfrak{U},\mathfrak{V}) \wedge \mathfrak{A}(\mathfrak{U},\mathfrak{V})) \wedge$$
$$\wedge\,(\forall\mathfrak{U}\,\mathfrak{V}\,\mathfrak{W})\,\big(\mathfrak{F}(\mathfrak{U},\mathfrak{V}) \wedge \mathfrak{F}(\mathfrak{U},\mathfrak{W}) \to (\forall\,\mathfrak{T})\,(\mathfrak{T}(\mathfrak{V}) \to \mathfrak{T}(\mathfrak{W}))\big)]$$

eine Grundformel.

Diese Formeln sind die Verallgemeinerungen der früher in § 1 dieses Kapitels aufgestellten Grundformeln α), die mit dem Auswahlaxiom der Mengenlehre zusammenhängen.

3. Es seien $\mathfrak{U}_1, \ldots, \mathfrak{U}_n$ Variable der Typen $\alpha_1, \ldots, \alpha_n$, $\mathfrak{F}$ und $\mathfrak{G}$ Variable des Typs $(\alpha_1, \ldots, \alpha_n)$ und $\mathfrak{T}$ eine Variable vom Typ $((\alpha_1, \ldots, \alpha_n))$. Dann ist

$$(\forall\mathfrak{U}_1 \ldots \mathfrak{U}_n)\,(\mathfrak{F}(\mathfrak{U}_1, \ldots, \mathfrak{U}_n) \leftrightarrow \mathfrak{G}(\mathfrak{U}_1, \ldots, \mathfrak{U}_n)) \to (\mathfrak{T}(\mathfrak{F}) \to \mathfrak{T}(\mathfrak{G}))$$

eine Grundformel. Dies sind die schon früher in § 3 dieses Kapitels erwähnten Grundformeln der *Extensionalität*.

An *Ableitungsregeln* haben wir die folgenden:

$$\frac{\mathfrak{M} \vee \mathfrak{A} \vee \mathfrak{N}}{\mathfrak{M} \vee \neg\neg(\mathfrak{A}) \vee \mathfrak{N}} \cdot \qquad (I)$$

$\mathfrak{M}$ und $\mathfrak{N}$ dürfen hier beide, oder eines von ihnen, auch fehlen. Die weiteren Beschränkungen, die wir im III. Kapitel zur Normierung des Beweises an dieser Regel vorgenommen hatten, wollen wir hier fallen lassen, obwohl die gleichen Beschränkungen möglich sind. Das Entsprechende gilt für die folgenden Regeln.

$$\frac{\mathfrak{M} \vee \neg(\mathfrak{A}) \vee \mathfrak{N} \qquad \mathfrak{M} \vee \neg(\mathfrak{B}) \vee \mathfrak{N}}{\mathfrak{M} \vee \neg(\mathfrak{A} \vee \mathfrak{B}) \vee \mathfrak{N}} \qquad (II)$$

$$\frac{\mathfrak{M} \vee \neg(\mathfrak{A}(\mathfrak{U})) \vee \mathfrak{N}}{\mathfrak{M} \vee \neg(\exists\,\mathfrak{V})\,\mathfrak{A}(\mathfrak{V}) \vee \mathfrak{N}} \qquad (III)$$

$\mathfrak{U}$ ist hier eine Variable beliebigen Typs, die weder in $\mathfrak{M}$ noch in $\mathfrak{N}$ vorkommt und in $\mathfrak{A}(\mathfrak{U})$ in freier Form auftritt; $\mathfrak{V}$ ist eine Variable des gleichen Typs. $\mathfrak{A}(\mathfrak{V})$ entsteht aus $\mathfrak{A}(\mathfrak{U})$, indem man überall $\mathfrak{U}$ durch $\mathfrak{V}$ ersetzt.

$$\frac{\mathfrak{M} \vee (\exists\,\mathfrak{U})\,\mathfrak{A}(\mathfrak{U}) \vee \mathfrak{A}' \vee \mathfrak{N}}{\mathfrak{M} \vee (\exists\,\mathfrak{U})\,\mathfrak{A}(\mathfrak{U}) \vee \mathfrak{N}} \qquad (IV)$$

$\mathfrak{A}(\mathfrak{U})$ ist hier eine Formel, die die Variable $\mathfrak{U}$ vom beliebigen Typ in freier Form enthält. Ist $\mathfrak{U}$ eine Prädikatenvariable, so soll $\mathfrak{A}'$ aus $\mathfrak{A}(\mathfrak{U})$ durch Einsetzung für die Prädikatenvariable $\mathfrak{U}$, wie wir sie oben beschrieben haben, entstehen. Ist $\mathfrak{U}$ eine Individuenvariable, so entsteht $\mathfrak{A}'$ aus $\mathfrak{A}(\mathfrak{U})$ dadurch, daß die Individuenvariable $\mathfrak{U}$ an allen Stellen durch ein und dieselbe andere Individuenvariable ersetzt wird.

$$\frac{\mathfrak{A} \qquad \neg(\mathfrak{A}) \vee \mathfrak{B}}{\mathfrak{B}} \qquad (V)$$

Die in den Grundformeln 2) und 3) auftretenden Allzeichen, die Zeichen „→" und „↔" sind natürlich als entsprechende Abkürzungen aufzufassen. Wir bemerken noch, daß das Axiomensystem von Kapitel III, § 4 in diesem Axiomensystem als spezieller Teil enthalten ist.

Wir haben hier die Formeln für den Stufenkalkül so aufgebaut, daß bei diesem Aufbau nur Variable, Aussageverknüpfungen und Quantoren gebraucht werden. Dieses System ist in sich geschlossen. Eine gewisse Schwerfälligkeit der Ausdrucksweise ist aber vorhanden. Zum Beispiel kann Fx, wo F ein einstelliges Individuenprädikat ist, als ein zweistelliges Prädikat der zweiten Stufe vom Typ $((i), i)$ aufgefaßt werden, das dann und nur dann eine richtige oder falsche Aussage liefert, wenn die erste Leerstelle mit einem einstelligen Individuenprädikat und die zweite mit einem Individuum besetzt ist. Ein Prädikat des gleichen Typs wird durch $Fx \land Fx$ dargestellt. Wollen wir nun ausdrücken, daß die beiden Prädikate identisch sind, d. h. gemäß der in § 1 gegebenen Definition der Identität, daß jedes Prädikat, das auf das erste Prädikat zutrifft, auch auf das zweite zutrifft, so können wir das nicht direkt hinschreiben, da uns besondere Zeichen für die beiden Prädikate fehlen. Wir können uns aber mit der folgenden Umschreibung helfen. Es seien G und H Variable vom Typ $((i), i)$, K eine Variable vom Typ $(((i), i))$. Dann können wir die erwähnte Behauptung ausdrücken durch $(\forall G H) \ [(\forall Fx) \ (G(F, x) \leftrightarrow Fx) \land (\forall Fx) \ (H(F, x) \leftrightarrow Fx \land Fx) \to$ $\to (\forall K) \ (K(G) \to K(H))]$. Um hier nach Möglichkeiten für eine kürzere Ausdrucksweise zu suchen, bemerken wir zunächst, daß $(\exists G) \ (\forall Fx) \ (G(F, x) \leftrightarrow Fx)$ offenbar beweisbar ist. Zunächst ist nämlich die Formel $(\exists G) \neg (\exists F) \neg \exists x \neg (G(F, x) \leftrightarrow Fx) \lor (Ly \leftrightarrow Ly)$, die ja eine Tautologie ist, leicht aus Grundformeln 1) mit Hilfe der Ableitungsregeln (I) und (II) beweisbar. L ist dabei eine Variable vom Typ (i). Das erste Disjunktionsglied bezeichnen wir zur Abkürzung mit $\mathfrak{C}$, so daß die Formel $\mathfrak{C} \lor (Ly \leftrightarrow Ly)$ heißt. Man erhält weiter

$\mathfrak{C} \lor \neg \neg (Ly \leftrightarrow Ly)$ [nach Regel (I)];

$\mathfrak{C} \lor \neg \exists x \neg (Lx \leftrightarrow Lx)$ [nach Regel (III)];

$\mathfrak{C} \lor \neg \neg \neg \exists x \neg (Lx \leftrightarrow Lx)$ [nach Regel (I)];

$\mathfrak{C} \lor \neg (\exists F) \neg \neg \exists x \neg (Fx \leftrightarrow Fx)$ [nach Regel (III)].

Diese Formel schreibt sich ausführlicher
$(\exists G) \neg (\exists F) \neg \neg \exists x \neg (G(F, x) \leftrightarrow Fx) \lor \neg (\exists F) \neg \neg \exists x \neg (Fx \leftrightarrow Fx)$.

Nun entsteht $\neg (\exists F) \neg \neg \exists x \neg (Fx \leftrightarrow Fx)$ offenbar durch Einsetzung für die Variable G aus $\neg (\exists F) \neg \neg \exists x \neg (G(F, x) \leftrightarrow Fx)$. Wir erhalten daher nach Regel (IV) $(\exists G) \neg (\exists F) \neg \neg \exists x \neg (G(F, x) \leftrightarrow Fx)$, d. h. $(\exists G) \ (\forall Fx) \ (G(F, x) \leftrightarrow Fx)$.

Andererseits ist $(\forall F x)\,(G(F, x) \leftrightarrow F x) \wedge (\forall F x)\,(H(F, x) \leftrightarrow F x) \to$
$\to (K(G) \to K(H))$ mit Hilfe einer Grundformel 3) beweisbar, da sich
$(\forall F x)\,(G(F, x) \leftrightarrow F x) \wedge (\forall F x)\,(H(F, x) \leftrightarrow F x) \to (\forall F x)\,(G(F, x) \leftrightarrow H(F, x))$
beweisen läßt.

Wir sind also berechtigt, von *dem* Prädikat G mit der Eigenschaft „$(\forall F x)\,(G(F, x) \leftrightarrow F x)$" zu sprechen, d. h. es liegt hier die Möglichkeit vor, ein „derjenige, welcher" einzuführen, wie wir es in § 12 des III. Kapitels angegeben hatten, wobei dort gleich auch an die Möglichkeit der Einführung für mehrsortige Axiomsysteme gedacht war.

Wir können demnach ein Zeichen Φ für ein Prädikat des Typs $((i), i)$ einführen und $(\forall F x)\,(\Phi(F, x) \leftrightarrow F x)$ als neue Grundformel hinzufügen. Die entsprechenden Überlegungen gelten für „$F x \wedge F x$". Wir können also weiter ein Prädikatzeichen Ψ vom gleichen Typ wie Φ einführen mit der zugehörigen Grundformel $(\forall F x)\,(\Psi(F, x) \leftrightarrow F x \wedge F x)$. Die oben erwähnte Aussage, daß die durch $F x$ und $F x \wedge F x$ dargestellten Prädikate vom Typ $((i), i)$ identisch sind, würde sich dann durch $(\forall K)\,(K(\Phi) \to K(\Psi))$ wiedergeben lassen, wo K eine Variable vom Typ $\bigl(((i), i)\bigr)$ ist.

Die zweite in Kapitel III, § 12 erwähnte Möglichkeit der Einführung des „derjenige, welcher" war die Hinzunahme eines „ι". Dem „Φ" würde hier „$\iota_G (\forall F x)\,(G(F, x) \leftrightarrow F x)$" und dem „$\Psi$" ein „$\iota_G (\forall F x)\,(G(F, x) \leftrightarrow F x \wedge F x)$" entsprechen. Da diese Schreibweise umständlich ist, schreiben wir für $\iota_G(\forall F x)\,(G(F, x) \leftrightarrow F x)$ einfacher $(\lambda F x)\,(F x)$ und für $\iota_G(\forall F x)\,(G(F, x) \leftrightarrow F x \wedge F x)$ einfacher $(\lambda F x)\,(F x \wedge F x)$. Die entsprechenden Grundformeln sind $(\forall F x)\,\bigl(\{(\lambda L y)\,(L y)\}\,(F, x) \leftrightarrow F x\bigr)$ und $(\forall F x)\,\bigl(\{(\lambda L y)(L y \wedge L y)\}\,(F, x) \leftrightarrow F x \wedge F x\bigr)$. Wir haben dabei der Deutlichkeit halber die Prädikatzeichen in geschweifte Klammern gesetzt.

Wir wollen nun *allgemein die Einführung der speziellen Prädikate* vornehmen. Zunächst haben wir den Formelbegriff zu erweitern. Die Regel 1) zur Bildung von Formeln erhält die folgende erweiterte Fassung:

1. Eine Prädikatenvariable oder ein Prädikatzeichen vom Typ $(a_1, \ldots, a_n)$ wird zu einer Formel, falls man hinter die Prädikatenvariable oder das Prädikatzeichen Variable oder Zeichen der Typen $a_1, \ldots, a_n$ in dieser Reihenfolge setzt. Es darf dabei keine in dieser Formel vorkommende Variable gleichzeitig frei und gebunden auftreten. Dabei gelten Variable, die in einem Zeichen vorkommen, für die ganze Formel als frei oder gebunden, wenn sie in dem Zeichen in dieser Eigenschaft vorkommen. Einzelne Variable, die die Leerstellen der Prädikatenvariable oder des Prädikatzeichens ausfüllen, sowie eine Prädikatenvariable, mit der die Formel beginnt, gelten für die Formel als freie Variable. Beginnt die Formel mit einem mit λ beginnenden Prädikatzeichen, so wird dieses in geschweifte Klammern gesetzt. Außerdem stellen Aussagevariablen Formeln dar — dies gibt die Primformeln.

Die Regeln 2)—4) zum Aufbau der Formeln bleiben unverändert. Ferner kommt die folgende Regel hinzu:

5) Es sei $\mathfrak{A}(\mathfrak{U}_1, \ldots, \mathfrak{U}_n)$ eine Formel, die die Variablen $\mathfrak{U}_1, \ldots, \mathfrak{U}_n$ ($n \geq 1$) der Typen $a_1, \ldots, a_n$ in freier Form enthält. Dann ist $(\lambda\,\mathfrak{U}_1 \ldots \mathfrak{U}_n)(\mathfrak{A}(\mathfrak{U}_1, \ldots, \mathfrak{U}_n))$ ein Prädikatzeichen vom Typ $(a_1, \ldots, a_n)$. Die Variablen $\mathfrak{U}_1, \ldots, \mathfrak{U}_n$ heißen in dem Prädikatzeichen gebunden, etwaige andere in $(\lambda\,\mathfrak{U}_1 \ldots \mathfrak{U}_n)(\mathfrak{A}(\mathfrak{U}_1, \ldots, \mathfrak{U}_n))$ vorkommende Variable heißen darin frei oder gebunden, wenn sie in der gleichen Eigenschaft in $\mathfrak{A}(\mathfrak{U}_1, \ldots, \mathfrak{U}_n)$ auftreten. $\mathfrak{A}(\mathfrak{U}_1, \ldots, \mathfrak{U}_n)$ heißt der Wirkungsbereich des Zeichens $(\lambda\,\mathfrak{U}_1 \ldots \mathfrak{U}_n)$.

Zu den *Grundformeln* ist zu bemerken, daß bei den Grundformeln 3) anstelle der Variablen $\mathfrak{F}$ und $\mathfrak{G}$ auch Prädikatzeichen von entsprechendem Typ stehen können. Ferner kommen die folgenden Grundformeln hinzu:

4) Es sei $\mathfrak{A}(\mathfrak{U}_1, \ldots, \mathfrak{U}_n)$ eine Formel, die die Variablen $\mathfrak{U}_1, \ldots, \mathfrak{U}_n$ ($n \geq 1$) der Typen $a_1, \ldots, a_n$ in freier Form, aber sonst keine freien Variablen enthält. Wir können dann ein bisher nicht vorgekommenes Prädikatzeichen $\mathfrak{V}$ einführen, das in der Regel ein großer griechischer Buchstabe oder eine Kombination von einem großen lateinischen und dahinterstehenden kleinen lateinischen Buchstaben, unter Umständen auch ein besonderes Zeichen ist, und als Grundformel

$$\mathfrak{V}(\mathfrak{U}_1, \ldots, \mathfrak{U}_n) \leftrightarrow \mathfrak{A}(\mathfrak{U}_1, \ldots, \mathfrak{U}_n)$$

hinzufügen. [Man beachte die verschiedene Bedeutung, die $\mathfrak{V}(\mathfrak{U}_1, \ldots, \mathfrak{U}_n)$ und $\mathfrak{A}(\mathfrak{U}_1, \ldots, \mathfrak{U}_n)$ haben.] $\mathfrak{V}$ ist ein Prädikatzeichen vom Typ $(a_1, \ldots, a_n)$.

Beispiele für diese Grundformeln sind:
$= (x, y) \leftrightarrow (\forall F)(F x \to F y)$, wo F vom Typ (i) und „$=$" vom Typ (i, i) ist. Ferner auch $\text{Imp}(F, G) \leftrightarrow (\forall x)(F x \to G x)$, wo F und G vom Typ (i) sind.

5) Es habe $\mathfrak{A}(\mathfrak{U}_1, \ldots, \mathfrak{U}_n)$ die gleiche Bedeutung wie bei 4), nur daß jetzt $\mathfrak{A}(\mathfrak{U}_1, \ldots, \mathfrak{U}_n)$ auch weitere freie Variable enthalten darf. Dann ist

$$\{(\lambda\,\mathfrak{U}_1 \ldots \mathfrak{U}_n)(\mathfrak{A}(\mathfrak{U}_1, \ldots, \mathfrak{U}_n))\}(\mathfrak{V}_1, \ldots, \mathfrak{V}_n) \leftrightarrow \mathfrak{A}(\mathfrak{V}_1, \ldots, \mathfrak{V}_n)$$

Grundformel. $\mathfrak{V}_1, \ldots, \mathfrak{V}_n$ sind dabei Variable des gleichen Typs wie $\mathfrak{U}_1, \ldots, \mathfrak{U}_n$. (Der Formelcharakter der Grundformeln muß natürlich unter allen Umständen gewährt bleiben.) Die *Ableitungsregeln* bleiben unverändert.

Wie gesagt, ist die Einführung der Prädikatzeichen nicht notwendig. Ein Beweis dafür, daß die Prädikatzeichen aus einem Beweis eliminiert werden können, soll hier, ebenso wie bei den entsprechenden Überlegungen in Kapitel III, § 12, nicht gegeben werden.

Fragen wir nun, ob das Axiomensystem *vollständig* ist, so lautet die Antwort wie entsprechend in § 1, daß es kein vollständiges Axiomensystem für den Stufenkalkül gibt. Das ergibt sich aus der schon früher erwähnten Arbeit von K. GÖDEL [7].

§ 5. Der Stufenkalkül

Beim Vergleich des vorliegenden Axiomensystems mit dem, das wir in § 1 aufgestellt hatten, fällt uns auf, daß die Verallgemeinerung der dortigen Grundformeln β) hier fehlt. Es sei X eine Variable vom Typ α, F vom Typ $(\beta_1, \ldots, \beta_n)$, A vom Typ $(\alpha, (\beta_1, \ldots, \beta_n))$, G vom Typ $(\alpha, \beta_1, \ldots, \beta_n)$, $Y_1, \ldots, Y_n$ von den Typen $\beta_1, \ldots, \beta_n$. Dann können wir die Verallgemeinerung in der folgenden Form aussprechen:

$(\forall X)(\exists F) A(X, F) \to (\exists G)(\forall X)(\exists F)$
$[(\forall Y_1 \ldots Y_n)(F(Y_1, \ldots, Y_n) \leftrightarrow G(X, Y_1, \ldots, Y_n)) \land A(X, F)]$.

Diese Formeln gelten für beliebige Typen $\alpha, \beta_1, \ldots, \beta_n$.

Der Grund dafür, daß wir diese Formeln jetzt nicht als Grundformeln aufgestellt haben, liegt darin, daß sie in diesem Axiomensystem beweisbar sind[1].

Für diesen Beweis sind die Grundformeln 2) wesentlich, was insofern nicht verwunderlich ist, als beide Arten von Formeln, wie schon in § 1 bemerkt, mit dem Auswahlaxiom der Mengenlehre zusammenhängen. Der Beweis wird gegeben, ohne daß von der Einführung der Prädikatzeichen Gebrauch gemacht wird.

Wir bemerken zunächst allgemein zu den Beweisen, daß sich das Axiomensystem leichter handhaben läßt, wenn wir anstatt der Grundformeln 1) jede Tautologie als Grundformel nehmen. Daß jede Tautologie sich beweisen läßt, falls nur die Grundformeln 1) gebraucht werden, läßt sich auf die gleiche Weise wie entsprechend in § 5 des III. Kapitels zeigen. Ebenso übrigens bleiben die anderen dort bewiesenen Sätze auch jetzt gültig, z. B. der über die Gültigkeit der Einsetzung für eine Prädikatenvariable.

Beginnen wir nun mit dem Beweis. Im folgenden mögen $X, F, A, G, Y_1, \ldots, Y_n$ Variable der schon genannten Typen sein. B habe den gleichen Typ wie A, H den gleichen Typ wie F. K sei eine Variable vom Typ $((\beta_1, \ldots, \beta_n))$. X', F', H' sind Variable der gleichen Typen wie die ohne Strich geschriebenen Buchstaben.

Es sei $\mathfrak{A}$ eine Abkürzung für $(\exists X) \neg (\exists F) \neg (\neg A(X, F) \lor \neg B(X, F))$,
$\mathfrak{B}$ für $(\exists XFH) \neg [\neg B(X, F) \lor \neg B(X, H) \lor (\forall K)(\neg K(F) \lor K(H))]$,
$\mathfrak{C}$ eine solche für $(\exists G)(\forall X)(\exists F) [(\forall Y_1 \ldots Y_n)(F(Y_1, \ldots, Y_n) \leftrightarrow G(X, Y_1, \ldots, Y_n)) \land A(X, F)]$.
Weiter stehen $\mathfrak{D}$ für $(\exists F) [(\forall Y_1 \ldots Y_n)(F(Y_1, \ldots, Y_n) \leftrightarrow (\exists H)(B(X', H) \land H(Y_1, \ldots, Y_n)) \land A(X', F))]$,
$\mathfrak{E}$ für $(\exists H)(B(X', H) \land H(Y_1, \ldots, Y_n))$,
$\mathfrak{B}_1$ für $(\exists FH) \neg [\neg B(X', F) \lor \neg B(X', H) \lor (\forall K)(\neg K(F) \lor K(H))]$,
$\mathfrak{B}_2$ für $(\exists H) \neg [\neg B(X', F') \lor \neg B(X', H) \lor (\forall K)(\neg K(F') \lor K(H))]$,
$\mathfrak{G}$ für $\mathfrak{A} \lor \neg A(X', F') \lor \neg B(X', F')$,

---

[1] Der Verfasser wurde schon bei der Bearbeitung der 2. Auflage dieses Buches von Herrn P. BERNAYS darauf aufmerksam gemacht!

$\mathfrak{H}$ für $(\exists K)\,\neg(\neg K(F') \lor K(H'))$, wofür wir auch $(\exists K)(K(F') \land \neg K(H'))$ schreiben können,
$\mathfrak{K}$ für $\mathfrak{S} \lor \mathfrak{B} \lor \mathfrak{B}_1 \lor \mathfrak{B}_2$.

Der besseren Übersicht halber wollen wir die Formeln des Beweises numerieren.

Zunächst ist

$$\mathfrak{K} \lor \mathfrak{H} \lor ((\neg B(X',F') \lor \neg F'(Y_1,\ldots,Y_n)) \land B(X',H') \land \qquad (1)$$
$$\land H'(Y_1,\ldots,Y_n)) \lor \mathfrak{C} \lor \mathfrak{D} \lor \neg(B(X',H') \land H'(Y_1,\ldots,Y_n)) \lor F'(Y_1,\ldots,Y_n)$$

eine Tautologie, die man leicht aus Grundformeln 1) mit Hilfe der Regeln (I) und (II) beweist. Wendet man nun die Regel (IV) an, so wird das hinter $\mathfrak{H}$ stehende Disjunktionsglied von $\mathfrak{H}$ geschluckt, so daß man erhält

$$\mathfrak{K} \lor \mathfrak{H} \lor \mathfrak{C} \lor \mathfrak{D} \lor \neg(B(X',H') \land H'(Y_1,\ldots,Y_n)) \lor F'(Y_1,\ldots,Y_n). \quad (2)$$

Ferner sind die beiden folgenden Formeln Grundformeln 1):

$$\mathfrak{K} \lor B(X',H') \lor \mathfrak{C} \lor \mathfrak{D} \lor \neg B(X',H') \lor \neg H'(Y_1,\ldots,Y_n) \lor F'(Y_1,\ldots,Y_n), \quad (3)$$
$$\mathfrak{K} \lor B(X',F') \lor \mathfrak{C} \lor \mathfrak{D} \lor \neg B(X',H') \lor \neg H'(Y_1,\ldots,Y_n) \lor F'(Y_1,\ldots,Y_n). \quad (4)$$

Kombinieren wir (2), (3) und (4) durch Anwendungen der Regeln (I) und (II), so erhalten wir, wenn wir für $\mathfrak{H}$ die Bedeutung einsetzen:

$$\mathfrak{K} \lor [(B(X',F') \land B(X',H')) \land (\exists K)\,\neg(\neg K(F') \lor K(H'))] \lor \qquad (5)$$
$$\lor \mathfrak{C} \lor \mathfrak{D} \lor \neg(B(X',H') \land H'(Y_1,\ldots,Y_n)) \lor F'(Y_1,\ldots,Y_n).$$

Für die letzte Formel ist das Folgende nur eine andere Schreibweise

$$\mathfrak{K} \lor \neg[B(X',F') \land B(X',H') \to (\forall K)(\neg K(F') \lor K(H'))] \lor \qquad (6)$$
$$\lor \mathfrak{C} \lor \mathfrak{D} \lor \neg(B(X',H') \land H'(Y_1,\ldots,Y_n)) \lor F'(Y_1,\ldots,Y_n).$$

Nun wenden wir mehrmals die Regel (IV) an, so daß das obige zweite Disjunktionsglied von $\mathfrak{B}_2$, dies wieder von $\mathfrak{B}_1$ und $\mathfrak{B}_1$ von $\mathfrak{B}$ geschluckt wird, und erhalten:

$$\mathfrak{S} \lor \mathfrak{B} \lor \mathfrak{C} \lor \mathfrak{D} \lor \neg(B(X',H') \land H'(Y_1,\ldots,Y_n)) \lor F'(Y_1,\ldots,Y_n). \quad (7)$$

Ferner ist

$$\mathfrak{S} \lor \mathfrak{B} \lor \mathfrak{C} \lor \mathfrak{D} \lor \neg(B(X',H') \land H'(Y_1,\ldots,Y_n)) \lor \mathfrak{E} \lor \qquad (8)$$
$$\lor (B(X',H') \land H'(Y_1,\ldots,Y_n))$$

beweisbar, da es eine Tautologie ist, die sich aus Grundformeln 1) mit Hilfe von (I) und (II) beweisen läßt.

Aus (8) erhält man nach Regel (IV)

$$\mathfrak{S} \lor \mathfrak{B} \lor \mathfrak{C} \lor \mathfrak{D} \lor \neg(B(X',H') \land H'(Y_1,\ldots,Y_n)) \lor \mathfrak{E}. \quad (9)$$

Mit (7) zusammen erhält man nach den Regeln (I) und (II)

$$\mathfrak{S} \lor \mathfrak{B} \lor \mathfrak{C} \lor \mathfrak{D} \lor \neg(B(X',H') \land H'(Y_1,\ldots,Y_n)) \lor \qquad (10)$$
$$\lor \neg(\neg F'(Y_1,\ldots,Y_n) \lor \neg \mathfrak{E}),$$

§ 5. Der Stufenkalkül

und nach der Regel (III)

$$\mathfrak{G} \vee \mathfrak{B} \vee \mathfrak{C} \vee \mathfrak{D} \vee \neg \mathfrak{E} \vee \neg(\neg F'(Y_1, \ldots, Y_n) \vee \neg \mathfrak{E}). \tag{11}$$

Ferner sind die beiden Formeln

$$\mathfrak{G} \vee \mathfrak{B} \vee \mathfrak{C} \vee \mathfrak{D} \vee \neg F'(Y_1, \ldots, Y_n) \vee \neg \neg F'(Y_1, \ldots, Y_n) \tag{12}$$

und

$$\mathfrak{G} \vee \mathfrak{B} \vee \mathfrak{C} \vee \mathfrak{D} \vee \neg F'(Y_1, \ldots, Y_n) \vee \mathfrak{E} \vee (B(X', F') \wedge F'(Y_1, \ldots, Y_n)) \tag{13}$$

sofort aus Grundformeln 1) beweisbar. Aus (12) und (13) erhält man nach den Regeln (IV), (I) und (II)

$$\mathfrak{G} \vee \mathfrak{B} \vee \mathfrak{C} \vee \mathfrak{D} \vee \neg F'(Y_1, \ldots, Y_n) \vee \neg(\neg F'(Y_1, \ldots, Y_n) \vee \neg \mathfrak{E}). \tag{14}$$

Aus (11) und (14) erhält man nach Regel (II)

$$\mathfrak{G} \vee \mathfrak{B} \vee \mathfrak{C} \vee \mathfrak{D} \vee \neg(F'(Y_1, \ldots, Y_n) \vee \mathfrak{E}) \vee \neg(\neg F'(Y_1, \ldots, Y_n) \vee \neg \mathfrak{E}) \tag{15}$$

oder mit der Abkürzung „↔" geschrieben

$$\mathfrak{G} \vee \mathfrak{B} \vee \mathfrak{C} \vee \mathfrak{D} \vee (F'(Y_1, \ldots, Y_n) \leftrightarrow \mathfrak{E}).$$

Nach den Regeln (I) und (III) erhält man weiter

$$\mathfrak{G} \vee \mathfrak{B} \vee \mathfrak{C} \vee \mathfrak{D} \vee (\forall Y_1 \ldots Y_n)(F'(Y_1, \ldots, Y_n) \leftrightarrow \mathfrak{E}). \tag{16}$$

Weiter ist das folgende eine Grundformel 1):

$$\mathfrak{G} \vee \mathfrak{B} \vee \mathfrak{C} \vee \mathfrak{D} \vee A(X', F'). \tag{17}$$

Aus (16) und (17) erhält man nach den Regeln (I) und (II)

$$\mathfrak{G} \vee \mathfrak{B} \vee \mathfrak{C} \vee \mathfrak{D} \vee [(\forall Y_1 \ldots Y_n)(F'(Y_1, \ldots, Y_n) \leftrightarrow \mathfrak{E}) \wedge A(X', F')]. \tag{18}$$

Weiter erhält man

$$\mathfrak{G} \vee \mathfrak{B} \vee \mathfrak{C} \vee \mathfrak{D} \quad [\text{nach Regel (IV)}], \tag{19}$$

$$\mathfrak{G} \vee \mathfrak{B} \vee \mathfrak{C} \quad [\text{nach den Regeln (I), (III), (IV)}]. \tag{20}$$

Setzen wir für $\mathfrak{G}$ seine Bedeutung ein, so haben wir

$$\mathfrak{A} \vee \neg A(X', F') \vee \neg B(X', F') \vee \mathfrak{B} \vee \mathfrak{C}.$$

Weiter erhält man

$$\mathfrak{A} \vee \neg \neg(\neg A(X', F') \vee \neg B(X', F')) \vee \mathfrak{B} \vee \mathfrak{C} \quad [\text{nach Regel (I)}] \tag{21}$$

$$\mathfrak{A} \vee \neg(\exists F) \neg(\neg A(X', F) \vee \neg B(X', F)) \vee \mathfrak{B} \vee \mathfrak{C} \quad [\text{nach Regel (III)}] \tag{22}$$

$$\mathfrak{A} \vee \mathfrak{B} \vee \mathfrak{C} \quad [\text{nach Regel (IV)}] \tag{23}$$

$$\neg \neg (\neg \neg \mathfrak{A} \vee \neg \neg \mathfrak{B}) \vee \mathfrak{C} \quad [\text{dreimalige Anwendung von (I)}] \tag{24}$$

$$\neg (\exists B) \neg (\neg \neg \mathfrak{A} \vee \neg \neg \mathfrak{B}) \vee \mathfrak{C} \quad [\text{nach Regel (III)}]. \tag{25}$$

Diese Formel lautet ausgeschrieben

$(\exists B)\,[(\forall X)(\exists F)(A(X,F) \wedge B(X,F)) \wedge (\forall XFGH)\big(B(X,F) \wedge B(X,H) \to$
$\to (\forall K)(K(F) \to K(H))\big)] \to (\exists G)(\forall X)(\exists F)\,[(\forall Y_1 \ldots Y_n)(F(Y_1,\ldots,Y_n) \leftrightarrow$
$\leftrightarrow G(X, Y_1, \ldots, Y_n)) \wedge A(X,F)]\,.$

Sie ist wie alle Formeln, die die Grundformeln 2) und 3) nicht benutzen, ohne Benutzung der Abtrennungsregel beweisbar. — Nun ist

$(\forall X)(\exists F) A(X,F) \to (\exists B)\,[(\forall X)(\exists F)(A(X,F) \wedge B(X,F)) \wedge$
$\wedge (\forall XFH)\big(B(X,F) \wedge B(X,H) \to (\forall K)(K(F) \to K(H))\big)]$

eine Grundformel 2). Auch in unserem Kalkül gilt nun natürlich, daß man aus zwei Formeln $\mathfrak{M} \to \mathfrak{N}$ und $\mathfrak{N} \to \mathfrak{P}$ auf $\mathfrak{M} \to \mathfrak{P}$ schließen kann. Denn $(\mathfrak{M} \to \mathfrak{N}) \to ((\mathfrak{N} \to \mathfrak{P}) \to (\mathfrak{M} \to \mathfrak{P}))$ ist eine Tautologie, also beweisbar, so daß man durch zweimalige Anwendung der Abtrennungsregel $\mathfrak{M} \to \mathfrak{P}$ erhält. Im obigen Falle erhalten wir durch diesen Kettenschluß

$(\forall X)(\exists F) A(X,F) \to (\exists G)(\forall X)(\exists F)\,[(\forall Y_1 \ldots Y_n)(F(Y_1,\ldots,Y_n) \leftrightarrow$
$\leftrightarrow G(X, Y_1, \ldots, Y_n)) \wedge A(X,F)]\,.$

Das ist aber die Formel, deren Beweisbarkeit wir oben behauptet hatten.

Die Widerspruchsfreiheit des Stufenkalküls läßt sich ebenfalls zeigen (vgl. A. TARSKI [15] und G. GENTZEN [6]).

§ 6. Anwendung des Stufenkalküls

Will man den Stufenkalkül dazu benutzen, um die Folgerungen aus den Axiomen einer bestimmten Theorie zu gewinnen, so kann das in entsprechender Weise geschehen, wie es in § 10 des III. Kapitels für den engeren Prädikatenkalkül angegeben wurde. Man fügt zu den Grundformeln des Stufenkalküls diese Axiome als weitere Grundformeln hinzu. Die schon im reinen Stufenkalkül eventuell auftretenden Prädikatzeichen werden um solche vermehrt, die in den Axiomen auftreten. Der Typ jedes derartigen Prädikatzeichens muß natürlich angegeben werden; in der Regel werden es Zeichen für Individuenprädikate sein. Gegenüber dem engeren Prädikatenkalkül haben wir dann eine erweiterte Ausdrucksmöglichkeit hinsichtlich der Axiome und der Folgerungen. Axiomensysteme für eine wissenschaftliche Theorie, die wir früher (Kapitel III, § 10) als solche der zweiten Stufe bezeichneten, haben jetzt nur endlich viele Axiome, da wir ja die Quantoren für Prädikatenvariable haben. Zum Beispiel gilt das für das Axiomensystem für die natürlichen Zahlen, das wir in Kapitel III, § 10 erwähnten.

Wir wollen die Anwendung des Stufenkalküls an einem Beispiel erläutern. Wir nehmen dazu ein Bruchstück aus der *Grundlegung der Theorie der reellen Zahlen*. Die reellen Zahlen sollen dabei nicht durch

§ 6. Anwendung des Stufenkalküls

ein eigenes Axiomensystem eingeführt, sondern auf die rationalen Zahlen zurückgeführt werden. Wir nehmen also die rationalen Zahlen als das System der Gegenstände des Individuenbereichs. Die arithmetischen Grundbeziehungen zwischen den rationalen Zahlen wie Addition, Multiplikation, Kleinerbeziehung usw. werden durch passende Axiome eingeführt. Diese wollen wir hier nicht angeben, da ihre Gestalt im einzelnen bei dem folgenden Bruchstück nicht gebraucht wird. Für „x ist kleiner als y", wo x und y rationale Zahlen bedeuten, gebrauchen wir das Zeichen „$x < y$". „$<$" ist also ein Individuenprädikat des Typs (i, i).

In der Mathematik sind nun verschiedene Arten der Zurückführung der reellen Zahlen auf die rationalen Zahlen gebräuchlich. Man definiert z. B. eine reelle Zahl mit Hilfe einer Cantorschen Fundamentalreihe oder durch einen unendlichen Dezimal- bzw. Dualbruch. Für den Anschluß an die Logik empfiehlt sich am meisten das Dedekindsche Verfahren. Nach DEDEKIND definieren wir eine reelle Zahl als einen „Schnitt", d. h. als eine Einteilung der rationalen Zahlen in zwei Klassen mit den folgenden „Schnitteigenschaften":

1. Jede der beiden Klassen enthält mindestens eine rationale Zahl;
2. In der ersten Klasse gibt es keine größte rationale Zahl;
3. Gehört eine Rationalzahl zur ersten Klasse, so gehören auch alle kleineren Rationalzahlen zur ersten Klasse.

Wir brauchen nun bei einer Einteilung der beschriebenen Art immer nur die erste der beiden Klassen zu betrachten und haben es dann mit einer Menge von Rationalzahlen mit bestimmten Eigenschaften zu tun, welche sich mit Hilfe eines sie definierenden Prädikates darstellen läßt.

Im folgenden seien P, Q, R, F, Q', P', R' Prädikatenvariable vom Typ (i), A ist eine solche vom Typ $((i))$.

Betrachten wir nun die folgenden drei Formeln:
1. $\exists x\, Px \land \exists x\, \neg Px$

(„es gibt eine rationale Zahl x mit der Eigenschaft P und ein rationales x, das nicht die Eigenschaft P hat");

2. $\forall x(Px \to \exists y(x < y \land Py))$

(„zu jeder rationalen Zahl x mit der Eigenschaft P gibt es eine größere, die gleichfalls die Eigenschaft P hat");

3. $\forall x(Px \to \forall y(y < x \to Py))$

(„hat die rationale Zahl x die Eigenschaft P, so haben auch alle kleineren Rationalzahlen die Eigenschaft P").

Die Konjunktion dieser drei Formeln wollen wir zur Abkürzung mit $\mathfrak{A}(P)$ bezeichnen. Wir definieren nun ein Prädikat „Sc" vom Typ $((i))$ durch die Grundformel „$\text{Sc}(P) \leftrightarrow \mathfrak{A}(P)$". „$\text{Sc}(P)$" hat die Bedeutung: „$P$ stellt einen Schnitt im Gebiete der Rationalzahlen dar", oder kürzer „P ist eine reelle Zahl". Wir definieren weiter die Größenbeziehung zwischen reellen Zahlen, indem wir ein Prädikat „$\leq_r$" vom Typ $((i), (i))$ einführen durch die Grundformel

$$\leq_r(P, Q) \leftrightarrow \forall x(Px \to Qx).$$

Weiter definieren wir ein Prädikat „Mr" vom Typ $(((i)))$ durch die Grundformel

$$\text{Mr}(A) \leftrightarrow (\forall P)(A(P) \to \text{Sc}(P)) \land (\exists P) A(P).$$

Mr(A) hat die Bedeutung: „A ist ein Prädikat, das nur auf reelle Zahlen zutrifft, und A trifft wenigstens auf eine reelle Zahl zu." In der Sprache der Mengenlehre können wir sagen: „A stellt eine nicht leere Menge von reellen Zahlen dar."

Eine Menge von reellen Zahlen heißt *nach oben beschränkt*, wenn es eine reelle Zahl gibt, die größer oder gleich jeder Zahl der Menge ist. Diese reelle Zahl heißt eine *obere Schranke* der Menge. Wir führen daher ein Prädikat „Sch" vom Typ $((i), ((i)))$ ein durch die Grundformel

$$\text{Sch}(P, A) \leftrightarrow \text{Mr}(A) \land \text{Sc}(P) \land (\forall Q)(A(Q) \to \leq_r(Q, P)).$$

Sch(P, A) hat die Bedeutung: „A stellt eine nicht leere Menge von reellen Zahlen dar, und die reelle Zahl P ist eine obere Schranke dieser Menge."

Ein grundlegender Satz aus der Theorie der reellen Zahlen ist nun der folgende: „Wenn eine Menge von reellen Zahlen eine obere Schranke hat, so hat sie auch eine obere Grenze, d. h. eine kleinste obere Schranke." Symbolisch formuliert lautet der Satz

$$(\exists P) \text{Sch}(P, A) \to (\exists P) [\text{Sch}(P, A) \land (\forall R)(\text{Sch}(R, A) \to \leq_r(P, R))].$$

An dem Beweis dieses Satzes wollen wir nun die Leistungsfähigkeit des Stufenkalküls erproben.

Der mathematische Existenzbeweis für die obere Grenze, auf seine einfachste Form gebracht, besteht darin, daß man zu der betrachteten Menge reeller Zahlen die Vereinigungsmenge bildet. Nach den Bemerkungen von § 3 dieses Kapitels drückt sich die zu A gehörige Vereinigungsmenge aus durch das Prädikat $(\exists P)(Px \land A(P))$. Unser Beweis läuft also darauf hinaus zu zeigen, daß dieses Prädikat eine reelle Zahl darstellt, die die obere Grenze der Menge A ist.

Wir wollen den Beweis übrigens so führen, daß die eingeführten Zeichen Sc, $\leq_r$, Mr, Sch nicht als durch Grundformeln eingeführte Prädikatzeichen in dem Beweis vorkommen. Vielmehr soll Sc(P) nur als eine Abkürzung für das betrachtet werden, was wir oben $\mathfrak{A}(P)$ genannt haben; $\leq_r(P, Q)$ soll $\forall x(Px \to Qx)$, Mr(A) soll $(\forall P)(A(P) \to \text{Sc}(P)) \land (\exists P) A(P)$ und Sch(P, A) soll Mr$(A) \land \text{Sc}(P) \land (\forall Q)(A(Q) \to \leq_r(Q, P))$ bedeuten. In diesem Falle kommen wir nämlich ohne die Abtrennungsregel V aus. $Vg(x, A)$ soll eine Abkürzung sein für

§ 6. Anwendung des Stufenkalküls

$(\exists P)(Px \wedge A(P))$. $\mathrm{Sc}(Vg)$ soll die Formel bedeuten, die aus $\mathrm{Sc}(P)$ dadurch hervorgeht, daß man in $\mathrm{Sc}(P)$ jede Primformel $P\mathfrak{a}$ durch $Vg(\mathfrak{a}, A)$ ersetzt; entsprechend sind $\leq_r(Vg, Q)$ und andere ähnliche Formeln zu deuten.

Um den Beweis abzukürzen, benutzen wir den Satz, daß jede Tautologie beweisbar ist. Ebenso verwenden wir die abgeleitete Regel, daß man aus $\mathfrak{M} \vee \mathfrak{A} \vee \mathfrak{N}$ und $\mathfrak{M} \vee \mathfrak{B} \vee \mathfrak{N}$ auf $\mathfrak{M} \vee (\mathfrak{A} \wedge \mathfrak{B}) \vee \mathfrak{N}$ schließen darf. Diese Regel ergibt sich aus den Ableitungsregeln (I) und (II) sofort, indem man nach (I) auf $\mathfrak{M} \vee \neg\neg\mathfrak{A} \vee \mathfrak{N}$ und $\mathfrak{M} \vee \neg\neg\mathfrak{B} \vee \mathfrak{N}$ und dann nach (II) auf $\mathfrak{M} \vee \neg(\neg\mathfrak{A} \vee \neg\mathfrak{B}) \vee \mathfrak{N}$, d. h. auf $\mathfrak{M} \vee (\mathfrak{A} \wedge \mathfrak{B}) \vee \mathfrak{N}$ schließt. Im übrigen kam es uns darauf an zu zeigen, wie ein Beweis nur mit den Regeln (I)—(IV) geführt wird, obwohl man durch abgeleitete Sätze von der Art der im III. Kapitel, § 5 angegebenen eine Verkürzung des Beweises erzielen könnte.

Wir wollen die Formeln des Beweises numerieren.

Es sei $\mathfrak{B}$ eine Abkürzung für

$$(\exists P) [\mathrm{Sch}(P, A) \wedge (\forall R)(\mathrm{Sch}(R, A) \to \leq_r(P, R))].$$

$\neg\mathrm{Sch}(P', A) \vee \mathfrak{B} \vee \mathrm{Mr}(A)$ \hfill (1)

ist eine Tautologie, wie man erkennt, wenn man $\mathrm{Sch}(P', A)$ ausschreibt. Es stehe im folgenden $\mathfrak{C}$ für $(\forall Q)(A(Q) \to \leq_r(Q, P'))$, $\mathfrak{D}$ für $(\exists P)\neg(A(P) \to \mathrm{Sc}(P))$, $\mathfrak{E}$ für $(\exists x P)(Px \wedge A(P))$, $\mathfrak{G}$ für $(\exists P)(Pz \wedge A(P))$. Es hat ferner $\mathrm{Sc}(Q')$ die Form $\exists x Q'x \wedge \mathfrak{H}$, womit $\mathfrak{H}$ definiert ist.

$\mathfrak{D} \vee \neg Q'z \vee \neg\mathfrak{H} \vee \neg A(Q') \vee \neg\mathrm{Sc}(P') \vee \neg\mathfrak{C} \vee \mathfrak{B} \vee \mathfrak{E} \vee \mathfrak{G} \vee$ \hfill (2)
$\vee (Q'z \wedge A(Q'))$

ist eine Tautologie.

$\mathfrak{D} \vee \neg Q'z \vee \neg\mathfrak{H} \vee \neg A(Q') \vee \neg\mathrm{Sc}(P') \vee \neg\mathfrak{C} \vee \mathfrak{B} \vee \mathfrak{E}$ \hfill (3)
[aus (2) durch zweimalige Anwendung der Regel (IV)]

$\mathfrak{D} \vee \neg \exists x\, Q'x \vee \neg\mathfrak{H} \vee \neg A(Q') \vee \neg\mathrm{Sc}(P') \vee \neg\mathfrak{C} \vee \mathfrak{B} \vee \mathfrak{E}$ \hfill (4)
[Regel (III)]

$\mathfrak{D} \vee \neg(\exists x\, Q'x \wedge \mathfrak{H}) \vee \neg A(Q') \vee \neg\mathrm{Sc}(P') \vee \neg\mathfrak{C} \vee \mathfrak{B} \vee \mathfrak{E}$ \hfill (5)
[Regel (I)].

Hierfür können wir auch schreiben

$\mathfrak{D} \vee \neg\mathrm{Sc}(Q') \vee \neg A(Q') \vee \neg\mathrm{Sc}(P') \vee \neg\mathfrak{C} \vee \mathfrak{B} \vee \mathfrak{E}$

$\mathfrak{D} \vee \neg\neg A(Q') \vee \neg A(Q') \vee \neg\mathrm{Sc}(P') \vee \neg\mathfrak{C} \vee \mathfrak{B} \vee \mathfrak{E}$ (Tautologie) \hfill (6)

$\mathfrak{D} \vee \neg(\neg A(Q') \vee \mathrm{Sc}(Q')) \vee \neg A(Q') \vee \neg\mathrm{Sc}(P') \vee \neg\mathfrak{C} \vee \mathfrak{B} \vee \mathfrak{E}$ \hfill (7)
[aus (6) und (5) nach Regel (II)].

Anders geschrieben lautet das

$\mathfrak{D} \lor \neg(A(Q') \to \mathrm{Sc}(Q')) \lor \neg A(Q') \lor \neg \mathrm{Sc}(P') \lor \neg\mathfrak{C} \lor \mathfrak{B} \lor \mathfrak{E}$

$\mathfrak{D} \lor \neg A(Q') \lor \neg \mathrm{Sc}(P') \lor \neg\mathfrak{C} \lor \mathfrak{B} \lor \mathfrak{E}$ [Regel (IV)] (8)

$\mathfrak{D} \lor \neg(\exists P)A(P) \lor \neg \mathrm{Sc}(P') \lor \neg\mathfrak{C} \lor \mathfrak{B} \lor \mathfrak{E}$ [Regel (III)] (9)

$\neg\neg\mathfrak{D} \lor \neg(\exists P)A(P) \lor \neg \mathrm{Sc}(P') \lor \neg\mathfrak{C} \lor \mathfrak{B} \lor \mathfrak{E}$ [Regel (I)]. (10)

Dies kann man auch in der Form schreiben

$\neg(\forall P)(A(P) \to \mathrm{Sc}(P)) \lor \neg(\exists P)A(P) \lor \neg \mathrm{Sc}(P') \lor \neg\mathfrak{C} \lor \mathfrak{B} \lor \mathfrak{E}$

$\neg(\mathrm{Mr}(A) \land \mathrm{Sc}(P') \land \mathfrak{C}) \lor \mathfrak{B} \lor \mathfrak{E}$ [Regeln (I) und (II)]. (11)

Diese Formel kann man auch so schreiben

$\neg \mathrm{Sch}(P', A) \lor \mathfrak{B} \lor \exists x\, Vg(x, A).$ (12)

Im folgenden seien $\mathfrak{M}$, $\mathfrak{N}$ und $\mathfrak{L}$ zunächst beliebig und werden erst weiter unten spezialisiert. Wir setzen von diesen Formeln nur voraus, daß sie nicht die Variable Q' enthalten.

$\mathfrak{M} \lor P'z \lor \mathfrak{N} \lor \exists x \neg(\neg Q'x \lor P'x) \lor \neg(\neg Q'z \lor P'z) \lor$ (13)
$\lor \mathfrak{L} \lor \neg(Q'z \land A(Q'))$

ist eine Tautologie.

$\mathfrak{M} \lor P'z \lor \mathfrak{N} \lor \exists x \neg(\neg Q'x \lor P'x) \lor \mathfrak{L} \lor \neg(Q'z \land A(Q'))$ (14)
[Regel (IV)]

$\mathfrak{M} \lor P'z \lor \mathfrak{N} \lor \neg\neg\exists x \neg(\neg Q'x \lor P'x) \lor \mathfrak{L} \lor \neg(Q'z \land A(Q'))$ (15)
[Regel (I)].

Anders geschrieben lautet das

$\mathfrak{M} \lor P'z \lor \mathfrak{N} \lor \neg\forall x(Q'x \to P'x) \lor \mathfrak{L} \lor \neg(Q'z \land A(Q'))$ oder auch

$\mathfrak{M} \lor P'z \lor \mathfrak{N} \lor \neg\leq_r(Q', P') \lor \mathfrak{L} \lor \neg(Q'z \land A(Q'))$ (16)

$\mathfrak{M} \lor P'z \lor \mathfrak{N} \lor \neg\neg A(Q') \lor \mathfrak{L} \lor \neg(Q'z \land A(Q'))$ (Tautologie) (17)

$\mathfrak{M} \lor P'z \lor \mathfrak{N} \lor \neg(\neg A(Q') \lor \leq_r(Q', P')) \lor \mathfrak{L} \lor \neg(Q'z \land A(Q'))$ (18)
[aus (16) und (17) nach (II)].

Nun nehmen wir $\mathfrak{N}$ in der Form $\neg\mathfrak{H}' \lor (\exists Q)\neg(\neg A(Q) \lor \leq_r(Q, P'))$, wo $\mathfrak{H}'$ zunächst beliebig ist, aber nicht Q' enthalten soll.

$\mathfrak{M} \lor P'z \lor \neg\mathfrak{H}' \lor (\exists Q)\neg(\neg A(Q) \lor \leq_r(Q, P')) \lor$ (19)
$\lor \mathfrak{L} \lor \neg(Q'z \land A(Q'))$ [Regel (IV)]

$\mathfrak{M} \lor P'z \lor \neg\mathfrak{H}' \lor (\exists Q)\neg(\neg A(Q) \lor \leq_r(Q, P')) \lor$ (20)
$\lor \mathfrak{L} \lor \neg(\exists P)(Pz \land A(P))$ [Regel (III)].

Wir nehmen nun $\mathfrak{L}$ gleich $\mathfrak{B} \lor \exists x \neg(\exists P)(Px \land A(P))$, wo $\mathfrak{B}$ die im Anfang erwähnte Formel ist.

$\mathfrak{M} \lor P'z \lor \neg\mathfrak{H}' \lor (\exists Q)\neg(\neg A(Q) \lor \leq_r(Q, P')) \lor$ (21)
$\lor \mathfrak{B} \lor \exists x \neg(\exists P)(Px \land A(P))$ [Regel (IV)].

§ 6. Anwendung des Stufenkalküls

Für $\mathfrak{M}$ nehmen wir jetzt $\neg \mathrm{Mr}(A) \vee \neg \mathfrak{K} \vee \exists x \, P'x$, wo $\mathfrak{K}$ noch zu bestimmen ist.

$$\neg \mathrm{Mr}(A) \vee \neg \mathfrak{K} \vee \exists x \, P'x \vee \neg \mathfrak{H}' \vee (\exists Q) \neg (\neg A(Q) \vee \leq_r(Q, P')) \vee \quad (22)$$
$$\vee \mathfrak{B} \vee \exists x \neg (\exists P)(Px \wedge A(P)) \quad [\text{Regel (IV)}]$$

$$\neg \mathrm{Mr}(A) \vee \neg (\mathfrak{K} \wedge \neg \exists x \, P'x \wedge \mathfrak{H}') \vee (\exists Q) \neg (\neg A(Q) \vee \leq_r(Q, P')) \vee \quad (23)$$
$$\vee \mathfrak{B} \vee \exists x \neg (\exists P)(Px \wedge A(P)) \quad [(\text{I})]$$

$\mathfrak{K}$ und $\mathfrak{H}'$ werden jetzt so bestimmt, daß $\mathfrak{K} \wedge \neg \exists x \, P'x \wedge \mathfrak{H}'$ gleich $\mathrm{Sc}(P')$ ist. Die letzte Formel lautet dann

$$\neg \mathrm{Mr}(A) \vee \neg \mathrm{Sc}(P') \vee (\exists Q) \neg (\neg A(Q) \vee \leq_r(Q, P')) \vee \quad (24)$$
$$\vee \mathfrak{B} \vee \exists x \neg (\exists P)(Px \wedge A(P))$$

$$\neg \mathrm{Mr}(A) \vee \neg \mathrm{Sc}(P') \vee \neg (\forall Q)(A(Q) \to \leq_r(Q, P')) \vee \quad (25)$$
$$\vee \mathfrak{B} \vee \exists x \neg (\exists P)(Px \wedge A(P)) \quad [\text{Regel (I)}]$$

$$\neg \mathrm{Sch}(P', A) \vee \mathfrak{B} \vee \exists x \neg Vg(x, A) \quad [\text{Regel (I)}]. \quad (26)$$

Im folgenden stehe $\mathfrak{A}_1$ für $\exists x \neg (\neg Q'x \vee \exists y(x < y \wedge Q'y))$; $\mathfrak{A}_2$ und $\mathfrak{A}_3$ sind so bestimmt, daß $\mathfrak{A}_2 \wedge \forall x(Q'x \to \exists y(x < y \wedge Q'y)) \wedge \mathfrak{A}_3$ mit $\mathrm{Sc}(Q')$ identisch ist. $\mathfrak{A}_4$ bedeutet $(\exists P) \neg (\neg A(P) \vee \mathrm{Sc}(P))$ und $\mathfrak{A}_5$ ist dadurch bestimmt, daß $(\forall P)(A(P) \to \mathrm{Sc}(P)) \wedge \mathfrak{A}_5$ mit $\mathrm{Sch}(P', A)$ identisch ist. $\mathfrak{B}$ hat die gleiche Bedeutung wie am Anfang dieses Beweises, $\mathfrak{A}_6$ bedeutet $\exists y(z < y \wedge (\exists P)(Py \wedge A(P)))$ und $\mathfrak{A}_7$ bedeutet $(\exists P)(Pu \wedge A(P))$. $\mathfrak{A}_4 \vee \neg \mathfrak{A}_2 \vee \mathfrak{A}_1$ bezeichnen wir zur Abkürzung mit $\mathfrak{B}_1$ und $\neg \mathfrak{A}_3 \vee \neg \mathfrak{A}_5 \vee \mathfrak{B}$ mit $\mathfrak{B}_2$.

$$\mathfrak{B}_1 \vee \neg (z < u \wedge Q'u) \vee \mathfrak{B}_2 \vee \neg Q'z \vee \neg A(Q') \vee \mathfrak{A}_6 \vee z < u \quad (27)$$
(Tautologie)

$$\mathfrak{B}_1 \vee \neg (z < u \wedge Q'u) \vee \mathfrak{B}_2 \vee \neg Q'z \vee \neg A(Q') \vee \mathfrak{A}_6 \vee \mathfrak{A}_7 \vee \quad (28)$$
$$\vee (Q'u \wedge A(Q')) \quad (\text{Tautologie})$$

$$\mathfrak{B}_1 \vee \neg (z < u \wedge Q'u) \vee \mathfrak{B}_2 \vee \neg Q'z \vee \neg A(Q') \vee \mathfrak{A}_6 \vee \mathfrak{A}_7 \quad [\text{Regel (IV)}] \quad (29)$$

$$\mathfrak{B}_1 \vee \neg (z < u \wedge Q'u) \vee \mathfrak{B}_2 \vee \neg Q'z \vee \neg A(Q') \vee \mathfrak{A}_6 \vee (z < u \wedge \mathfrak{A}_7) \quad (30)$$
$$[(\text{I}) \text{ und (II)}]$$

$$\mathfrak{B}_1 \vee \neg (z < u \wedge Q'u) \vee \mathfrak{B}_2 \vee \neg Q'z \vee \neg A(Q') \vee \mathfrak{A}_6 \quad [\text{Regel (IV)}] \quad (31)$$

$$\mathfrak{B}_1 \vee \neg \exists y(z < y \wedge Q'y) \vee \mathfrak{B}_2 \vee \neg Q'z \vee \neg A(Q') \vee \mathfrak{A}_6 \quad [\text{Regel (III)}] \quad (32)$$

$$\mathfrak{B}_1 \vee \neg \neg Q'z \vee \mathfrak{B}_2 \vee \neg Q'z \vee \neg A(Q') \vee \mathfrak{A}_6 \quad (\text{Tautologie}) \quad (33)$$

$$\mathfrak{B}_1 \vee \neg (\neg Q'z \vee \exists y(z < y \wedge Q'y)) \vee \mathfrak{B}_2 \vee \neg Q'z \vee \neg A(Q') \vee \mathfrak{A}_6 \quad (34)$$
$$[\text{Regel (II)}]$$

$$\mathfrak{B}_1 \vee \mathfrak{B}_2 \vee \neg Q'z \vee \neg A(Q') \vee \mathfrak{A}_6 \quad [\text{Regel (IV)}] \quad (35)$$

$$\mathfrak{A}_4 \vee \neg \mathfrak{A}_2 \vee \neg \forall x(Q'x \to \exists y(x < y \wedge Q'y)) \vee \quad (36)$$
$$\vee \mathfrak{B}_2 \vee \neg Q'z \vee \neg A(Q') \vee \mathfrak{A}_6 \quad [\text{Regel (I)}]$$

$\mathfrak{A}_4 \vee \neg Sc(Q') \vee \neg \mathfrak{A}_5 \vee \mathfrak{B} \vee \neg Q'z \vee \neg A(Q') \vee \mathfrak{A}_6$ (37)
[Regel (I)]

$\mathfrak{A}_4 \vee \neg \neg A(Q') \vee \neg \mathfrak{A}_5 \vee \mathfrak{B} \vee \neg Q'z \vee \neg A(Q') \vee \mathfrak{A}_6$ (38)
(Tautologie)

$\mathfrak{A}_4 \vee \neg(\neg A(Q') \vee Sc(Q')) \vee \neg \mathfrak{A}_5 \vee \mathfrak{B} \vee \neg Q'z \vee \neg A(Q') \vee \mathfrak{A}_6$ (39)
[Regel (II)]

$\mathfrak{A}_4 \vee \neg(\neg A(Q') \vee Sc(Q')) \vee \neg \mathfrak{A}_5 \vee \mathfrak{B} \vee$ (40)
$\vee \neg(Q'z \wedge A(Q')) \vee \mathfrak{A}_6$ [Regel (I)]

$\mathfrak{A}_4 \vee \neg \mathfrak{A}_5 \vee \mathfrak{B} \vee \neg(Q'z \wedge A(Q')) \vee \mathfrak{A}_6$ (IV) (41)

$\mathfrak{A}_4 \vee \neg \mathfrak{A}_5 \vee \mathfrak{B} \vee \neg(\exists P)(Pz \wedge A(P)) \vee \mathfrak{A}_6$ [Regel (III)] (42)

Anders geschrieben ist das

$\mathfrak{A}_4 \vee \neg \mathfrak{A}_5 \vee \mathfrak{B} \vee (Vg(z, A) \to \mathfrak{A}_6))$ [Regel (I) und (II)] (43)

$\mathfrak{A}_4 \vee \neg \mathfrak{A}_5 \vee \mathfrak{B} \vee \forall x(Vg(x, A) \to \exists y(x < y \wedge Vg(y, A)))$ [I und III] (44)

$\neg(\forall P)(A(P) \to Sc(P)) \vee \neg \mathfrak{A}_5 \vee \mathfrak{B} \vee \forall x(Vg(x, A) \to$ (45)
$\to \exists y(x < y \wedge Vg(y, A)))$ [Regel (I)]

$\neg Sch(P', A) \vee \mathfrak{B} \vee \forall x(Vg(x, A) \to \exists y(x < y \wedge Vg(y, A)))$ (46)
[Regel (I)].

Es habe $\mathfrak{B}$ die gleiche Bedeutung wie zu Anfang dieses Beweises, $\mathfrak{C}_1$ sei $\exists y \neg(\neg y < z \vee Q'y)$, $\mathfrak{C}_2$ sei $\exists x \neg(\neg Q'x \vee \forall y(\neg y < x \vee Q'y))$, $\mathfrak{C}_3$ und $\mathfrak{C}_4$ sind so bestimmt, daß $\mathfrak{C}_3 \wedge \forall x(\neg Q'x \vee \forall y(\neg y < x \vee Q'y)) \wedge \mathfrak{C}_4$ mit $Sc(Q')$ identisch ist. $\mathfrak{C}_5$ ist $\exists P \neg(\neg A(P) \vee Sc(P))$. $\mathfrak{C}_6$ ist dadurch bestimmt, daß $(\forall P)(\neg A(P) \vee Sc(P)) \wedge \mathfrak{C}_6$ mit $Sch(P', A)$ identisch ist. Ferner bezeichnen wir $\mathfrak{C}_5 \vee \neg \mathfrak{C}_3 \vee \mathfrak{C}_2 \vee \mathfrak{C}_1$ mit $\mathfrak{C}_7$, und $\neg \mathfrak{C}_4 \vee \neg \mathfrak{C}_6 \vee \mathfrak{B}$ mit $\mathfrak{C}_8$.

$\mathfrak{C}_7 \vee \neg(\neg u < z \vee Q'u) \vee \mathfrak{C}_8 \vee \neg(Q'z \wedge A(Q')) \vee \neg(u < z) \vee$ (47)
$\vee (\exists P)(Pu \wedge A(P)) \vee (Q'u \wedge A(Q'))$ (Tautologie)

$\mathfrak{C}_7 \vee \neg(\neg u < z \vee Q'u) \vee \mathfrak{C}_8 \vee \neg(Q'z \wedge A(Q')) \vee$ (48)
$\vee \neg(u < z) \vee (\exists P)(Pu \wedge A(P))$ (IV)

$\mathfrak{C}_7 \vee \mathfrak{C}_8 \vee \neg(Q'z \wedge A(Q')) \vee \neg u < z \vee \exists P(Pu \wedge A(P))$ (IV) (49)

$\mathfrak{C}_5 \vee \neg \mathfrak{C}_3 \vee \mathfrak{C}_2 \vee \neg(\forall y)(\neg y < z \vee Q'y) \vee$ (50)
$\vee \mathfrak{C}_8 \vee \neg(Q'z \wedge A(Q')) \vee \neg u < z \vee Vg(u, A)$ (I)

$\mathfrak{C}_5 \vee \neg \mathfrak{C}_3 \vee \mathfrak{C}_2 \vee \neg \neg Q'z \vee \mathfrak{C}_8 \vee \neg(Q'z \wedge A(Q')) \vee$ (51)
$\vee \neg u < z \vee Vg(u, A)$ (Tautologie)

$\mathfrak{C}_5 \vee \neg \mathfrak{C}_3 \vee \mathfrak{C}_2 \vee \neg(\neg Q'z \vee \forall y(\neg y < z \vee Q'y)) \vee$ (52)
$\vee \mathfrak{C}_8 \vee \neg(Q'z \wedge A(Q')) \vee \neg u < z \vee Vg(u, A)$ (II)

$\mathfrak{C}_5 \vee \neg \mathfrak{C}_3 \vee \mathfrak{C}_2 \vee \mathfrak{C}_8 \vee \neg(Q'z \wedge A(Q')) \vee \neg u < z \vee Vg(u, A)$ (IV) (53)

§ 6. Anwendung des Stufenkalküls   181

$\mathfrak{C}_5 \vee \neg \mathfrak{C}_3 \vee \neg (\forall x)(\neg Q'x \vee \forall y(\neg y < x \vee Q'y)) \vee$ (54)
$\quad \vee \mathfrak{C}_8 \vee \neg (Q'z \wedge A(Q')) \vee \neg u < z \vee Vg(u, A)$ (I)

$\mathfrak{C}_5 \vee \neg \operatorname{Sc}(Q') \vee \neg \mathfrak{C}_6 \vee \mathfrak{B} \vee \neg (Q'z \wedge A(Q')) \vee$ (55)
$\quad \vee \neg u < z \vee Vg(u, A)$ (I)

$\mathfrak{C}_5 \vee \neg \neg A(Q') \vee \neg \mathfrak{C}_6 \vee \mathfrak{B} \vee \neg (Q'z \wedge A(Q')) \vee$ (56)
$\quad \vee \neg u < z \vee Vg(u, A)$ (Tautologie)

$\mathfrak{C}_5 \vee \neg (\neg A(Q') \vee \operatorname{Sc}(Q')) \vee \neg \mathfrak{C}_6 \vee \mathfrak{B} \vee \neg (Q'z \wedge A(Q')) \vee$ (57)
$\quad \vee \neg u < z \vee Vg(u, A)$ (II)

$\mathfrak{C}_5 \vee \neg \mathfrak{C}_6 \vee \mathfrak{B} \vee \neg (Q'z \wedge A(Q')) \vee \neg u < z \vee Vg(u, A)$ (IV) (58)

$\neg (\forall P)(\neg A(P) \vee \operatorname{Sc}(P)) \vee \neg \mathfrak{C}_6 \vee \mathfrak{B} \vee \neg (Q'z \wedge A(Q')) \vee$ (59)
$\quad \vee \neg u < z \vee Vg(u, A)$ (I)

$\neg \operatorname{Sch}(P', A) \vee \mathfrak{B} \vee \neg (Q'z \wedge A(Q')) \vee \neg u < z \vee Vg(u, A)$ (I) (60)

$\neg \operatorname{Sch}(P', A) \vee \mathfrak{B} \vee \neg (\exists P)(Pz \wedge A(P)) \vee \neg u < z \vee Vg(u, A)$ (III) (61)

$\neg \operatorname{Sch}(P', A) \vee \mathfrak{B} \vee \neg Vg(z, A) \vee \forall y(\neg y < z \vee Vg(y, A))$ (I, III) (62)

$\neg \operatorname{Sch}(P', A) \vee \mathfrak{B} \vee \forall x(Vg(x, A) \to \forall y(y < x \to Vg(y, A)))$ (I, III) (63)

$\mathfrak{B}$ habe die gleiche Bedeutung wie vorher.

$\neg \operatorname{Sch}(P', A) \vee \mathfrak{B} \vee \neg A(Q') \vee \neg Q'z \vee Vg(z, A) \vee$ (64)
$\quad \vee (Q'z \wedge A(Q'))$ (Tautologie)

$\neg \operatorname{Sch}(P', A) \vee \mathfrak{B} \vee \neg A(Q') \vee \neg Q'z \vee Vg(z, A)$ (IV) (65)

$\neg \operatorname{Sch}(P', A) \vee \mathfrak{B} \vee \neg A(Q') \vee \forall x(Q'x \to Vg(x, A))$ (I, III) (66)

$\neg \operatorname{Sch}(P', A) \vee \mathfrak{B} \vee (\forall Q)(A(Q) \to \leq_r(Q, Vg))$ (I, III) (67)

$\mathfrak{B}$ habe wieder die gleiche Bedeutung. $\mathfrak{D}_1$ stehe für $\neg \operatorname{Sch}(P, A) \vee \mathfrak{B}$. $\mathfrak{D}_2$ ist dadurch bestimmt, daß $\mathfrak{D}_2 \wedge (\forall P)(\neg A(P) \vee \leq_r(P, Q'))$ gleich $\operatorname{Sch}(Q', A)$ ist. $\mathfrak{D}_3$ ist $(\exists R) \neg(\neg A(R) \vee \leq_r(R, Q'))$ und $\mathfrak{D}_4$ ist $\exists x \neg(\neg R'x \vee Q'x)$.

$\mathfrak{D}_1 \vee \neg \mathfrak{D}_2 \vee \mathfrak{D}_3 \vee \mathfrak{D}_4 \vee \neg(\neg R'z \vee Q'z) \vee \neg(R'z \wedge A(R')) \vee Q'z$ (68)
(Tautologie)

$\mathfrak{D}_1 \vee \neg \mathfrak{D}_2 \vee \mathfrak{D}_3 \vee \mathfrak{D}_4 \vee \neg(R'z \wedge A(R')) \vee Q'z$ (IV) (69)

$\mathfrak{D}_1 \vee \neg \mathfrak{D}_2 \vee \mathfrak{D}_3 \vee \neg \leq_r(R', Q') \vee \neg(R'z \wedge A(R')) \vee Q'z$ (I, III) (70)

$\mathfrak{D}_1 \vee \neg \mathfrak{D}_2 \vee \mathfrak{D}_3 \vee \neg \neg A(R') \vee \neg(R'z \wedge A(R')) \vee Q'z$ (Tautologie) (71)

$\mathfrak{D}_1 \vee \neg \mathfrak{D}_2 \vee \mathfrak{D}_3 \vee \neg(\neg A(R') \vee \leq_r(R', Q')) \vee \neg(R'z \wedge A(R')) \vee Q'z$ (II) (72)

$\mathfrak{D}_1 \vee \neg \mathfrak{D}_2 \vee \mathfrak{D}_3 \vee \neg(R'z \wedge A(R')) \vee Q'z$ (IV) (73)

$\mathfrak{D}_1 \vee \neg \mathfrak{D}_2 \vee \neg(\forall P)(\neg A(P) \vee \leq_r(P, Q')) \vee \neg(R'z \wedge A(R')) \vee Q'z$ (I) (74)

$\mathfrak{D}_1 \vee \neg \operatorname{Sch}(Q', A) \vee \neg(R'z \wedge A(R')) \vee Q'z$ (I) (75)

$\mathfrak{D}_1 \vee \neg \operatorname{Sch}(Q', A) \vee \neg(\exists P)(Pz \wedge A(P)) \vee Q'z$ (III) \hfill (76)

$\mathfrak{D}_1 \vee \neg \operatorname{Sch}(Q', A) \vee \leq_r(Vg, Q')$ (I, III) \hfill (77)

$\mathfrak{D}_1 \vee (\forall R)(\operatorname{Sch}(R, A) \to \leq_r(Vg, R))$ (I, III) \hfill (78)

Anders geschrieben lautet das

$\neg \operatorname{Sch}(P', A) \vee \mathfrak{B} \vee (\forall R)(\operatorname{Sch}(R, A) \to \leq_r(Vg, R))$. \hfill (79)

Aus den Formeln (1), (12), (26), (46), (63), (67) und (79) erhalten wir nach den Regeln (I) und (II) unter der Berücksichtigung der Definition von $\operatorname{Sc}(Vg)$ und $\operatorname{Sch}(Vg, A)$ die Formel

$\neg \operatorname{Sch}(P', A) \vee \mathfrak{B} \vee \bigl(\operatorname{Sch}(Vg, A) \wedge (\forall R)(\operatorname{Sch}(R, A) \to \leq_r(Vg, R))\bigr)$. (80)

$\neg \operatorname{Sch}(P', A) \vee \mathfrak{B}$ (IV) \hfill (81)

$\neg(\exists P) \operatorname{Sch}(P, A) \vee \mathfrak{B}$ (III) \hfill (82)

Das ist aber die gesuchte Formel

$(\exists P) \operatorname{Sch}(P, A) \to (\exists P)\bigl(\operatorname{Sch}(P, A) \wedge (\forall R)(\operatorname{Sch}(R, A) \to \leq_r(P, R))\bigr)$.

Unser Beweis zeigt uns, daß diese letzte Formel eine *logische Identität* ist, wobei wir unter einer logischen Identität eine solche Formel verstehen, die im reinen Stufenkalkül ohne Zusatzaxiome beweisbar ist, oder aber die aus einer derartigen Formel dadurch entsteht, daß man Prädikatenvariable durch Prädikatzeichen ersetzt.

Literatur

Eine vollständige Zusammenstellung der sehr umfangreichen Literatur über mathematische Logik kann hier nicht gegeben werden. Wir verweisen auf das Werk von A. CHURCH: A Bibliography of Symbolic Logic [J. Symb. Logic 1, Nr. 4, 121—218 (1936)], das ein chronologisch geordnetes Verzeichnis der Literatur bis zum Jahre 1935 enthält. Dazu kommen Ergänzungen in "Additions and Corrections" [J. Symb. Logic 3, Nr. 4, 178—212 (1938)]. Die Literatur seit 1935 findet man fortlaufend aufgezählt in dem Referatenteil des Journal of Symbolic Logic.

Es gibt eine Reihe guter Bücher über die mathematische Logik. Von diesen nennen wir im folgenden nur einige wenige, die wir dem Leser zur Weiterbildung empfehlen, da entweder die Behandlungsweise gegenüber der unseren verschieden ist oder der Umfang des Gebotenen über den unserer Grundzüge hinausgeht.

Von Büchern in deutscher Sprache nennen wir:
CARNAP, R.: Einführung in die symbolische Logik. Wien 1954.
HILBERT, D., u. P. BERNAYS: Grundlagen der Mathematik I/II. Berlin 1934/1939.
SCHOLZ, H.: Vorlesungen über die Grundzüge der mathematischen Logik. Teil I und II. Münster 1950/51.
TARSKI, A.: Einführung in die mathematische Logik und die Methodologie der Mathematik. Wien 1937.

Von Büchern in englischer Sprache nennen wir:
CHURCH, A.: Introduction to Mathematical Logic. Princeton 1956.
KLEENE, S. C.: Introduction to Metamathematics. Amsterdam 1952.
QUINE, W. V.: Mathematical Logic, 2. Aufl. Cambridge (Mass.), 1951.

Für speziellere Studien sei außerdem auf die Reihe von Monographien aufmerksam gemacht, die seit 1951 in der Sammlung "Studies in logic and the foundation of mathematics" (North Holland Publishing Company, Amsterdam) erscheint.

Das folgende Literaturverzeichnis zu den einzelnen Kapiteln enthält ausschließlich solche Schriften, auf die in dem Text des Buches Bezug genommen wird.

I. Kapitel

[1] ACKERMANN, W.: Begründung einer strengen Implikation. J. Symb. Logic 21, Nr. 2 (1956).

[2] BERNAYS, P.: Axiomatische Untersuchung des Aussagenkalküls der Principia Mathematica. Math. Z. 25 (1926).

[3] CURRY, H. B.: A theory of formal deducibility. Notre Dame mathematical lectures, Nr. 6. Notre Dame 1950.

[4] FREGE, G.: Begriffsschrift, eine der arithmetischen nachgebildete Formelsprache des reinen Denkens. Halle 1879.

[5] — Die Grundlagen der Arithmetik, eine logisch-mathematische Untersuchung über den Begriff der Zahl. Neudruck Breslau 1934.

[6] — Grundgesetze der Arithmetik, begriffsschriftlich abgeleitet. Jena 1893.

[7] GENTZEN, G.: Untersuchungen über das logische Schließen. I und II. Math. Z. 39 (1934).

[8] HEYTING, A.: Die formalen Regeln der intuitionistischen Logik. S.-B. preuß. Akad. Wiss., Phys.-math. Kl. 1930.

[9] — Intuitionism. An introduction. Amsterdam 1956.

[10] HILBERT, D., u. P. BERNAYS: Grundlagen der Mathematik, Bd. I. Berlin 1934.
[11] — — Grundlagen der Mathematik, Bd. II. Berlin 1939.
[12] JOHANNSON, I.: Der Minimalkalkül, ein reduzierter intuitionistischer Formalismus. Comp. Math. 4, H. 1 (1936).
[13] KLEENE, S. C.: Introduction to metamathematics. Amsterdam 1952.
[14] LEWIS, C. I.: A survey of symbolic logic. Univ. of California Press 1918.
[15] — and C. H. LANGFORD: Symbolic Logic. New York 1932. Neudruck 1951.
[16] LUKASIEWICZ, J., et A. TARSKI: Untersuchungen über den Aussagenkalkül. C. R. Soc. Sci., Varsovie 23, Kl. III, Warschau 1930.
[17] NICOD, J. G. P.: A reduction in the number of the primitive propositions of logic. Proc. Cambr. Phil. Soc. 19 (1917). Vgl. dazu W. V. QUINE. A note on Nicod's postulate. Mind 41.
[18] SCHÜTTE, K.: Schlußweisenkalkül der Prädikatenlogik. Math. Ann. 122 (1950).
[19] SHEFFER, H. M.: A set of five independent postulates for Boolean algebras, with application to logical constants. Trans. Amer. math. Soc. 14 (1915).
[20] SLUPECKI, J.: Über die Regeln des Aussagenkalküls. Studia log. 1 (1953).
[21] WHITEHEAD, A. N., and B. RUSSELL: Principia Mathematica. 1. Aufl. 1910/13, 2. Aufl. 1925/27. Cambridge (England).

II. Kapitel

[1] BEHMANN, H.: Beiträge zur Algebra der Logik und zum Entscheidungsproblem. Math. Ann. 86 (1922).
[2] BOOLE, G.: Laws of thought (1854). Neudruck New York 1954.
[3] LÖWENHEIM, L.: Über Möglichkeiten im Relativkalkül. Math. Ann. 76 (1915).
[4] SCHRÖDER, E.: Vorlesungen über die Algebra der Logik (Exakte Logik). III Bände. Leipzig 1890/95.
[5] SKOLEM, TH.: Untersuchungen über die Axiome des Klassenkalküls und über Produktations- und Summationsprobleme, welche gewisse Klassen von Aussagen betreffen. Vidensk. Skr., Mat.-Nat. Kl. Nr. 3, Kristiania 1919.

III. Kapitel

[1] ACKERMANN, W.: Beiträge zum Entscheidungsproblem der mathematischen Logik. Math. Ann. 112 (1936).
[2] — Solvable cases of the decision problem. Amsterdam 1954.
[3] BEHMANN, H.: Beiträge zur Algebra der Logik und zum Entscheidungsproblem. Math. Ann. 86 (1922).
[4] BERNAYS, P., u. M. SCHÖNFINKEL: Zum Entscheidungsproblem der mathematischen Logik. Math. Ann. 99 (1928).
[5] CHURCH, A.: A note on the Entscheidungsproblem; Correction to a note on the Entscheidungsproblem. J. Symb. Logic 1 (1936).
[6] GENTZEN, G.: Untersuchungen über das logische Schließen. I und II. Math. Z. 39 (1934).
[7] GÖDEL, K.: Die Vollständigkeit der Axiome des logischen Funktionenkalküls. Mh. Math. Phys. 37 (1930).
[8] — Zum Entscheidungsproblem des logischen Funktionenkalküls. Mh. Math. Phys. 40 (1933).
[9] HENKIN, L.: The completeness of the first-order functional calculus. J. Symb. Logic 14 (1949).
[10] HERBRAND, J.: Recherches sur la théorie de la démonstration. Soc. Sci. Lettr. Varsovie, Kl. III, Nr. 33, Warschau 1930.

[11] HILBERT, D., u. P. BERNAYS: Grundlagen der Mathematik, Bd. I, Berlin 1934.
[12] — — Grundlagen der Mathematik, Bd. II, Berlin 1939.
[13] KALMAR, L.: Über die Erfüllbarkeit derjenigen Zählausdrücke, welche in der Normalform zwei benachbarte Allzeichen enthalten. Math. Ann. 108 (1932).
[14] — Zurückführung des Entscheidungsproblems auf den Fall von Formeln mit einer einzigen binären Funktionsvariablen. Comp. Math. 4 (1936).
[15] — On the reduction of the decision problem. First paper, Ackermann prefix, a single binary predicate. J. Symb. Logic 4 (1939).
[16] — Contributions to the reduction theory of the decision problem. Acta math. Acad. Sci. Hung. 1, 73 (1950).
[17] — and J. SURANYI: On the reduction of the decision problem. Second paper, Gödel prefix, a single binary predicate. J. Symb. Logic 12 (1947).
[18] — — On the decision problem. Third paper, Pepis prefix, a single binary predicate. J. Symb. Logic 15 (1950).
[19] KLEENE, S. C.: Introduction to metamathematics. Amsterdam 1952.
[20] LÖWENHEIM, L.: Über Möglichkeiten im Relativkalkül. Math. Ann. 76 (1915).
[21] PEPIS, J.: Untersuchungen über das Entscheidungsproblem der mathematischen Logik. Fund. Math. 30 (1938).
[22] SCHMIDT, ARNOLD: Die Zulässigkeit der Behandlung mehrsortiger Theorien mittels der üblichen einsortigen Prädikatenlogik. Math. Ann. 123 (1951).
[23] SCHRÖTER, K.: Theorie des bestimmten Artikels. Z. math. Logik u. Grundlagen Math. 2 (1956).
[24] SCHÜTTE, K.: Untersuchungen zum Entscheidungsproblem der mathematischen Logik. Math. Ann. 109 (1934).
[25] — Über die Erfüllbarkeit einer Klasse von logischen Formeln. Math. Ann. 110 (1934).
[26] — Schlußweisenkalküle der Prädikatenlogik. Math. Ann. 122 (1950).
[27] — Die Eliminierbarkeit des bestimmten Artikels in Kodifikaten der Analysis. Math. Ann. 123 (1951).
[28] — Ein System des verknüpfenden Schließens. Arch. math. Logik u. Grundlagenforsch. 2, 2—4 (1956).
[29] SKOLEM, TH.: Untersuchungen über die Axiome des Klassenkalküls und über Produktations- und Summationsprobleme, welche gewisse Klassen von Aussagen betreffen. Vidensk. Skr., Mat.-nat. Kl., Nr. 3, Kristiania 1919.
[30] — Logisch-kombinatorische Untersuchungen über die Erfüllbarkeit oder Beweisbarkeit mathematischer Sätze nebst einem Theorem über dichte Mengen. Vid. Skr. Nr. 4, Kristiania 1920.
[31] SURANYI, J.: Zur Reduktion des Entscheidungsproblems des logischen Funktionenkalküls. Mat. Fis. Lapok 50 (1943).
[32] — Reduction of the decision problem to formulas containing a bounded number of quantifiers only. Proc. 10th. int. Congr. Phil. I, Amsterdam 1949.

IV. Kapitel

[1] ACKERMANN, W.: Untersuchungen über das Eliminationsproblem der mathematischen Logik. Math. Ann. 110 (1934).
[2] — Zum Eliminationsproblem der mathematischen Logik. Math. Ann. 111 (1935).
[3] BEHMANN, H.: Beiträge zur Algebra der Logik und zum Entscheidungsproblem. Math. Ann. 86 (1922).
[4] CHURCH, A.: A formulation of the simple theory of types. J. Symb. Logic 5 (1940).

[5] FREGE, G.: Grundgesetze der Arithmetik. Jena 1893.
[6] GENTZEN, G.: Die Widerspruchsfreiheit der Stufenlogik. Math. Z. 41 (1930).
[7] GÖDEL, K.: Über formal unentscheidbare Sätze der Principia Mathematica und verwandter Systeme. Mh. Math. Phys. 38 (1931).
[8] HILBERT, D., u. P. BERNAYS: Grundlagen der Mathematik, Bd. II. Berlin 1939.
[9] LORENZEN, P.: Einführung in die operative Logik und Mathematik. Berlin-Göttingen-Heidelberg 1955.
[10] LÖWENHEIM, L.: Über Möglichkeiten im Relativkalkül. Math. Ann. 76 (1915).
[11] RUSSELL, B.: Einführung in die mathematische Philosophie. München 1922.
[12] SCHRÖDER, E.: Vorlesungen über die Algebra der Logik (exakte Logik) I—III. Leipzig 1890/95.
[13] SKOLEM, TH.: Untersuchungen über die Axiome des Klassenkalküls und über Produktations- und Summationsprobleme, welche gewisse Klassen von Aussagen betreffen. Vidensk. Skr. Mat.-Nat. Kl., Nr. 3, Kristiania 1919.
[14] TARSKI, A.: Der Wahrheitsbegriff in den formalisierten Sprachen. Studia philos. 1 (1935).
[15] — Einige Betrachtungen über die Begriffe der ω-Widerspruchsfreiheit und ω-Vollständigkeit. Mh. Math. Phys. 40 (1933).
[16] WHITEHEAD, A. N., and B. RUSSELL: Principia Mathematica, 1. Aufl. 1910/13, 2. Aufl. 1925/27. Cambridge (England).
[17] ZYKOV, A. A.: The spectrum problem in the extended predicate calculus. Amer. math. Soc. Transl. 2. Reihe, 3 (1956). [Vorher in Russisch erschienen in Izvestia Akad. Nauk SSSR, ser. mat. 17 (1953).]

Namen- und Sachverzeichnis
(Die Zahlen geben die Seiten an)

Ableitung der Folgerungen aus gegebenen Axiomen im Aussagenkalkül 29
— im Prädikatenkalkül 111
— im Stufenkalkül 174
Abtrennungsregel 29, 88, 90, 112
ACKERMANN, W. 39, 124, 131, 144
Äquivalenzen des Aussagenkalküls 11
— des Prädikatenkalküls 76
Äquivalenz, mengentheoretische 155
Allgemeingültigkeit von Ausdrücken im Aussagenkalkül 9
— im Klassenkalkül 48
— im engeren Prädikatenkalkül 76
Allklasse 46
Allzeichen 69
Alternation 4
Anzahlbegriff, logische Behandlung des 150
Aristotelische Logik 57
assoziatives Gesetz für Konjunktion und Disjunktion 12

Ausdrücke des Aussagenkalküls 9
— des Klassenkalküls 48
— des engeren Prädikatenkalküls 74
— des durch Prädikatenquantoren erweiterten Prädikatenkalküls 142
— des Stufenkalküls 165
Aussageform 9
Aussagenkalkül 3
Axiomatik wissenschaftlicher Theorien 111
Axiomensystem, des Aussagenkalküls 26
— für die Mengenlehre 138
— für die natürlichen Zahlen 118
— des engeren Prädikatenkalküls 77
— des Prädikatenkalküls mit Identität 105
— des Prädikatenkalküls mit Prädikatenquantoren 144
— des Stufenkalküls 166
— der ersten Stufe 117
— der zweiten Stufe 119

Namen- und Sachverzeichnis

BEHMANN, H. 57, 125, 144
BERNAYS, P. 2, 25, 36, 84, 131, 137, 138, 163, 183
Bewertungstabellen 7
BOOLE, G. 1, 57
BRENTANO, L. 14
BROUWER, L. E. I. 30

CARROLL, L. 63
CHURCH, A. 120, 164, 183
CURRY, H. B. 36

DEDEKIND, R. 175
Dedekindscher Schnitt 175
derjenige, welcher 131
deutsche Buchstaben, Gebrauch der 9
Disjunktion 4
distributives Gesetz des Aussagenkalküls 12
Dualität, Prinzip der 19, 93
Durchschnitt von Klassen oder Mengen 45, 155

Einsetzung — für Aussagenvariable 9, 89
— für Individuenvariable 84
— für Prädikatenvariable 90, 166
Eliminationsproblem 143
Entbehrlichkeit von Grundverknüpfungen 13
Entscheidungsproblem 57, 119
Entweder — oder 4, 6
Erfüllbarkeit, Problem der 22, 57, 76
Ersetzungsregel 91
Existenzzeichen 70
Extensionalitätsaxiome 155, 167

FREGE, G. 2, 14, 25, 66, 150, 153
Funktionen, Einführung von 131

Gegenteil eines Ausdrucks 92
GENTZEN, G. 26, 36, 84, 174
geschlossene Ausdrücke 149
Gleichzahligkeit von Prädikaten 151
GÖDEL, K. 104, 120, 124, 131, 147, 163
Grundverknüpfungen, logische 3
Gruppenbegriff 134
Gültigkeit von Ausdrücken in einem Individuenbereich 48, 75

Hauberaches Theorem 63
HENKIN, L. 104
HERBRAND, J. 104

HEYTING, A. 30, 36
HILBERT, D. 2, 25, 36, 84, 137, 163, 183

Idempotenz für Konjunktion und Disjunktion 13
Identität, Definition der 143
—, logische 182
Implikation 14
—, strenge 36
—, strikte 38
Individuen 67
Individuenbereich 48, 71
Induktion, vollständige 118
Inklusion von Klassen 46
intuitionistischer Aussagenkalkül 30

JEVONS, W. S. 2
JOHANNSON, I. 32

KALMAR, L. 124, 131
Klassenkalkül 43
Klassenverknüpfungen 45
KLEENE, S. C. 36, 120, 183
kommutatives Gesetz für Konjunktion und Disjunktion 12
Komplementärklasse 45
Konjunktion 4
Kontradiktion 11

leere Klasse 45
LEIBNIZ, G. W. 1
LEWIS, C. I. 38
LORENZEN, P. 164
LÖWENHEIM, L. 57, 104, 124, 125, 144
Lügner, Paradoxie des — s 157
LUKASIEWICZ, J. 25

Mannigfaltigkeit der Aussagenverbindungen 20
Matrix 95
Menge aller Teilmengen 155
Mengenlehre, Grundbegriffe der 153
Metamathematik 162
Metasprache 162
Minimalkalkül 32
MORGAN, A. DE 1

Negation 3
n-Gültigkeit 75
NICOD, J. G. P. 25
Normalform, ausgezeichnete — konjunktive 21
—, — disjunktive 21

Normalform, disjunktive 15
—, konjunktive 15
—, pränexe 95
—, Skolemsche 96
Nullklasse 45

Oberformel eines Schlusses 26
Ordnung einer Menge 156

Paradoxien, logische 156
—, semantische 161
PEANO, G. 2, 66, 118
PEIRCE, C. S. 2
PEPIS, J. 124
positive Logik 36
POST, E. 120
Prädikate 67
—, einstellige und mehrstellige 68
Prädikatenkalkül, engerer 65
—, erweiterter 141
—, mehrsortiger 117
— mit Identität 104
Prädikatenprädikate 150
Prädikatzeichen 169
Präfix 95
Primformeln 74
Prinzipia mathematica 2, 164

Quantor, existentieller 70
—, universeller 69
QUINE, W. V. 183

RAMSEY, F. P. 164
Reduktionssätze zum Entscheidungsproblem 124
reelle Zahlen, Theorie der — n — 174
Reflexivität 150
RUSSELL, B. 2, 14, 25, 153, 157, 164
Russellsche Paradoxie 157

SCHMIDT, ARNOLD 117
SCHOLZ, H. 183
SCHÖNFINKEL, M. 131
SCHRÖDER, E. 2, 57, 144
SCHRÖTER, K. 137
SCHÜTTE, K. 26, 84, 104, 137
SHEFFER, H. M. 14
Sheffersche Strichverknüpfung 14, 25

SKOLEM, TH. 57, 96, 104, 125, 144
SLUPECKI, J. 25
Stufenkalkül 163
SURANYI, J. 124
Symmetrie 150

TARSKI, A. 162, 174, 183
Tautologie 11
Teilklasse 46
Teilmenge 155
traditionelle Logik 57
Transitivität 150
TURING, A. M. 120
Typ eines Prädikates 163
Typentheorie, einfache 164
—, verzweigte 164

Umbenennungsregel für gebundene Variable 84
Unabhängigkeit der Axiome des Prädikatenkalküls 99
Unitätsformeln 132
Unterformel eines Schlusses 26
Unterklasse 46

Variable, für Aussagen 9
—, freie 70
—, gebundene 70
— für Klassen 47
— für Individuen 69
— für Prädikate 73
—, semantische 11
—, syntaktische 11
Verband 64
Vereinigung von Klassen 45
Vereinigungsmenge 155
Vollständigkeit, des Aussagenkalküls 28
— des engeren Prädikatenkalküls 100
— des Prädikatenkalküls mit Identität 107

Wahrheitsfunktionen 6
WHITEHEAD, A. N. 2, 25, 153, 164,
Widerspruchsfreiheit des Prädikatenkalküls 98
Wirkungsbereich eines Quantors 74
Wohlordnung einer Menge 156

ZYKOW, A. A. 148, 149

MIX
Papier aus verantwortungsvollen Quellen
Paper from responsible sources
FSC® C105338

If you have any concerns about our products,
you can contact us on
ProductSafety@springernature.com

In case Publisher is established outside the EU,
the EU authorized representative is:
**Springer Nature Customer Service Center GmbH
Europaplatz 3, 69115 Heidelberg, Germany**

Printed by Libri Plureos GmbH
in Hamburg, Germany